专业技术管理人员岗位通系列丛书·建筑工程类

现场造价员岗位通

（第2版）

主 编　蒲嘉霖

北京理工大学出版社
BEIJING INSTITUTE OF TECHNOLOGY PRESS

内 容 提 要

本书以《建设工程工程量清单计价规范》（GB 50500）、《房屋建筑与装饰工程工程量计算规范》（GB 50854）及《房屋建筑与装饰工程消耗量定额》（TY 01-31）等为依据进行编写。全书共分为五章，主要内容包括工程造价基础知识、建筑工程施工图识读、建设工程定额计价、建设工程工程量清单与计价、建筑工程工程量计算规则等。

本书可供建筑工程造价编制与管理人员阅读使用，也可供建筑工程招标工程量清单编写及工程投标报价人员参考使用。

版权专有　侵权必究

图书在版编目（CIP）数据

现场造价员岗位通 / 蒲嘉霖主编.—2版.—北京：北京理工大学出版社，2021.1
ISBN 978-7-5682-8853-8

Ⅰ.①现…　Ⅱ.①蒲…　Ⅲ.①建筑工程－工程造价－高等学校－教材　Ⅳ.①TU723.3

中国版本图书馆CIP数据核字（2020）第142399号

出版发行 / 北京理工大学出版社有限责任公司

社　　址 / 北京市海淀区中关村南大街5号

邮　　编 / 100081

电　　话 / （010）68914775（总编室）

　　　　　　（010）82562903（教材售后服务热线）

　　　　　　（010）68948351（其他图书服务热线）

网　　址 / http://www.bitpress.com.cn

经　　销 / 全国各地新华书店

印　　刷 / 北京紫瑞利印刷有限公司

开　　本 / 787毫米×1092毫米　1/16

印　　张 / 19.5　　　　　　　　　　　　　　　　责任编辑 / 孟祥雪

字　　数 / 474千字　　　　　　　　　　　　　　文案编辑 / 孟祥雪

版　　次 / 2021年1月第2版　2021年1月第1次印刷　责任校对 / 周瑞红

定　　价 / 49.80元　　　　　　　　　　　　　　责任印制 / 边心超

图书出现印装质量问题，请拨打售后服务热线，本社负责调换

前　言

《现场造价员岗位通》一书自出版发行以来，深受广大读者的关注和喜爱，对指导广大建筑工程造价编制与管理人员更好地工作提供了力所能及的帮助，对此编者倍感荣幸。随着我国工程建设市场的快速发展，招标投标制、合同制的逐步推行，工程造价计价依据的改革正不断深化，工程量清单计价制度也得到了越来越广泛的应用，对于《现场造价员岗位通》一书来说，其中部分内容已不能满足当前建筑工程造价编制与管理工作的需要。为使本书内容能更好满足当前建筑工程造价编制与管理工作需要，编者结合工程造价编制与管理工作实际对本书进行了修订。

本书的修订以《建设工程工程量清单计价规范》（GB 50500）、《房屋建筑与装饰工程工程量计算规范》（GB 50854）及《房屋建筑与装饰工程消耗量定额》（TY 01-31）等为依据进行，修订时主要对书中不符合当前建筑工程造价工作发展需要及涉及清单计价的内容进行了重新梳理与修改，从而使广大建筑工程造价工作者能更好地理解清单计价规范和建筑工程消耗量定额的相关内容。本次修订主要做了以下工作：

（1）以本书原有体例为框架，结合《建设工程工程量清单计价规范》（GB 50500），对清单计价体系方面的内容进行了调整、修改与补充，重点补充了工程合同签订、工程计量与价款支付、合同价款调整、索赔和竣工结算等内容，从而使结构体系更加完整。

（2）根据《建设工程工程量清单计价规范》（GB 50500）对工程量清单与工程量清单计价表格的样式进行了修订。为强化图书的实用性，本次修订时还依据《房屋建筑与装饰工程工程量计算规范》（GB 50854）中有关清单项目设置、清单项目特征描述及工程量计算规则等方面的规定，结合最新工程计价表格，对书中的安装工程计价实例进行了修改。

（3）修订后的图书内容更加翔实、结构体例更加清晰，在理论与实例相结合的基础上，注重应用理解，从而能更大限度地满足造价工程师实际工作的需要，增加了图书的适用性和使用范围，提高了使用效果。

本书修订过程中参阅了大量相关书籍，并得到了有关单位与专家学者的大力支持与指导，在此表示衷心的感谢。

限于编者的学识及专业水平和实践经验，书中错误与不当之处在所难免，敬请广大读者批评指正。

编　者

目　　录

第一章　工程造价基础知识

第一节　初识工程造价

一、工程造价的概念

工程造价是指进行一个工程项目的建造所需要花费的全部费用，即从工程项目确定建设意向直至建成、竣工验收为止的整个建设期间所支出的总费用，这是保证工程项目建造正常进行的必要资金，也是建设项目投资中最主要的部分。工程造价主要由工程费用和工程其他费用组成。

工程造价是指工程的建造价格。工程泛指一切建设工程，其范围和内涵具有很大的不确定性。工程造价有以下两种含义：

第一种含义：工程造价是指建设一项工程预期开支或实际开支的全部固定资产投资费用。显然，这一含义是从投资者——业主的角度来定义的。投资者选定一个投资项目，为了获得预期的效益，就要通过项目评估进行决策，然后进行设计招标、工程招标，直至竣工验收等一系列投资管理活动。在投资活动中，所支付的全部费用形成了固定资产和无形资产。所有这些开支就构成了工程造价。从这个意义上说，工程造价就是工程投资费用，建设项目工程造价就是建设项目固定资产投资。

第二种含义：工程造价是指工程价格，即为建成一项工程，预计或实际在土地市场、设备市场、技术劳务市场，以及承包市场等交易活动中所形成的建筑安装工程的价格和建设工程总价格。显然，工程造价的第二种含义是以社会主义商品经济和市场经济为前提的。它是以工程这种特定的商品形式作为交易对象，通过招投标或其他交易方式，在进行多次预估的基础上，最终由市场形成的价格。

通常，人们将工程造价的第二种含义认定为工程的承发包价格。应该肯定，承发包价格是工程造价中一种重要的，也是最典型的价格形式。它是在建筑市场通过招投标，由需求主体——投资者和供给主体——承包商共同认可的价格。鉴于建筑安装工程价格在项目固定资产中占有 50%～60% 的份额，又是工程建设中最活跃的部分且建筑企业是建设工程的实施者和其重要的市场主体地位，工程承发包价格被界定为工程造价的第二种含义很有现实意义。但是，如上所述，这样的界定对工程造价的含义理解较狭窄。

二、工程造价的特点

1. 大额性

能够发挥投资效用的任何一项工程，不仅实物形体庞大，而且造价高昂。工程项目的造价动辄数百万、数千万、数亿、十几亿元，特大型工程项目的造价可达百亿、千亿元。工程造价的大额性使其关系到有关各方面的重大经济利益，同时，也会对宏观经济产生重大的影响。这就决定了工程造价的特殊地位，也说明了造价管理的重要意义。

2. 动态性

任何一项工程从决策到竣工交付使用，都有一个较长的建设期间，而且由于不可控因素的影响，在预计工期内，许多影响工程造价的动态因素，如工程变更，设备材料价格，工资标准以及费率、利率、汇率会发生变化，这种变化必然会影响到造价的变动。所以，工程造价在整个建设期中处于不确定状态，直至竣工决算后才能最终确定工程的实际造价。

3. 层次性

造价的层次性取决于工程的层次性。一个建设项目往往含有多个能够独立发挥设计效能的单项工程（车间、写字楼、住宅楼等）。一个单项工程又是由能够各自发挥专业效能的多个单位工程（土建工程、电气安装工程等）组成的。与此相适应，工程造价有 3 个层次，即建设项目总造价、单项工程造价和单位工程造价。如果专业分工更细，单位工程（如土建工程）的组成部分——分部分项工程也可以成为交换对象，如大型土方工程、基础工程、装饰工程等，这样，工程造价的层次就增加分部工程和分项工程而成为 5 个层次。即使从造价的计算和工程管理的角度看，工程造价的层次性也是非常突出的。

4. 个别性、差异性

任何一项工程都有特定的用途、功能、规模。因此，对每一项工程的结构、造型、空间分割、设备配置和内外装饰都有具体的要求，因而，使工程内容和实物形态都具有个别性、差异性。产品的差异性决定了工程造价的个别性差异。同时，每项工程所处的地区、地段都不尽相同，更使这一特点得到强化。

5. 兼容性

工程造价的兼容性表现在它具有两种含义，以及其构成因素的广泛性和复杂性。在工程造价中，成本因素非常复杂。其中为获得建设工程用地支出的费用、项目可行性研究和规划设计费用、与政府一定时期政策（特别是产业政策和税收政策）相关的费用占有相当的份额。此外，盈利的构成也较为复杂，资金成本较大。

三、工程造价的分类

（一）按用途分类

工程造价按用途分类包括招标控制价（标底）、投标价格、中标价格、直接发包价格、合同价格和竣工结（决）算价格。

1. 招标控制价（标底）

招标控制价和标底是由招标人自行编制或委托具有编制标底资格和能力的代理机构编制的，是工程造价在招投标阶段的两种表现形式。标底是招标人的期望价格，在评标中，标底可以用来比较分析投标报价，具有参考作用。招标人以此作为衡量投标人投标价格的一个尺度。然而在实践操作中，设标底招标存在以下弊端：第一，设标底时易发生泄露标底及暗箱操作的问题；第二，编制的标底价一般为预算价，科学合理性差，容易与市场造价水平脱节；第三，将标底作为衡量投标人报价的基准，导致投标人尽力地去迎合标底，不能反映投标人实力。为此，在实行清单计价模式以后，标底慢慢淡出人们的视野，招标中普遍采用招标控制价方式控制工程造价。招标控制价是招标人可以承受的最高工程造价，是投标人投标报价的上限，超过招标控制价的投标报价即成为废标。

2. 投标价格

投标人为了得到工程施工承包的资格，按照招标人在招标文件中的要求进行估价，然后根据投标策略确定投标价格，以争取中标并通过工程实施取得经济效益。因此，投标报价是卖方的要价，如果中标，这个价格就是合同谈判和签订合同确定工程价格的基础。

3. 中标价格

《中华人民共和国招标投标法》(以下简称为《招标投标法》)第四十条规定:"评标委员会应当按照招标文件确定的评标标准和方法,对投标文件进行评审和比较;设有标底的,应当参考标底"。所以,评标的依据:一是招标文件;二是标底(如果设有标底时)。

《招标投标法》第四十一条规定,中标人的投标应符合下列两个条件之一:一是"能最大限度地满足招标文件中规定的各项综合评价标准";二是"能够满足招标文件的实质性要求,并且经评审的投标价格最低,但是投标价低于成本的除外"。其中,第二项条件主要说的是投标报价。

4. 直接发包价格

直接发包价格是由发包人与指定的承包人直接接触,通过谈判达成协议签订施工合同,而不需要像招标承包定价方式那样,通过竞争定价。直接发包方式计价只适用于不宜进行招标的工程,如军事工程、保密技术工程、专利技术工程及发包人认为不宜招标而又不违反《招标投标法》第三条(招标范围)规定的其他工程。

直接发包方式计价首先提出协商价格意见的可能是发包人或其委托的中介机构,也可能是承包人提出价格意见交发包人或其委托的中介组织进行审核。无论由哪一方提出协商价格意见,都要通过谈判协商,签订承包合同后,确定为合同价。

直接发包价格是以审定的施工图预算为基础,由发包人与承包人商定增减价的方式定价。

5. 合同价格

合同价可采用固定价、可调价和成本加酬金方式。现分述如下:

(1)固定合同价。合同中确定的工程合同价在实施期间不因价格变化而调整。固定合同价可分为固定合同总价和固定合同单价两种。

1)固定合同总价。固定合同总价是指承包整个工程的合同价款总额已经确定,在工程实施中不再因物价上涨而变化,所以,固定合同总价应考虑价格风险因素,也必须在合同中明确规定合同总价包括的范围。这类合同价可以使发包人对工程总开支做到大体心中有数,在施工过程中可以更有效地控制资金的使用。但对承包人来说,要承担较大的风险,如物价波动、气候条件恶劣、地质地基条件及其他意外困难等,因此,合同价款一般会高些。

2)固定合同单价。固定合同单价是指合同中确定的各项单价在工程实施期间不因价格变化而调整,而在每月(或每阶段)工程结算时,根据实际完成的工程量结算,在工程全部完成时以竣工图的工程量最终结算工程总价款。

(2)可调合同价。

1)可调总价。合同中确定的工程合同总价在实施期间可随价格变化而调整。发包人和承包人在商订合同时,以招标文件的要求及当时的物价计算出合同总价。如果在执行合同期间,由于通货膨胀引起成本增加达到某一限度时,合同总价则做相应调整。可调合同价使发包人承担了通货膨胀的风险,承包人则承担其他风险。一般适合于工期较长(如1年以上)的项目。

2)可调单价。合同单价可调,一般是在工程招标文件中规定。在合同中签订的单价,根据合同约定的条款,如在工程实施过程中物价发生变化等,可做调整。有的工程在招标或签约时,因某些不确定性因素而在合同中暂定某些分部分项工程的单价,在工程结算时,再根据实际情况和合同约定对合同单价进行调整，确定实际结算单价。

关于可调合同价的调整方法，常用的有以下几种：

第一，按主材计算价差。发包人在招标文件中列出需要调整价差的主要材料表及其基期价格(一般采用当时当地工程造价管理机构公布的信息价或结算价)，工程竣工结算时，按竣工当时当地工程造价管理机构公布的材料信息价或结算价，与招标文件中列出的基期价比较，计算材料差价。

第二，主料按抽料法计算价差，其他材料按系数计算价差。主要材料按施工图预算计算的用量和竣工当月当地工程造价管理机构公布的材料结算价或信息价与基价对比计算差价。其他材料按当地工程造价管理机构公布的竣工调价系数计算方法计算差价。

第三，按工程造价管理机构公布的竣工调价系数及调价计算方法计算差价。

另外，还有调值公式法和实际价格结算法。

以上几种方法究竟采用哪一种，应按工程价格管理机构的规定，经双方协商后，在合同的专用条款中约定。

(3)成本加酬金确定的合同价。合同中确定的工程合同价，其工程成本部分按现行计价依据计算，酬金部分则按工程成本乘以通过竞争确定的费率计算，将两者相加，确定出合同价。其一般分为以下几种形式：

1)成本加固定百分比酬金确定的合同价。这种合同价是发包人对承包人支付的人工、材料和施工机械使用费、措施费、施工管理费等按实际直接成本全部据实补偿，同时，按照实际直接成本的固定百分比付给承包人一笔酬金，作为承包方的利润。其计算公式如下：

$$C = C_a(1 + P)$$

式中　C——总造价；

　　　C_a——实际发生的工程成本；

　　　P——固定的百分数。

从计算公式中可以看出，总造价 C 将随工程成本 C_a 而水涨船高，显然不能鼓励承包商关心缩短工期和降低成本，因而对建设单位是不利的。现在这种承包方式已很少被采用。

2)成本加固定酬金确定的合同价。工程成本实报实销，但酬金是事先商定的一个固定数目。其计算公式如下：

$$C = C_a + F$$

式中　F——酬金，通常按所估算工程成本的一定百分比确定，数额是固定不变的。

这种承包方式虽然不能鼓励承包商关心降低成本，但从尽快取得酬金出发，承包商将会关心缩短工期，这是其可取之处。为了鼓励承包单位更好地工作，也有在固定酬金之外，再根据工程质量、工期和降低成本情况另加奖金的。在这种情况下，奖金所占比例的上限可大于固定酬金，以充分发挥奖励的积极作用。

3)成本加浮动酬金确定的合同价。这种承包方式要事先商定工程成本和酬金的预期水平。如果实际成本恰好等于预期水平，工程造价就是成本加固定酬金；如果实际成本低于预期水平，则增加酬金；如果实际成本高于预期水平，则减少酬金。这三种情况可用计算公式表示如下：

若 $C_a = C_0$，则

$$C = C_a + F$$

若 $C_a < C_0$，则

$$C = C_a + F + \Delta F$$

若 $C_a > C_0$，则

$$C = C_a + F - \Delta F$$

式中　C_0——预期成本；

　　　ΔF——酬金增减部分，可以是一个百分数，也可以是一个固定的绝对数。

采用这种承包方式，通常规定，当实际成本超支而减少酬金时，以原定的固定酬金数额为减少的最高限度。也就是在最不利的情况下，承包人将得不到任何酬金，但不必承担赔偿超支的责任。

从理论上讲，这种承包方式既对承发包双方都没有太多风险，又能促使承包商降低成本和缩短工期；但在实践中准确地估算预期成本比较困难，所以要求当事双方具有丰富的经验并掌握充分的信息。

4) 目标成本加奖罚确定的合同价。在仅有初步设计和工程说明书即迫切要求开工的情况下，可根据粗略估算的工程量和适当的单价表编制概算，作为目标成本；随着详细设计逐步具体化，工程量和目标成本可加以调整，另外，规定一个百分数作为酬金；最后结算时，如果实际成本高于目标成本并超过事先商定的界限(例如 5%)，则减少酬金，如果实际成本低于目标成本(也有一个幅度界限)，则增加酬金。用计算公式表示如下：

$$C = C_a + P_1 C_0 + P_2(C_0 - C_a)$$

式中　C_0——目标成本；

　　　P_1——基本酬金百分数；

　　　P_2——奖罚百分数。

另外，还可以另加工期奖罚。

这种承包方式可以促使承包商降低成本和缩短工期，而且目标成本是随设计的进展而加以调整才确定下来的，故建设单位和承包商双方都不会承担太大风险，这是其可取之处。当然，也要求承包商和建设单位的代表都须具有比较丰富的经验和充分的信息。

在工程实践中，采用哪一种合同计价方式，是选用总价合同、单价合同还是成本加酬金合同，采用固定价还是可调价方式，应根据建设工程的特点，业主对筹建工作的设想及对工程费用、工期和质量的要求等，综合考虑后进行确定。

1) 项目的复杂程度。规模大且技术复杂的工程项目，承包风险较大，各项费用不易估算准确，不宜采用固定总价合同。或者有把握的部分采用固定总价合同，估算不准的部分采用单价合同或成本加酬金合同。有时，在同一工程中采用不同的合同形式，是业主和承包商合理分担工程实施中不确定风险因素的有效办法。

2) 工程设计工作的深度。工程招标时所依据的设计文件的深度，即工程范围的明确程度和预计完成工程量的准确程度，经常是选择合同计价方式时应该考虑的重要因素。因为招标图纸和工程量清单的详细程度是否能让投标人合理报价，取决于已完成的设计工作的深度。

3) 工程施工的难易程度。如果施工中有较大部分采用新技术和新工艺，当发包方和承包方在这方面过去都没有经验，且在国家颁布的标准、规范、定额中又没有可作为依据的标准时，为了避免投标人盲目地提高承包价格或由于对施工难度估计不足而导致承包亏损，不宜采用固定总价合同，较为保险的做法是选用成本加酬金合同。

4)工程进度要求的紧迫程度。在招标过程中，对一些紧急工程，如灾后恢复工程、要求尽快开工且工期较紧的工程等，可能仅有实施方案，还没有施工图纸，因此不可能让承包商报出合理的价格。此时，采用成本加酬金合同比较合理，可以以邀请招标的方式选择有信誉、有能力的承包商及早开工。

6. 竣工结算价格

竣工结算价格简称"结算价"，是指当一个单项工程完工，且经质量监督部门验收合格后，由施工企业按承包合同规定的调价范围和调价方法，对工程施工中实际发生的工程量增减、设备和材料价差等进行调整后所确定的建筑安装工程价格。竣工结算价经业主确认签订后，是该结算工程的实际价格。它是业主与承包商结清工程价款和了结彼此合同关系的依据，同时，也是编制建设项目竣工决算的依据。

7. 竣工决算价格

竣工决算价格又称工程"实际造价"，是指建设单位在全部工程或某一期工程完工并经工程质量监督部门验收合格后，由建设单位根据各单项工程结算书和其他费用等实际支出情况，计算和编制出综合反映建设项目从立项、筹建到竣工交付使用全过程中建设成果和财务资金运用情况的总结性文件所确定的价值，称为决算造价。建设项目竣工决算造价是竣工报告的组成部分。经竣工验收委员会核准的竣工决算造价，是办理竣工工程交付使用验收和建立固定资产账目的依据，也是主管部门考核建设成果和国民经济新增固定资产核算的依据。

（二）按计价方法分类

建筑工程造价按计价方法可分为估算造价、概算造价和施工图预算造价等。关于这几个类型的工程造价，本书后续章节将作详细的介绍，在此不再重复。

四、工程造价的计价特征

1. 计价的单件性

由于建设工程设计用途和工程的地区条件是多种多样的，几乎每一个具体的工程都有它的特殊性。建设工程在生产上的单件性决定了在造价计算上的单件性不能像一般工业产品那样，可以按品种、规格、质量成批地生产、统一地定价，而只能按照单件计价。国家或地区有关部门不能按各个工程逐件控制价格，只能就工程造价中各项费用项目的划分，工程造价构成的一般程序，概预算的编制方法，各种概预算定额和费用标准，地区人工、材料、机械台班计价的确定等，作出统一性的规定，据此作宏观性的价格控制。所有这一切的规定，具有某种程度上的强制性，直接参加建设的有关设计单位、建设单位、施工单位都必须执行。为了区别于一般工业产品的价格系列，通常把上述一系列规定称为基建价格系列。

2. 计价的多次性

建设工程要经过可行性研究、设计、施工、验收等多个阶段，其过程是一个周期长、数量大的生产过程。为了更好地进行工程项目管理，明确工程建设各方的经济关系，适应工程造价管理的需要，就需对工程造价按设计和施工阶段进行多次性计价。多次性计价是个逐步深化、逐步细化和逐步接近实际造价的过程。

3. 计价的组合性

一个建设项目的总造价是由各个单项工程造价组成的；而各个单项工程造价又是由各个单位工程造价所组成的；各单位工程造价又是按分部工程、分项工程和相应定额、费用标准等进行计算得出的。可见，为确定一个建设项目的总造价，应首先计算各单位工程造价，再计算各单项工程造价(一般称为综合概预算造价),然后汇总成总造价(又称为总概预算造价)。显然,这个计价过程充分体现了分部组合计价的特点。

4. 计价方法的多样性

工程造价多次性计价有各不相同的计价依据,对造价精确度的要求也不相同,这就决定了计价方法具有多样性特征。计算概预算造价的方法有单价法和实物法等。计算投资估算的方法有设备系数法、生产能力指数估算法等。不同的方法利弊不同,适应条件也不同,计价时要根据具体情况加以选择。

5. 计价依据的复杂性

由于影响造价的因素多,故计价依据复杂、种类繁多。其主要可分为以下几类:

(1)计算设备和工程量的依据。包括项目建议书、可行性研究报告、设计文件等。

(2)计算人工、材料、机械等实物消耗量的依据。包括投资估算指标、概算定额、预算定额等。

(3)计算工程单价的价格依据。包括人工单价、材料价格、材料运杂费、机械台班费等。

(4)计算设备单价的依据。包括设备原价、设备运杂费、进口设备关税等。

(5)计算措施费、间接费和工程建设其他费用的依据,主要是相关的费用定额和指标。

(6)政府规定的税费。

(7)物价指数和工程造价指数。

五、工程造价的作用

1. 工程造价是项目决策的依据

建设工程投资大、生产和使用周期长等特点决定了项目决策的重要性。工程造价决定了项目的一次投资费用。投资者是否有足够的财务能力支付这笔费用以及是否认为值得支付这项费用,是项目决策中要考虑的主要问题。财务能力是一个独立的投资主体必须首先解决的问题。如果建设工程的价格超过投资者的支付能力,就会迫使其放弃拟建的项目;如果项目投资的效果达不到预期目标,投资者也会自动放弃拟建的工程。因此,在项目决策阶段,建设工程造价就成为项目财务分析和经济评价的重要依据。

2. 工程造价是制定投资计划和控制投资的依据

工程造价在控制投资方面的作用非常明显。工程造价是通过多次预估,最终通过竣工决算确定下来的。每一次预估的过程就是对造价的控制过程;而每一次估算对下一次估算又都是对造价严格的控制,具体地讲,每一次估算都不能超过前一次估算的一定幅度。这种控制是在投资者财务能力限度内为取得既定的投资效益所必需的。建设工程造价对投资的控制也表现在利用制定的各类定额、标准和参数,对建设工程造价的计算依据进行控制。在市场经济利益风险机制的作用下,造价对投资的控制作用成为投资的内部约束机制。

3. 工程造价是筹集建设资金的依据

投资体制的改革和市场经济的建立,要求项目的投资者必须具有很强的筹资能力,以保证工程建设有充足的资金供应。工程造价基本决定了建设资金的需求量,从而为筹集资金提供了比较准确的依据。当建设资金来源于金融机构的贷款时,金融机构在对项目的偿贷能力进行评估的基础上,也需要依据工程造价来确定给予投资者的贷款数额。

4. 工程造价是评价投资效果的重要指标

工程造价是一个包含着多层次工程造价的体系。就一个工程项目来说,它既是建设项目的总造价，又包含单项工程的造价和单位工程的造价，同时，也包含单位生产能力的造价，或单位建筑面积的造价等。所有这些，使工程造价自身形成了一个指标体系。它能够为评价投资效果提供多种评价指标，并能够形成新的价格信息，为今后类似项目的投资提供参考。

5. 工程造价是合理利益分配和调节产业结构的手段

工程造价的高低，涉及国民经济各部门和企业间利益分配的多少。在计划经济体制下，政府为了用有限的财政资金建成更多的工程项目，总是趋向于压低建设工程造价，使建设中的劳动消耗得不到完全补偿，价值不能得到完全实现。而未被实现的部分价值则被重新分配到各个投资部门，为项目投资者所占有。这种利益的再分配有利于各产业部门按照政府的投资导向加速发展，也有利于按宏观经济的要求调整产业结构，但也会严重损害建筑企业的利益，从而使建筑业的发展长期处于落后状态，与整个国民经济的发展不相适应。在市场经济中，工程造价无例外地受供求状况的影响，并在围绕价值的波动中实现对建设规模、产业结构和利益分配的调节。加上政府正确的宏观调控和价格政策导向，工程造价在这方面的作用会充分发挥出来。

第二节 建筑工程造价的计价依据与计价模式

一、工程造价的计价依据

（一）工程造价的计价依据简介

工程造价的计价依据主要包括工程量计算规则、建设工程定额、工程价格信息以及工程造价相关法律法规等。

在社会主义市场经济条件下，建筑工程造价计价依据不仅是建筑工程计价的客观要求，还是规范建筑市场管理的客观需要。建筑工程造价计价依据的主要作用表现在以下几个方面：

（1）建筑工程造价是计算确定建筑工程造价的重要依据。从投资估算、设计概算、施工图预算，到承包合同价、结算价、竣工决算都离不开工程造价计价依据。

（2）建筑工程造价是投资决策的重要依据。投资者依据工程造价计价依据预测投资额，进而对项目作出财务评价，提高投资决策的科学性。

（3）建筑工程造价是工程投标和促进施工企业生产技术进步的工具。投标时，根据政府主管部门和咨询机构公布的计价依据，得以了解社会平均的工程造价水平，再结合自身条件，作出合理的投标决策。由于工程造价计价依据较准确地反映了工、料、机消耗的社会平均水平，这对于企业贯彻按劳分配、提高设备利用率、降低建筑工程成本都起着重要的作用。

（4）建筑工程造价是政府对工程建设进行宏观调控的依据。在社会主义市场经济条件下，政府可以运用工程造价依据等手段，计算人力、物力、财力的需要量，恰当地调控投资规模。

工程造价计价依据的编制，应遵循真实和科学的原则，以现阶段的劳动生产率为前提，广泛收集资料，进行科学分析并对各种动态因素进行研究、论证。工程造价的计价依据是多种内容结合成的有机整体，它的结构严谨，层次鲜明。经规定程序和授权单位审批颁发的工程造价计价依据，具有较强的权威性。例如，工程量计算规则、工料机定额消耗量，就具有一定的强制性；而相对活跃的造价依据，例如，基础单价、各项费用的取费率，则赋予一定的指导性。

在注重工程造价计价依据权威性的过程中，必须正确处理计价依据的稳定性与时效性的关系。计价依据的稳定性是指造价依据在一段时间内所表现出来的稳定状态，一般来说，工程量计算规则比较稳定，能保持十几年、几十年；工料机定额消耗量相对稳定，能保持五年左右；基础单价、各项费用的取费率、造价指数的稳定时间很短。因此，为了适应地区差别、劳动生产率的变化以及满足新材料、新工艺对建筑工程的计价要求，我们必须认真研究计价依据的编制原理，灵活应用、及时补充，在确保市场交易行为规范的前提下满足建筑工程造价的时代要求。

(二)工程量计算规则

1. 制定统一工程量计算规则的意义

采用全国统一的工程量计算规则，对于规范工程建设各方的计价计量行为，有效减少计量争议具有十分重要的意义。

(1)有利于"量价分离"。固定价格不适用于市场经济，因为市场经济的价格是变动的，必须进行价格的动态计算，把价格的计算依据动态化，变成价格信息。因此，需要把价格从定额中分离出来：使时效性差的工程量、人工量、材料量、机械量的计算与时效性强的价格分离开来。全国统一的工程量计算规则，既是量价分离的产物，又是促进量价分离的要素，更是建筑工程造价计价改革中关键的一步。

(2)有利于工料消耗定额的编制，为计算工程施工所需的人工、材料、机械台班消耗水平和市场经济中的工程计价提供依据。工料消耗定额的编制是建立在工程量计算规则统一化、科学化的基础之上的。工程量计算规则和工料消耗定额的出台，共同形成了量价分离后完整的"量"的体系。

(3)有利于工程管理信息化。统一的计量规则有利于统一计算口径，也有利于统一划项口径；而统一的划项口径又有利于统一信息编码，进而可实现统一的信息管理。

2. 建筑面积计算规则

建筑面积也称为建筑展开面积，是指建筑物各层面积的总和。建筑面积包括使用面积、辅助面积和结构面积。建筑面积的计算主要有以下作用：

(1)建筑面积是一项重要的技术经济指标。在国民经济一定时期内，完成建筑面积的多少，也标志着一个国家的工农业生产发展状况、人民生活居住条件的改善和文化生活福利设施发展的程度。

(2)建筑面积是计算结构工程量或用于确定某些费用指标的基础。如计算出建筑面积之后，利用这个基数，就可以计算地面抹灰、室内填土、地面垫层、平整场地、脚手架工程等项目的预算价值。为了简化预算的编制和某些费用的计算，有些取费指标的取定，如中小型机械费、生产工具使用费、检验试验费、成品保护增加费等也是以建筑面积为基数确定的。

(3)建筑面积作为结构工程量的计算基础，不仅重要，而且也是一项需要认真对待和细心计算的工作，任何粗心大意都会造成计算上的错误，不但会造成结构工程量计算上的偏差，也会直接影响概预算造价的准确性，造成人力、物力和国家建设资金的浪费及大量建筑材料的积压。

(4)建筑面积与使用面积、辅助面积、结构面积之间存在着一定的比例关系。设计人员在进行建筑或结构设计时，都应在计算建筑面积的基础上再分别计算出结构面积、有效面积及诸如平面系数、土地利用系数等技术经济指标。有了建筑面积，才有可能计算单位建筑面积的技术经济指标。

(5)建筑面积的计算对于建筑施工企业实行内部经济承包责任制、投标报价、编制施工组织设计、配备施工力量、成本核算及物资供应等，都具有重要的意义。

2005年原建设部为了满足工程计价工作的需要，对《全国统一建筑工程预算工程量计算规则》(土建工程 GJDGZ101)中的"建筑面积计算规则"进行了系统修订，并以国家标准的形式发布了《建筑工程建筑面积计算规范》(GB/T 50353—2005)。该规范又于2013年进行修订，现行版本为 GB/T 50353—2013。《建筑工程建筑面积计算规范》(GB/T 50353—2013)的适用范围是新建、扩建、改建的工业与民用建筑工程的建筑面积的计算，包括工业厂房、仓库，公共建筑、居住建筑，农业生产使用的房屋、粮种仓库、地铁车站等的建筑面积的计算。

3. 工程量计算规范

《建设工程工程量清单计价规范》(GB 50500—2013)和《房屋建筑与装饰工程工程量计算规范》(GB 50854—2013)等 9 本计量规范中明确规定，对于建设工程发承包及实施阶段的计价活动，无论采用什么计价方式，均必须按相关工程的现行国家计量规范规定的工程量计算规则计算工程量。

为说明问题，现将适用于工业与民用的房屋建筑与装饰工程发承包及实施阶段计价活动的《房屋建筑与装饰工程工程量计算规范》(GB 50854—2013)中土方工程工程量清单项目设置、项目特征描述内容、计量单位及工程量计算规则摘录见表 1-1。

表 1-1　土方工程

项目编码	项目名称	项目特征	计量单位	工程量计算规则	工程内容
010101001	平整场地	1. 土壤类别 2. 弃土运距 3. 取土运距	m²	按设计图示尺寸以建筑物首层面积计算	1. 土方挖填 2. 场地找平 3. 运输
010101002	挖土方	1. 土壤类别 2. 挖土平均厚度 3. 弃土运距	m³	按设计图示尺寸以体积计算	1. 排地表水 2. 土方开挖 3. 挡土板支拆 4. 截桩头 5. 基底钎探 6. 运输
010101003	挖基础土方	1. 土壤类别 2. 基础类型 3. 垫层底宽、底面积 4. 挖土深度 5. 弃土运距		按设计图示尺寸以基础垫层底面积乘以挖土深度计算	
010101004	冻土开挖	1. 冻土厚度 2. 弃土运距	m³	按设计图示尺寸开挖面积乘以厚度以体积计算	1. 打眼、装药、爆破 2. 开挖 3. 清理 4. 运输
010101005	挖淤泥、流砂	1. 挖掘深度 2. 弃淤泥、流砂距离		按设计图示位置、界限以体积计算	1. 挖淤泥、流砂 2. 弃淤泥、流砂
010101006	管沟土方	1. 土壤类别 2. 管外径 3. 挖沟平均深度 4. 弃土石运距 5. 回填要求	m	按设计图示以管道中心线长度计算	1. 排地表水 2. 土方开挖 3. 挡土板支拆 4. 运输 5. 回填

注：1. 挖土方平均厚度应按自然地面测量标高至设计地坪标高间的平均厚度确定。基础土方开挖深度应按基础垫层底表面标高至交付施工场地标高确定。无交付施工场地标高时，应按自然地面标高确定。

2. 建筑物地坪厚度≤±300 mm的挖、填、运、找平，应按本表中平整场地项目编码列项。厚度>±300 mm的竖向布置挖土或山坡切土应按本表中挖一般土方项目编码列项。

3. 沟槽、基坑、一般土方的划分为：底宽≤7 m且底长>3倍底宽为沟槽；底长≤3倍底宽且底面积≤150 m² 为基坑；超出上述范围则为一般土方。

4. 挖土方如需截桩头时，应按桩基工程相关项目列项。

5. 桩间挖土不扣除桩的体积，并在项目特征中加以描述。

6. 弃、取土运距可以不描述，但应注明由投标人根据施工现场实际情况自行考虑，决定报价。

7. 土壤的分类应按表A. 1-1确定，如土壤类别不能准确划分时，招标人可注明为综合，由投标人根据地勘报告决定报价。

8. 土方体积应按挖掘前的天然密实体积计算。非天然密实土方应按GB 50854—2013中表A. 1-2折算。

9. 挖沟槽、基坑、一般土方因工作面和放坡增加的工程量(管沟工作面增加的工程量)是否并入各土方工程量中，应按各省、自治区、直辖市或行业住房城乡建设主管部门的规定实施，如并入各土方工程量中，办理工程结算时，按经发包人认可的施工组织设计规定计算，编制工程量清单时，可按GB 50854—2013中表A. 1-3～表A. 1-5规定计算。

10. 挖方出现流砂、淤泥时，如设计未明确，在编制工程量清单时，其工程数量可为暂估量，结算时应根据实际情况由发包人与承包人双方现场签证确认工程量。

11. 管沟土方项目适用于管道(给水排水、工业、电力、通信)、光(电)缆沟[包括：人(手)孔、接口坑]及连接井(检查井)等。

(三)建筑工程定额

建筑工程定额是指按国家有关产品标准、设计标准、施工质量验收标准(规范)等确定的施工过程中完成规定计量单位产品所消耗的人工、材料、机械等消耗量的标准，其作用如下：

(1)建筑工程定额具有促进节约社会劳动和提高生产效率的作用。企业用定额计算工料消耗、劳动效率、施工工期并与实际水平进行对比，衡量自身的竞争能力，促使企业加强管理，合理分配和使用资源，以达到节约的目的。

(2)建筑工程定额提供的信息，为建筑市场供需双方的交易活动和竞争创造条件。

(3)建筑工程定额有助于完善建筑市场信息系统。定额本身是大量信息的集合，既是大量信息加工的结果，又向使用者提供信息。建筑工程造价就是依据定额提供的信息进行确定的。

(四)建筑工程价格信息

1. 建筑工程单价信息和费用信息

在计划经济的条件下，工程单价信息和费用是以定额形式确定的，定额具有指令性；在市场经济下，它们不具有指令性，只具有参考性。单价对于发包人和承包人以及工程造价咨询单位来说，都是十分重要的信息来源。单价可以从市场上调查得到，还可以利用政府或中介组织提供的信息。单价有以下几种：

(1)人工单价。人工单价是指一个建筑安装工人一个工作日在预算中应计入的全部人工费用，它反映了建筑安装工人的工资水平和一个工人在一个工作日中可以得到的报酬。

(2)材料单价。材料单价是指材料由供应者仓库或提货地点到达工地仓库后的出库价格。材料单价包括材料原价、供销部门手续费、包装费、运输费及采购保管费。

（3）机械台班单价。机械台班单价是指一台施工机械在正常运转条件下，每工作一个台班应计入的全部费用。

机械台班单价包括折旧费、大修理费、经常修理费、安拆费及场外运输费、燃料动力费、人工费、车船使用税及保险费。

2. 建筑工程价格指数

建筑工程价格指数是反映一定时期由于价格变化对工程价格影响程度的指标，它是调整建筑工程价格差价的依据。建筑工程价格指数是报告期与基期价格的比值，可以反映价格变动趋势，用来进行估价和结算，估计价格变动对宏观经济的影响。

在社会主义市场经济中，设备、材料和人工费的变化对建筑工程价格的影响日益增大。在建筑市场供求和价格水平发生经常性波动的情况下，建筑工程价格及其各组成部分也处于不断变化之中，使不同时期的工程价格失去可比性，造成了造价控制的困难。编制建筑工程价格指数是解决造价动态控制的最佳途径。

建筑工程价格指数因分类标准的不同可分为以下不同的种类，具体如下：

（1）按工程范围、类别和用途分类，可分为单项价格指数和综合价格指数。单项价格指数分别反映各类工程的人工、材料、施工机械及主要设备等报告期价格对基期价格的变化程度；综合价格指数综合反映各类项目或单项工程人工费、材料费、施工机械使用费和设备费等报告期价格对基期价格变化而影响造价的程度，反映造价总水平的变动趋势。

（2）按工程价格资料期限长短分类，可分为时点价格指数、月指数、季指数和年指数。

（3）按不同基期分类，可分为定基指数和环比指数。定基指数是指各期价格与其固定时期价格的比值；环比指数是指各时期价格与前一期价格的比值。

建筑工程价格指数可以参照下列公式进行编制：

（1）人工、机械台班、材料等要素价格指数的编制见下式：

$$\text{材料（设备、人工、机械）价格指数} = \frac{\text{报告期预算价格}}{\text{基期预算价格}}$$

（2）建筑安装工程价格指数的编制见下式：

建筑安装工程价格指数 ＝ 人工费指数 × 基期人工费占建筑安装工程价格的比例 ＋ $\sum$（单项材料价格指数 × 基期该材料费占建筑安装工程价格比例）＋ $\sum$（单项施工机械台班指数 × 基期该机械费占建筑安装工程价格比例）＋（其他直接费、间接费综合指数）×（基期其他直接费、间接费占建筑安装工程价格比例）

（五）建筑工程施工发包与承包计价管理办法

2013 年 12 月 11 日住房和城乡建设部发布了第 16 号部令《建筑工程施工发包与承包计价管理办法》。它是我国现行建筑工程造价最权威的计价依据，现全文收录如下：

建筑工程施工发包与承包计价管理办法

（中华人民共和国住房和城乡建设部令第 16 号）

第一条 为了规范建筑工程施工发包与承包计价行为，维护建筑工程发包与承包双方的合法权益，促进建筑市场的健康发展，根据有关法律、法规，制定本办法。

第二条　在中华人民共和国境内的建筑工程施工发包与承包计价（以下简称工程发承包计价）管理，适用本办法。

本办法所称建筑工程是指房屋建筑和市政基础设施工程。

本办法所称工程发承包计价包括编制工程量清单、最高投标限价、招标标底、投标报价，进行工程结算，以及签订和调整合同价款等活动。

第三条　建筑工程施工发包与承包价在政府宏观调控下，由市场竞争形成。

工程发承包计价应当遵循公平、合法和诚实信用的原则。

第四条　国务院住房城乡建设主管部门负责全国工程发承包计价工作的管理。

县级以上地方人民政府住房城乡建设主管部门负责本行政区域内工程发承包计价工作的管理。其具体工作可以委托工程造价管理机构负责。

第五条　国家推广工程造价咨询制度，对建筑工程项目实行全过程造价管理。

第六条　全部使用国有资金投资或者以国有资金投资为主的建筑工程（以下简称国有资金投资的建筑工程），应当采用工程量清单计价；非国有资金投资的建筑工程，鼓励采用工程量清单计价。

国有资金投资的建筑工程招标的，应当设有最高投标限价；非国有资金投资的建筑工程招标的，可以设有最高投标限价或者招标标底。

最高投标限价及其成果文件，应当由招标人报工程所在地县级以上地方人民政府住房城乡建设主管部门备案。

第七条　工程量清单应当依据国家制定的工程量清单计价规范、工程量计算规范等编制。工程量清单应当作为招标文件的组成部分。

第八条　最高投标限价应当依据工程量清单、工程计价有关规定和市场价格信息等编制。招标人设有最高投标限价的，应当在招标时公布最高投标限价的总价，以及各单位工程的分部分项工程费、措施项目费、其他项目费、规费和税金。

第九条　招标标底应当依据工程计价有关规定和市场价格信息等编制。

第十条　投标报价不得低于工程成本，不得高于最高投标限价。

投标报价应当依据工程量清单、工程计价有关规定、企业定额和市场价格信息等编制。

第十一条　投标报价低于工程成本或者高于最高投标限价总价的，评标委员会应当否决投标人的投标。

对是否低于工程成本报价的异议，评标委员会可以参照国务院住房城乡建设主管部门和省、自治区、直辖市人民政府住房城乡建设主管部门发布的有关规定进行评审。

第十二条　招标人与中标人应当根据中标价订立合同。不实行招标投标的工程由发承包双方协商订立合同。

合同价款的有关事项由发承包双方约定，一般包括合同价款约定方式，预付工程款、工程进度款、工程竣工价款的支付和结算方式，以及合同价款的调整情形等。

第十三条　发承包双方在确定合同价款时，应当考虑市场环境和生产要素价格变化对合同价款的影响。

实行工程量清单计价的建筑工程，鼓励发承包双方采用单价方式确定合同价款。

建设规模较小、技术难度较低、工期较短的建筑工程，发承包双方可以采用总价方式确定合同价款。

紧急抢险、救灾以及施工技术特别复杂的建筑工程，发承包双方可以采用成本加酬金方式确定合同价款。

第十四条 发承包双方应当在合同中约定，发生下列情形时合同价款的调整方法：

（一）法律、法规、规章或者国家有关政策变化影响合同价款的；

（二）工程造价管理机构发布价格调整信息的；

（三）经批准变更设计的；

（四）发包方更改经审定批准的施工组织设计造成费用增加的；

（五）双方约定的其他因素。

第十五条 发承包双方应当根据国务院住房城乡建设主管部门和省、自治区、直辖市人民政府住房城乡建设主管部门的规定，结合工程款、建设工期等情况在合同中约定预付工程款的具体事宜。预付工程款按照合同价款或者年度工程计划额度的一定比例确定和支付，并在工程进度款中予以抵扣。

第十六条 承包方应当按照合同约定向发包方提交已完成工程量报告。发包方收到工程量报告后，应当按照合同约定及时核对并确认。

第十七条 发承包双方应当按照合同约定，定期或者按照工程进度分段进行工程款结算和支付。

第十八条 工程完工后，应当按照下列规定进行竣工结算：

（一）承包方应当在工程完工后的约定期限内提交竣工结算文件。

（二）国有资金投资建筑工程的发包方，应当委托具有相应资质的工程造价咨询企业对竣工结算文件进行审核，并在收到竣工结算文件后的约定期限内向承包方提出由工程造价咨询企业出具的竣工结算文件审核意见；逾期未答复的，按照合同约定处理，合同没有约定的，竣工结算文件视为已被认可。

非国有资金投资的建筑工程发包方，应当在收到竣工结算文件后的约定期限内予以答复，逾期未答复的，按照合同约定处理，合同没有约定的，竣工结算文件视为已被认可；发包方对竣工结算文件有异议的，应当在答复期内向承包方提出，并可以在提出异议之日起的约定期限内与承包方协商；发包方在协商期内未与承包方协商或者经协商未能与承包方达成协议的，应当委托工程造价咨询企业进行竣工结算审核，并在协商期满后的约定期限内向承包方提出由工程造价咨询企业出具的竣工结算文件审核意见。

（三）承包方对发包方提出的工程造价咨询企业竣工结算审核意见有异议的，在接到该审核意见后一个月内，可以向有关工程造价管理机构或者有关行业组织申请调解，调解不成的，可以依法申请仲裁或者向人民法院提起诉讼。

发承包双方在合同中对本条第（一）项、第（二）项的期限没有明确约定的，应当按照国家有关规定执行；国家没有规定的，可认为其约定期限均为28日。

第十九条 工程竣工结算文件经发承包双方签字确认的，应当作为工程决算的依据，未经对方同意，另一方不得就已生效的竣工结算文件委托工程造价咨询企业重复审核。发包方应当按照竣工结算文件及时支付竣工结算款。

竣工结算文件应当由发包方报工程所在地县级以上地方人民政府住房城乡建设主管部门备案。

第二十条 造价工程师编制工程量清单、最高投标限价、招标标底、投标报价、工程结算审核和工程造价鉴定文件，应当签字并加盖造价工程师执业专用章。

第二十一条　县级以上地方人民政府住房城乡建设主管部门应当依照有关法律、法规和本办法规定，加强对建筑工程发承包计价活动的监督检查和投诉举报的核查，并有权采取下列措施：

（一）要求被检查单位提供有关文件和资料；

（二）就有关问题询问签署文件的人员；

（三）要求改正违反有关法律、法规、本办法或者工程建设强制性标准的行为。

县级以上地方人民政府住房城乡建设主管部门应当将监督检查的处理结果向社会公开。

第二十二条　造价工程师在最高投标限价、招标标底或者投标报价编制、工程结算审核和工程造价鉴定中，签署有虚假记载、误导性陈述的工程造价成果文件的，记入造价工程师信用档案，依照《注册造价工程师管理办法》进行查处；构成犯罪的，依法追究刑事责任。

第二十三条　工程造价咨询企业在建筑工程计价活动中，出具有虚假记载、误导性陈述的工程造价成果文件的，记入工程造价咨询企业信用档案，由县级以上地方人民政府住房城乡建设主管部门责令改正，处1万元以上3万元以下的罚款，并予以通报。

第二十四条　国家机关工作人员在建筑工程计价监督管理工作中玩忽职守、徇私舞弊、滥用职权的，由有关机关给予行政处分；构成犯罪的，依法追究刑事责任。

第二十五条　建筑工程以外的工程施工发包与承包计价管理可以参照本办法执行。

第二十六条　省、自治区、直辖市人民政府住房城乡建设主管部门可以根据本办法制定实施细则。

第二十七条　本办法自2014年2月1日起施行。原建设部2001年11月5日发布的《建筑工程施工发包与承包计价管理办法》（建设部令第107号）同时废止。

二、工程造价的计价模式

（一）定额计价法

定额计价法又称施工图预算法，是在我国计划经济时期及计划经济向市场经济转型时期所采用的行之有效的计价方法。定额计价法中的人工费、材料费和机械台班使用费，是分部分项工程的不完全价格。我国有以下两种计价方式。

1. 单位估价法

单位估价法是根据国家或地方颁布的统一预算定额规定的消耗量与其单价，以及配套的取费标准和材料预算价格，根据施工图纸计算出相应的工程数量，套用相应的定额单价计算出人工费、材料费、施工机具使用费，再在此基础上计算各种相关费用及利润和税金，最后汇总形成建筑产品的造价。其计算公式表示如下：

$$建筑工程造价 = \left[\sum(工程量 \times 定额单价) \times (1 + 各种费用的费率 + 利润率)\right] \times (1 + 税金率) \tag{3-1}$$

$$装饰安装工程造价 = \left[\sum(工程量 \times 定额单价) + \sum(工程量 \times 定额人工费单价) \times (1 + 各种费用的费率 + 利润率)\right] \times (1 + 税金率) \tag{3-2}$$

2. 实物估价法

实物估价法是先根据施工图纸计算工程量，然后套预算定额，计算人工、材料和机械台班消耗量，将所有的分部分项工程资源消耗量进行归类汇总，再根据当时当地的人工、材料、机械单价，计算并汇总人工费、材料费、机械使用费，得出分部分项工程费。

按定额计价方法确定建筑工程造价，由于有预算定额规范消耗量，有各种文件规定人工、材料、机械单价及各种取费标准，故在一定程度上避免了高估冒算和压级压价，体现了工程造价的规范性、统一性和合理性。但其对市场竞争起到了抑制作用，不利于促进施工企业改进技术、加强管理、提高劳动效率和市场竞争力。因此，另一种计价方法——工程量清单计价法就出现了。

(二)工程量清单计价法

1. 工程量清单计价法简介

工程量清单计价法是我国在 2003 年提出的一种与市场经济相适应的投标报价方法，这种计价法是由国家统一项目编码、项目名称、计量单位和工程量计算规则("四统一")，由各施工企业在投标报价时根据企业自身的技术装备、施工经验、企业成本、企业定额、管理水平、企业竞争目的及竞争对手情况自主填报单价而进行报价的方法。目前，最新的清单计价规范为《建设工程工程量清单计价规范》(GB 50500—2013)和《房屋建筑与装饰工程工程量计算规范》(GB 50854—2013)等 9 本计量规范。

工程量清单计价法的实施，实质上是建立了一种强有力且行之有效的竞争机制，由于施工企业在投标竞争中必须报出合理的低价才能中标，其对促进施工企业改进技术、加强管理、提高劳动效率和市场竞争力起到了积极的推动作用。

按照工程量清单计价规范，在各相应专业工程计量规范规定的工程量清单项目设置和工程量计算规则基础上，针对具体工程的施工图纸和施工组织设计计算出各个清单项目的工程量，根据规定的方法计算出综合单价，并汇总各清单合价得出工程总价，即

$$分部分项工程费 = \sum (分部分项工程量 \times 相应分部分项综合单价) \tag{3-3}$$

$$措施项目费 = \sum 各措施项目费 \tag{3-4}$$

$$其他项目费 = 暂列金额 + 暂估价 + 计日工 + 总承包服务费 \tag{3-5}$$

$$单位工程报价 = 分部分项工程费 + 措施项目费 + 其他项目费 + 规费 + 税金 \tag{3-6}$$

$$单项工程报价 = \sum 单位工程报价 \tag{3-7}$$

$$建设项目总报价 = \sum 单项工程报价 \tag{3-8}$$

式中，综合单价是指完成一个规定清单项目所需的人工费、材料费和工程设备费、施工机具使用费和企业管理费、利润，以及一定范围内的风险费用。

2. 实行工程量清单计价的目的和意义

(1)实行工程量清单计价是促进建设市场有序竞争和企业健康发展的需要。工程量清单是招标文件的重要组成部分，由招标单位编制或委托有资质的工程造价咨询单位编制，工程量清单编制得准确、详尽、完整，有利于提高招标单位的管理水平，减少索赔事件的发生。工程量清单是公开的，有利于防止招标工程中弄虚作假、暗箱操作等不规范行为的发生。投标单位通过对单位工程成本、利润进行分析并统筹考虑，精心选择施工方案，根据企业的定额合理确定人工、材料、机械等要素投入量的合理配置，优化组合，合理控制现场经费和施工技术措施费，在满足招标文件需要的前提下，合理确定自己的报价，让企业有自主报价权，改变了过去依赖建设行政主管部门发布的定额和规定的取费标准进行计价的模式，有利于提高劳动生产率，促进企业技术进步，节约投资和规范建设市场。采用工程量清单计价

后，招标活动的透明度将增加，在充分竞争的基础上降低了造价，提高了投资效益，且便于操作和推行，业主和承包人均将接受这种计价模式。

（2）实行工程量清单计价，有利于我国工程造价政府职能的转变，也有利于由过去的政府控制的指令性定额转变为制定适应市场经济规律需要的工程量清单计价方法，由过去的行政干预转变为对工程造价进行依法监管，有效地强化政府对工程造价的宏观调控。

（3）实行工程量清单计价是我国与国际接轨的需要。工程量清单计价是目前国际上通行的做法，一些发达国家和地区，如我国香港地区基本采用这种方法，在国内的世界银行等国外金融机构、政府机构贷款项目在招标中大多也采用工程量清单计价办法。随着我国加入世贸组织，国内建筑业面临着两大变化，一是中国市场将更具有活力；二是国内市场逐步国际化，竞争更加激烈。加入世界贸易组织以后，外国建筑商要进入我国建筑市场开展竞争，必然要带进国际惯例、规范和做法来计算工程造价；国内建筑公司也同样要到国外市场竞争，也需要按国际惯例、规范和做法来计算工程造价；我国的工程方面，为了与外国建筑商在国内市场竞争，也要改变过去的做法，参照国际惯例、规范和做法来计算工程承发包价格。因此，建筑产品的价格由市场形成是社会主义市场经济和适应国际惯例的需要。

（4）实行工程量清单计价是深化工程造价管理改革，推进建设市场化的重要途径。长期以来，工程预算定额是我国承发包计价、定价的主要依据。预算定额中规定的消耗量和有关施工措施费用是按社会平均水平编制的，以此为依据形成的工程造价基本上也属于社会平均价格。这种平均价格可作为市场竞争的参考价格，但不能反映参与竞争企业的实际消耗和技术管理水平，在一定程度上限制了企业的公平竞争。20世纪90年代，国家提出了"控制量、指导价、竞争费"的改革措施，将工程预算定额中的人工、材料、机械消耗量和相应的量价分离，国家控制量以保证质量，价格逐步走向市场化，这一措施走出了向传统工程预算定额改革的第一步。但是，这种做法难以改变工程预算定额中国家指令性内容较多的状况，难以满足招标投标竞争定价和经评审的合理低价中标的要求。因为国家定额的控制量是社会的平均消耗量，不能反映企业的实际消耗量，不能全面体现企业的技术装备水平、管理水平和劳动生产率，不能体现公平竞争的原则，社会平均水平不能代表社会先进水平，即需要改变以往的工程预算定额的计价模式，适应招标投标的需要，故推行工程量清单计价是十分必要的。

工程量清单计价是建设工程招标投标中，按照国家统一的工程量清单计价规范，由招标人提供工程数量，投标人自主报价，经评审低价中标的工程造价计价模式。采用工程量清单计价能反映工程的个别成本，有利于企业的自主报价和公平竞争。

（5）在建设工程招标投标中，实行工程量清单计价是规范建筑市场秩序，适应社会主义市场经济需要的根本措施之一。工程造价是工程建设的核心，也是市场运行的核心内容，建筑市场存在许多不规范的行为，大多数与工程造价有直接联系。尽快建立和完善市场形成工程造价的机构，是当前规范建筑市场的需要。推行工程量计价，有利于发挥企业自主报价的能力，同时，也有利于规范业主在工程招标中的计价行为，有效改变招标单位在招标中盲目压价的行为，从而真正体现公开、公平、公正的原则，反映市场经济规律。

3. 工程量清单计价的特点

(1)统一计价规则。通过制定统一的建设工程工程量清单计价方法、统一的工程量计量规则、统一的工程量清单项目设置规则，达到规范计价行为的目的。这些规则和办法是强制性的，建设各方都应该遵守，这是工程造价管理部门首次在文件中明确政府应管什么、不应管什么。

(2)有效控制消耗量。通过由政府发布统一的社会平均消耗量指导标准，为企业提供一个社会平均尺度，避免企业盲目或随意大幅度减少或扩大消耗量，从而达到保证工程质量的目的。

(3)彻底放开价格。将工程消耗量定额中的工、料、机价格和利润、管理费全面放开，由市场的供求关系自行确定价格。

(4)企业自主报价。投标企业根据自身的技术专长、材料采购渠道和管理水平等，制定企业自己的报价定额，自主报价。企业尚无报价定额的，可参考使用造价管理部门颁布的工程消耗量定额。

(5)市场有序竞争形成价格。通过建立与国际惯例接轨的工程量清单计价模式，引入充分竞争形成价格的机制，制定衡量投标报价合理性的基础标准，在投标过程中，有效引入竞争机制，淡化标底的作用，在保证质量、工期的前提下，按《招标投标法》及有关条款的规定，最终以"不低于成本"的合理低价中标。

4. 定额计价与工程量清单计价的区别

(1)编制工程量的单位不同。定额计价法是建设工程的工程量分别由招标单位和投标单位按图计算。工程量清单计价是工程量由招标单位统一计算或委托有工程造价咨询资质单位统一计算，"工程量清单"是招标文件的重要组成部分，各投标单位根据招标人提供的"工程量清单"，以及自身的技术装备、施工经验、企业成本、企业定额、管理水平自主报价。

(2)编制工程量清单的时间不同。定额计价法是在发出招标文件后编制(招标人与投标人同时编制或投标人编制在前，招标人编制在后)，而工程量清单报价法必须在发出招标文件前编制。

(3)表现形式不同。定额计价法一般采用总价形式。工程量清单报价法采用综合单价形式，综合单价包括人工费、材料费、施工机具使用费、企业管理费、利润，并考虑风险因素。工程量清单报价具有直观、单价相对固定的特点，工程量发生变化时，单价一般不做调整。

(4)编制依据不同。定额计价法依据图纸；人工、材料、机械台班消耗量依据住房城乡建设主管部门颁发的预算定额；人工、材料、机械台班单价依据工程造价管理部门发布的价格信息进行计算。工程量清单报价法，根据住房和城乡建设部令第16号的规定，招标控制价的编制根据招标文件中的工程量清单和有关要求、施工现场情况、合理的施工方法及按住房城乡建设主管部门制定的有关工程造价计价办法编制。企业的投标报价则根据企业定额和市场价格信息，或参照住房城乡建设主管部门发布的社会平均消耗量定额编制。

(5)费用组成不同。定额计价法的工程造价由人工费、材料费、施工机具使用费、企业管理费、利润、规费和税金组成。工程量清单计价法的工程造价包括分部分项工程费、措施项目费、其他项目费、规费和税金；包括完成每项工程包含的全部工程内容的费用；包括完成每项工程内容所需的费用(规费、税金除外)；包括工程量清单中没有体现的，施工中又必须发生的工程内容所需费用；包括为应对风险因素而增加的费用。

(6)评标所用的方法不同。定额计价法投标一般采用百分制评分法。采用工程量清单计价法投标，一般采用合理低报价中标法，其既要对总价进行评分，还要对综合单价进行分析评分。

(7)项目编码不同。采用定额项目编码，全国各省市采用不同的定额子目。采用工程量清单计价，全国实行统一编码，项目编码采用十二位阿拉伯数字表示。一到九位为统一编码，其中，一、二位为专业工程代码，房屋建筑与装饰工程为01、仿古建筑工程为02、通用安装工程为03、市政工程为04、园林绿化工程为05、矿山工程为06、构筑物工程为07、城市轨道交通工程为08、爆破工程为09；三、四位为专业工程附录分类顺序码；五、六位为分部工程顺序码；七、八、九位为分项工程项目名称顺序码；十至十二位为清单项目名称顺序码。前九位编码不能变动，后三位编码由清单编制人根据项目设置的清单项目编制。

(8)合同价调整的方式不同。定额计价法合同价的调整方式有变更签证、定额解释和政策性调整。工程量清单计价法合同价调整方式主要是索赔。工程量清单的综合单价一般通过招标中报价的形式体现，一旦中标，报价作为签订施工合同的依据相对固定下来，工程结算按承包商实际完成工程量乘以清单中相应的单价计算，减少了调整活口。采用定额计价经常有定额解释及定额规定，结算中又有政策性文件调整。工程量清单计价单价不能随意调整。

(9)工程量计算时间前置。工程量清单在招标前由招标人编制，也可能业主为了缩短建设周期，通常在初步设计完成后就开始施工招标，在不影响施工进度的前提下陆续发放施工图纸，因此，承包商据以报价的工程量清单中各项工作内容下的工程量一般为概算工程量。

(10)投标计算口径达到了统一。因为各投标单位都根据统一的工程量清单报价，达到了投标计算口径统一。不再是预算定额招标，各投标单位各自计算工程量，各投标单位计算的工程量均不一致。

(11)索赔事件增加。因为承包商对工程量清单单价包含的工作内容一目了然，所以，凡建设方不按清单内容施工的或任意要求修改清单的，都会增加施工索赔的因素。

第三节　建筑工程造价费用的构成与计算

一、建筑安装工程费用的组成

2013年7月1日起施行的《建筑安装工程费用项目组成》中规定：建筑安装工程费用按费用构成要素组成划分为人工费、材料费、施工机具使用费、企业管理费、利润、规费和税金(图1-1)；按工程造价形成顺序划分为分部分项工程费、措施项目费、其他项目费、规费和税金(图1-2)。

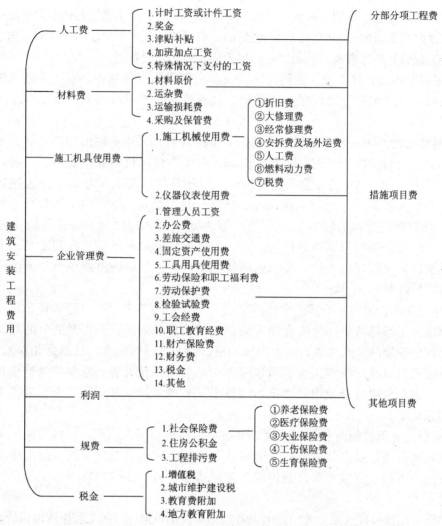

图 1-1 建筑安装工程费用项目组成表(按费用构成要素划分)

二、建筑安装工程费用组成内容

(一)按费用构成要素划分

建筑安装工程费按照费用构成要素划分,由人工费、材料(包含工程设备,下同)费、施工机具使用费、企业管理费、利润、规费和税金组成。其中,人工费、材料费、施工机具使用费、企业管理费和利润包含在分部分项工程费、措施项目费和其他项目费中。

1. 人工费

人工费是指按工资总额构成规定,支付给从事建筑安装工程施工的生产工人和附属生产单位工人的各项费用。其内容包括:

(1)计时工资或计件工资。计时工资或计件工资是指按计时工资标准和工作时间或对已做工作按计件单价支付给个人的劳动报酬。

(2)奖金。奖金是指对超额劳动和增收节支支付给个人的劳动报酬。如节约奖、劳动竞赛奖等。

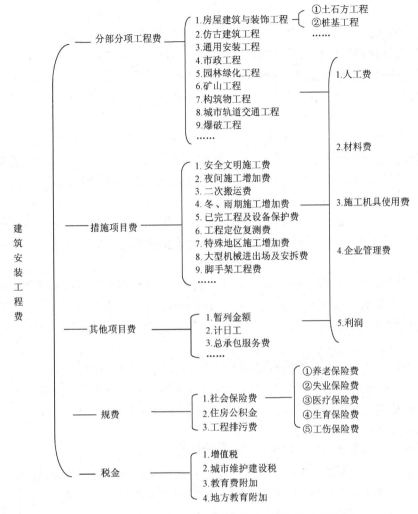

图 1-2　建筑安装工程费用项目组成表(按造价形成划分)

(3)津贴补贴。津贴补贴是指为了补偿职工特殊或额外的劳动消耗和因其他特殊原因支付给个人的津贴,以及为了保证职工工资水平不受物价影响支付给个人的物价补贴。如流动施工津贴、特殊地区施工津贴、高温(寒)作业临时津贴、高空津贴等。

(4)加班加点工资。加班加点工资是指按规定支付的在法定节假日工作的加班工资和在法定日工作时间外延时工作的加点工资。

(5)特殊情况下支付的工资。特殊情况下支付的工资是指根据国家法律、法规和政策规定,因病、工伤、产假、计划生育假、婚丧假、事假、探亲假、定期休假、停工学习、执行国家或社会义务等原因按计时工资标准或计时工资标准的一定比例支付的工资。

2. 材料费

材料费是指施工过程中耗费的原材料、辅助材料、构配件、零件、半成品或成品、工程设备的费用。其内容包括:

(1)材料原价。材料原价是指材料、工程设备的出厂价格或商家供应价格。

(2)运杂费。运杂费是指材料、工程设备自来源地运至工地仓库或指定堆放地点所发生的全部费用。

（3）运输损耗费。运输损耗费是指材料在运输装卸过程中不可避免的损耗。

（4）采购及保管费。采购及保管费是指在组织采购、供应和保管材料、工程设备的过程中所需要的各项费用。其包括采购费、仓储费、工地保管费、仓储损耗。其中工程设备是指构成或计划构成永久工程一部分的机电设备、金属结构设备、仪器装置及其他类似的设备和装置。

3. 施工机具使用费

施工机具使用费是指施工作业所发生的施工机械、仪器仪表使用费或其租赁费。

（1）施工机械使用费。施工机械使用费以施工机械台班耗用量乘以施工机械台班单价表示，施工机械台班单价应由下列七项费用组成：

1）折旧费。折旧费是指施工机械在规定的使用年限内，陆续收回其原值的费用。

2）大修理费。大修理费是指施工机械按规定的大修理间隔台班进行必要的大修理，以恢复其正常功能所需的费用。

3）经常修理费。经常修理费是指施工机械除大修理以外的各级保养和临时故障排除所需的费用。其包括为保障机械正常运转所需替换设备与随机配备工具附具的摊销和维护费用，机械运转中日常保养所需润滑与擦拭的材料费用及机械停滞期间的维护和保养费用等。

4）安拆费及场外运费。安拆费是指施工机械（大型机械除外）在现场进行安装与拆卸所需的人工、材料、机械和试运转费用以及机械辅助设施的折旧、搭设、拆除等费用；场外运费是指施工机械整体或分体自停放地点运至施工现场或由一施工地点运至另一施工地点的运输、装卸、辅助材料及架线等费用。

5）人工费。人工费是指机上司机（司炉）和其他操作人员的人工费。

6）燃料动力费。燃料动力费是指施工机械在运转作业中所消耗的各种燃料及水、电等。

7）税费。税费指施工机械按照国家规定应缴纳的车船使用税、保险费及年检费等。

（2）仪器仪表使用费。仪器仪表使用费是指工程施工所需使用的仪器仪表的摊销及维修费用。

4. 企业管理费

企业管理费是指建筑安装企业组织施工生产和经营管理所需的费用。其内容包括：

（1）管理人员工资。管理人员工资是指按规定支付给管理人员的计时工资、奖金、津贴补贴、加班加点工资及特殊情况下支付的工资等。

（2）办公费。办公费是指企业管理办公用的文具、纸张、账表、印刷、邮电、书报、办公软件、现场监控、会议、水电、烧水和集体取暖降温（包括现场临时宿舍取暖降温）等费用。

（3）差旅交通费。差旅交通费是指职工因公出差、调动工作的差旅费、住勤补助费，市内交通费和误餐补助费，职工探亲路费，劳动力招募费，职工退休、退职一次性路费，工伤人员就医路费，工地转移费以及管理部门使用的交通工具的油料、燃料等费用。

（4）固定资产使用费。固定资产使用费是指管理和试验部门及附属生产单位使用的属于固定资产的房屋、设备、仪器等的折旧、大修、维修或租赁费。

（5）工具用具使用费。工具用具使用费是指企业施工生产和管理使用的不属于固定资产的工具、器具、家具、交通工具和检验、试验、测绘、消防用具等的购置、维修和摊销费。

（6）劳动保险和职工福利费。劳动保险和职工福利费是指由企业支付的职工退职金、按规定支付给离休干部的经费、集体福利费、夏季防暑降温费、冬季取暖补贴、上下班交通补贴等。

（7）劳动保护费。劳动保护费是指企业按规定发放的劳动保护用品的支出。如工作服、手套、防暑降温饮料以及在有碍身体健康的环境中施工的保健费用等。

（8）检验试验费。检验试验费是指施工企业按照有关标准规定，对建筑以及材料、构件和建筑安装物进行一般鉴定、检查所发生的费用，包括自设试验室进行试验所耗用的材料等费用。不包括新结构、新材料的试验费，以及对构件做破坏性试验及其他特殊要求检验试验的费用和建设单位委托检测机构进行检测的费用，对此类检测发生的费用，由建设单位在工程建设其他费用中列支。但对施工企业提供的具有合格证明的材料进行检测不合格的，该检测费用由施工企业支付。

（9）工会经费。工会经费是指企业按《工会法》规定的全部职工工资总额比例计提的经费。

（10）职工教育经费。职工教育经费是指按职工工资总额的规定比例计提，企业为职工进行专业技术和职业技能培训，专业技术人员继续教育，职工职业技能鉴定、职业资格认定，以及根据需要对职工进行各类文化教育所发生的费用。

（11）财产保险费。财产保险费是指施工管理用财产、车辆等的保险费用。

（12）财务费。财务费是指企业为施工生产筹集资金或提供预付款担保、履约担保、职工工资支付担保等所发生的各种费用。

（13）税金。税金是指企业按规定缴纳的房产税、车船使用税、土地使用税、印花税等。

（14）其他。其他包括技术转让费、技术开发费、投标费、业务招待费、绿化费、广告费、公证费、法律顾问费、审计费、咨询费、保险费等。

5. 利润

利润是指施工企业完成所承包工程获得的盈利。

6. 规费

规费是指按国家法律、法规规定，由省级政府和省级有关权力部门规定必须缴纳或计取的费用。包括：

（1）社会保险费。

1）养老保险费。养老保险费是指企业按照规定标准为职工缴纳的基本养老保险费。

2）失业保险费。失业保险费是指企业按照规定标准为职工缴纳的失业保险费。

3）医疗保险费。医疗保险费是指企业按照规定标准为职工缴纳的基本医疗保险费。

4）生育保险费。生育保险费是指企业按照规定标准为职工缴纳的生育保险费。

5）工伤保险费。工伤保险费是指企业按照规定标准为职工缴纳的工伤保险费。

（2）住房公积金。住房公积金是指企业按规定标准为职工缴纳的住房公积金。

（3）工程排污费。工程排污费是指按规定缴纳的施工现场工程排污费。

其他应列而未列入的规费，按实际发生计取。

7. 税金

税金是指国家税法规定的应计入建筑安装工程造价内的营业税、城市维护建设税、教育费附加以及地方教育附加。

（二）按造价形成划分

建筑安装工程费按照工程造价形成，由分部分项工程费、措施项目费、其他项目费、规费、税金组成。分部分项工程费、措施项目费、其他项目费包含人工费、材料费、施工机具使用费、企业管理费和利润。

1. 分部分项工程费

分部分项工程费是指各专业工程的分部分项工程应予列支的各项费用。

（1）专业工程。专业工程是指按现行国家计量规范划分的房屋建筑与装饰工程、仿古建筑工程、通用安装工程、市政工程、园林绿化工程、矿山工程、构筑物工程、城市轨道交通工程、爆破工程等各类工程。

（2）分部分项工程。分部分项工程指按现行国家计量规范对各专业工程划分的项目。如房屋建筑与装饰工程划分的土石方工程、地基处理与桩基工程、砌筑工程、钢筋及钢筋混凝土工程等。

各类专业工程的分部分项工程划分见现行国家或行业计量规范。

2. 措施项目费

措施项目费是指为完成建设工程施工，发生于该工程施工前和施工过程中的技术、生活、安全、环境保护等方面的费用。其内容包括：

（1）安全文明施工费。

1）环境保护费。环境保护费是指施工现场为达到环保部门要求所需要的各项费用。

2）文明施工费。文明施工费是指施工现场文明施工所需要的各项费用。

3）安全施工费。安全施工费是指施工现场安全施工所需要的各项费用。

4）临时设施费。临时设施费是指施工企业为进行建设工程施工所必须搭设的生活和生产用的临时建筑物、构筑物和其他临时设施费用。其包括临时设施的搭设、维修、拆除、清理费或摊销费等。

（2）夜间施工增加费。夜间施工增加费是指因夜间施工所发生的夜班补助费、夜间施工降效、夜间施工照明设备摊销及照明用电等费用。

（3）二次搬运费。二次搬运费是指因施工场地条件限制而发生的材料、构配件、半成品等一次运输不能到达堆放地点，必须进行二次或多次搬运所发生的费用。

（4）冬、雨期施工增加费。冬、雨期施工增加费是指在冬期或雨期施工因需增加临时设施、防滑、排除雨雪及人工和施工机械效率降低等发生费用。

（5）已完工程及设备保护费。已完工程及设备保护费是指竣工验收前，对已完工程及设备采取的必要保护措施所发生的费用。

（6）工程定位复测费。工程定位复测费是指工程施工过程中进行全部施工测量放线和复测工作的费用。

（7）特殊地区施工增加费。特殊地区施工增加费是指工程在沙漠或其边缘地区、高海拔、高寒、原始森林等特殊地区施工增加的费用。

（8）大型机械设备进出场及安拆费。大型机械设备进出场及安拆费是指机械整体或分体自停放场地运至施工现场或由一个施工地点运至另一个施工地点，所发生的机械进出场运输及转移费用及机械在施工现场进行安装、拆卸所需的人工费、材料费、机械费、试运转费和安装所需的辅助设施的费用。

(9)脚手架工程费。脚手架工程费是指施工需要的各种脚手架搭、拆、运输费用以及脚手架购置费的摊销(或租赁)费用。

措施项目及其包含的内容详见各类专业工程的现行国家或行业计量规范。

3. 其他项目费

(1)暂列金额。暂列金额是指建设单位在工程量清单中暂定并包括在工程合同价款中的一笔款项。用于施工合同签订时尚未确定或者不可预见的所需材料、工程设备、服务的采购，施工中可能发生的工程变更、合同约定调整因素出现时的工程价款调整以及发生的索赔、现场签证确认等的费用。

(2)计日工。计日工是指在施工过程中，施工企业完成建设单位提出的施工图纸以外的零星项目或工作所需的费用。

(3)总承包服务费。总承包服务费是指总承包人为配合、协调建设单位进行的专业工程发包，对建设单位自行采购的材料、工程设备等进行保管以及施工现场管理、竣工资料汇总整理等服务所需的费用。

4. 规费

同前述"按费用构成要素划分"的相关内容。

5. 税金

同前述"按费用构成要素划分"的相关内容。

三、建筑安装工程费用参考计算方法

(一)费用构成要素参考计算方法

1. 人工费

(1)公式1：

$$人工费 = \sum(工日消耗量 \times 日工资单价)$$

$$日工资单价 = \frac{生产工人平均月工资(计时计件) + 平均月(奖金 + 津贴补贴 + \genfrac{}{}{0pt}{}{特殊情况下}{支付的工资})}{年平均每月法定工作日}$$

注：公式1主要适用于施工企业投标报价时自主确定人工费，也是工程造价管理机构编制计价定额确定定额人工单价或发布人工成本信息的参考依据。

(2)公式2：

$$人工费 = \sum(工程工日消耗量 \times 日工资单价)$$

日工资单价是指施工企业平均技术熟练程度的生产工人在每工作日(国家法定工作时间内)按规定从事施工作业应得的日工资总额。

工程造价管理机构确定日工资单价应通过市场调查、根据工程项目的技术要求，参考实物工程量人工单价综合分析确定，最低日工资单价不得低于工程所在地人力资源和社会保障部门所发布的最低工资标准的：普工1.3倍；一般技工2倍；高级技工3倍。

工程计价定额不可只列一个综合工日单价，应根据工程项目技术要求和工种差别适当划

分多种日人工单价，确保各分部工程人工费的合理构成。

注：公式2适用于工程造价管理机构编制计价定额时确定定额人工费，是施工企业投标报价的参考依据。

2. 材料费

(1)材料费：

$$材料费 = \sum(材料消耗量 \times 材料单价)$$

$$材料单价 = [(材料原价 + 运杂费) \times [1 + 运输损耗率(\%)]] \times [1 + 采购保管费费率(\%)]$$

(2)工程设备费：

$$工程设备费 = \sum(工程设备量 \times 工程设备单价)$$

$$工程设备单价 = (设备原价 + 运杂费) \times [1 + 采购保管费费率(\%)]$$

3. 施工机具使用费

(1)施工机械使用费：

$$施工机械使用费 = \sum(施工机械台班消耗量 \times 机械台班单价)$$

机械台班单价 = 台班折旧费 + 台班大修费 + 台班经常修理费 + 台班安拆费及场外运费 + 台班人工费 + 台班燃料动力费 + 台班车船税费

注：工程造价管理机构在确定计价定额中的施工机械使用费时，应根据《建筑工程施工机械台班费用编制规则》结合市场调查编制施工机械台班单价。施工企业可以参考工程造价管理机构发布的台班单价，自主确定施工机械使用费的报价，如租赁施工机械，公式为

$$施工机械使用费 = \sum(施工机械台班消耗量 \times 机械台班租赁单价)$$

(2)仪器仪表使用费：

$$仪器仪表使用费 = 工程使用的仪器仪表摊销费 + 维修费$$

4. 企业管理费费率

(1)以分部分项工程费为计算基础：

$$企业管理费费率(\%) = \frac{生产工人年平均管理费}{年有效施工天数 \times 人工单价} \times 人工费占分部分项工程费比例(\%)$$

(2)以人工费和机械费合计为计算基础：

$$企业管理费费率(\%) = \frac{生产工人年平均管理费}{年有效施工天数 \times (人工单价 + 每一工日机械使用费)} \times 100\%$$

(3)以人工费为计算基础：

$$企业管理费费率(\%) = \frac{生产工人年平均管理费}{年有效施工天数 \times 人工单价} \times 100\%$$

注：上述公式适用于施工企业投标报价时自主确定管理费，是工程造价管理机构编制计价定额确定企业管理费的参考依据。

工程造价管理机构在确定计价定额中企业管理费时，应以定额人工费(或定额人工费＋定额机械费)作为计算基数，其费率根据历年工程造价积累的资料，辅以调查数据确定，列入分部分项工程和措施项目中。

5. 利润

(1)施工企业根据企业自身需求并结合建筑市场实际自主确定，列入报价中。

(2)工程造价管理机构在确定计价定额中利润时，应以定额人工费(或定额人工费＋定额机械费)作为计算基数，其费率根据历年工程造价积累的资料，并结合建筑市场实际确定；以单位(单项)工程测算，利润在税前建筑安装工程费的比重可按不低于5%且不高于7%的费率计算。利润应列入分部分项工程和措施项目中。

6. 规费

(1)社会保险费和住房公积金。社会保险费和住房公积金应以定额人工费为计算基础，根据工程所在地省、自治区、直辖市或行业住房城乡建设主管部门规定费率计算。

$$社会保险费和住房公积金 = \sum(工程定额人工费 \times 社会保险费和住房公积金费率)$$

式中，社会保险费和住房公积金费率可以每万元发承包价的生产工人人工费和管理人员工资含量与工程所在地规定的缴纳标准综合分析取定。

(2)工程排污费。工程排污费等其他应列而未列入的规费应按工程所在地环境保护等部门规定的标准缴纳，按实计取列入。

7. 税金

(1)税金计算公式：

$$税金 = 税前造价 \times 综合税率(\%)$$

(2)综合税率按下列规定确定：

1)纳税地点在市区的企业：

$$综合税率(\%) = \frac{1}{1 - 3\% - 3\% \times 7\% - 3\% \times 3\% - 3\% \times 2\%} - 1$$

2)纳税地点在县城、镇的企业：

$$综合税率(\%) = \frac{1}{1 - 3\% - 3\% \times 5\% - 3\% \times 3\% - 3\% \times 2\%} - 1$$

3)纳税地点不在市区、县城、镇的企业：

$$综合税率(\%) = \frac{1}{1 - 3\% - 3\% \times 1\% - 3\% \times 3\% - 3\% \times 2\%} - 1$$

4)实行营业税改增值税的，按纳税地点现行税率计算。

(二)建筑安装工程计价参考公式

1. 分部分项工程费

$$分部分项工程费 = \sum(分部分项工程量 \times 综合单价)$$

式中，综合单价包括人工费、材料费、施工机具使用费、企业管理费和利润以及一定范围的风险费用(下同)。

2. 措施项目费

(1)国家计量规范规定应予计量的措施项目，其计算公式为

$$措施项目费 = \sum(措施项目工程量 \times 综合单价)$$

(2)国家计量规范规定不宜计量的措施项目计算方法如下：

1)安全文明施工费。

$$安全文明施工费=计算基数×安全文明施工费费率(\%)$$

计算基数应为定额基价(定额分部分项工程费+定额中可以计量的措施项目费)、定额人工费或(定额人工费+定额机械费)，其费率由工程造价管理机构根据各专业工程的特点综合确定。

2)夜间施工增加费。

$$夜间施工增加费=计算基数×夜间施工增加费费率(\%)$$

3)二次搬运费。

$$二次搬运费=计算基数×二次搬运费费率(\%)$$

4)冬、雨期施工增加费。

$$冬、雨期施工增加费=计算基数×冬、雨期施工增加费费率(\%)$$

5)已完工程及设备保护费。

$$已完工程及设备保护费=计算基数×已完工程及设备保护费费率(\%)$$

上述2)～5)项措施项目的计费基数应为定额人工费或(定额人工费+定额机械费)，其费率由工程造价管理机构根据各专业工程特点和调查资料综合分析后确定。

3. 其他项目费

(1)暂列金额由建设单位根据工程特点，按有关计价规定估算，施工过程中由建设单位掌握使用，扣除合同价款调整后如有余额，归建设单位。

(2)计日工由建设单位和施工企业按施工过程中的签证计价。

(3)总承包服务费由建设单位在招标控制价中根据总包服务范围和有关计价规定编制，施工企业投标时自主报价，施工过程中按签约合同价执行。

4. 规费和税金

建设单位和施工企业均应按照省、自治区、直辖市或行业住房城乡建设主管部门发布的标准计算规费和税金，不得作为竞争性费用。

(三)相关问题的说明

(1)原则上，各专业工程计价定额的使用周期为5年。

(2)工程造价管理机构在定额使用周期内，应及时发布人工、材料、机械台班价格信息，实行工程造价动态管理，如遇国家法律、法规、规章或相关政策变化以及建筑市场物价波动较大，则应适时调整定额人工费、定额机械费以及定额基价或规费费率，使建筑安装工程费能反映建筑市场实际。

(3)建设单位在编制招标控制价时，应按照各专业工程的计量规范和计价定额以及工程造价信息编制。

(4)施工企业在使用计价定额时除不可竞争费用外，其余仅作参考，由施工企业投标时自主报价。

四、建筑安装工程计价程序

1. 工程招标控制价计价程序

建设单位工程招标控制价计价程序见表1-2。

表 1-2　建设单位工程招标控制价计价程序

工程名称：　　　　　　　　　　　　　　　　　标段：

序号	内　容	计算方法	金额/元
1	分部分项工程费	按计价规定计算	
1.1			
1.2			
1.3			
1.4			
1.5			
2	措施项目费	按计价规定计算	
2.1	其中：安全文明施工费	按规定标准计算	
3	其他项目费		
3.1	其中：暂列金额	按计价规定估算	
3.2	其中：专业工程暂估价	按计价规定估算	
3.3	其中：计日工	按计价规定估算	
3.4	其中：总承包服务费	按计价规定估算	
4	规费	按规定标准计算	
5	税金(扣除不列入计税范围的工程设备金额)	(1+2+3+4)×规定税率	
招标控制价合计＝1+2+3+4+5			

2. 工程投标报价计价程序

施工企业工程投标报价计价程序见表1-3。

表1-3 施工企业工程投标报价计价程序

工程名称：　　　　　　　　　　　　　　　　标段：

序号	内　容	计算方法	金额/元
1	分部分项工程费	自主报价	
1.1			
1.2			
1.3			
1.4			
1.5			
2	措施项目费	自主报价	
2.1	其中：安全文明施工费	按规定标准计算	
3	其他项目费		
3.1	其中：暂列金额	按招标文件提供金额计列	
3.2	其中：专业工程暂估价	按招标文件提供金额计列	
3.3	其中：计日工	自主报价	
3.4	其中：总承包服务费	自主报价	
4	规费	按规定标准计算	
5	税金(扣除不列入计税范围的工程设备金额)	(1+2+3+4)×规定税率	
投标报价合计＝1+2+3+4+5			

3. 竣工结算计价程序

竣工结算计价程序见表1-4。

表 1-4　竣工结算计价程序

工程名称：　　　　　　　　　　　　　　　标段：

序号	内　容	计算方法	金额/元
1	分部分项工程费	按合同约定计算	
1.1			
1.2			
1.3			
1.4			
1.5			
2	措施项目	按合同约定计算	
2.1	其中：安全文明施工费	按规定标准计算	
3	其他项目		
3.1	其中：专业工程结算价	按合同约定计算	
3.2	其中：计日工	按计日工签证计算	
3.3	其中：总承包服务费	按合同约定计算	
3.4	索赔与现场签证	按发承包双方确认数额计算	
4	规费	按规定标准计算	
5	税金(扣除不列入计税范围的工程设备金额)	(1＋2＋3＋4)×规定税率	
竣工结算总价合计＝1＋2＋3＋4＋5			

第二章 建筑工程施工图识读

第一节 建筑工程施工图的识读方法

一、施工图识读应注意的问题

(1)施工图是根据投影原理绘制的,其用图纸表明房屋建筑的设计及构造做法。所以,若要看懂施工图,应掌握投影原理和熟悉房屋建筑的基本构造。

(2)施工图采用了一些图例符号以及必要的文字说明,共同将设计内容表现在图纸上。因此要看懂施工图,还必须记住常用的图例符号。

(3)看图时要注意从粗到细、从大到小。先粗看一遍,了解工程的概貌,然后再细看。细看时,应先看总说明和基本图纸,然后再深入看构件图和详图。

(4)一套施工图由各工种的许多张图纸组成,各图纸之间是互相配合、紧密联系的。图纸的绘制大体是按照施工过程中不同的工种、工序分成一定的层次和部位进行的,因此,要有联系地、综合地看图。

(5)结合实际看图。根据实践、认识、再实践、再认识的规律,看图时联系生产实践,就能比较快地掌握图纸内容。

二、施工图的分类与编排顺序

1. 施工图的分类

一套完整的施工图按各专业内容不同,一般分为以下几类:

(1)图纸目录。图纸目录说明各专业图纸名称、张数、编号,其目的是便于查阅。

(2)设计说明。设计说明主要说明工程概况和设计依据。其包括建筑面积、工程造价;有关的地质、水文、气象资料;采暖通风及照明要求;建筑标准、荷载等级、抗震要求;主要施工技术和材料要求等。

(3)建筑施工图(简称建施)。建筑施工图的基本图纸包括建筑总平面图、平面图、立面图和剖面图等;其建筑详图包括墙身剖面图、楼梯详图、浴厕详图、门窗详图及门窗表,以及各种装修、构造做法、说明等。在建筑施工图的标题栏内均注写建施××号,可供查阅。

(4)结构施工图(简称结施)。结构施工图的基本图纸包括基础平面图、楼层结构平面图、屋顶结构平面图、楼梯结构图等;其结构详图有基础详图,梁、板、柱等构件详图及节点详图等。在结构施工图的标题内均注写结施××号,可供查阅。

(5)设备施工图(简称设施)。设施包括以下三部分专业图纸:

1)给水排水施工图。给水排水施工图主要表示管道的布置和走向、构件做法和加工安装要求。图纸包括平面图、系统图、详图等。

2)采暖通风施工图。采暖通风施工图主要表示管道布置和构造安装要求。图纸包括平面图、系统图、安装详图等。

3)电气施工图。电气施工图主要表示电气线路走向及安装要求。图纸包括平面图、系统图、接线原理图以及详图等。

在这些图纸的标题栏内分别注写水施××号、暖施××号、电施××号，以便查阅。

2.施工图的编排顺序

《房屋建筑制图统一标准》(GB/T 50001—2010)对工程施工图的编排顺序的规定为：工程图纸应按专业顺序编排，一般应为图纸目录、总图、建筑图、结构图、给水排水图、暖通空调图、电气图等，各专业的图纸，应该按图纸内容的主次关系、逻辑关系，有序排列。

三、建筑施工图的识读

1.总平面图的识读

将拟建工程四周一定范围内的新建、拟建、原有和拆除的建筑物、构筑物连同其周围的地形地物状况，用水平投影方法和相应的图例所画出的图样，称为总平面图。

(1)总平面图的用途。总平面图是一个建设项目的总体布局，表示新建房屋所在基地范围内的平面布置、具体位置以及周围情况。总平面图通常画在具有等高线的地形图上。

图 2-1 所示为某学校拟建教师住宅楼的总平面图。图中用粗实线画出的图形表示新建住宅楼；用中实线画出的图形表示原有建筑物；各个平面图形内的小黑点数表示房屋的层数。

除建筑物外，道路、围墙、池塘、绿化等均用图例表示。

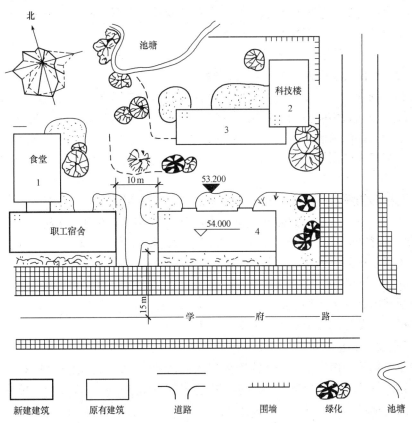

图 2-1 某学校拟建教师住宅楼的总平面图

总平面图的主要用途如下：

1)工程施工的依据(如施工定位、施工放线和土方工程)。

2)室外管线布置的依据。

3)工程预算的重要依据(如土石方工程量、室外管线工程量的计算)。

(2)总平面图的基本内容。总平面图主要包括以下基本内容：

1)表明新建区域的地形、地貌、平面布置,包括红线位置,各建(构)筑物、道路、河流、绿化等的位置及其相互间的位置关系。

2)确定新建房屋的平面位置。一般根据原有建筑物或道路定位,标注定位尺寸;修建成片住宅、较大的公共建筑物、工厂或所绘地形复杂时,用坐标确定房屋及道路转折点的位置。

3)表明建筑物首层地面的绝对标高,室外地坪、道路的绝对标高;说明土方填挖情况、地面坡度及雨水的排除方向。

4)用指北针和风向频率玫瑰图来表示建筑物的朝向。风向频率玫瑰图还表示该地区常年风向的频率。其是根据某一地区多年统计的各个方向吹风次数的百分数值,按一定比例绘制的,用16个罗盘方位表示。风向频率玫瑰图上所表示风的吹向,是指从外面吹向地区中心的方向。实线图形表示常年风向频率;虚线图形表示夏季(六、七、八三个月)的风向频率。

5)根据工程的需要,有时还有水、暖、电等管线总平面图,各种管线综合布置图、竖向设计图、道路纵横剖面图以及绿化布置图等。

2. 建筑平面图的识读

建筑平面图也简称平面图,实际上是一幢房屋的水平剖面图。它是假想用一水平剖面将房屋沿门窗洞口剖开,移去上部分,剖面以下部分的水平投影图就是平面图。

一般来说,多层房屋就应画出各层平面图。沿底层门窗洞口切开后得到的平面图,称为底层平面图。沿二层门窗洞口切开后得到的平面图,称为二层平面图。依次可得到三层、四层平面图。当某些楼层平面相同时,可以只画出其中一个平面图,称其为标准层平面图(或中间层平面图)。

为了表明屋面构造,一般还要画出屋顶平面图。屋顶平面图不是剖面图,而是俯视屋顶时的水平投影图,主要表示屋面的形状及排水情况和凸出屋面的构造位置。

(1)建筑平面图的用途。建筑平面图主要表示建筑物的平面形状、水平方向各部分(出入口、走廊、楼梯、房间、阳台等)的布置和组合关系,墙、柱及其他建筑物的位置和大小。其主要用途如下：

1)建筑平面图是施工放线,砌墙、柱,安装门窗框、设备的依据。

2)建筑平面图是编制和审核工程预算的主要依据。

(2)建筑平面图的基本内容。建筑平面图主要包括以下基本内容：

1)表明建筑物的平面形状,以及内部各房间包括走廊、楼梯、出入口的布置及朝向。

2)表明建筑物及其各部分的平面尺寸。在建筑平面图中,必须详细标注尺寸。平面图中的尺寸可分为外部尺寸和内部尺寸。外部尺寸有三道,一般沿横向、竖向分别标注在图形的下方和左方。

第一道尺寸：表示建筑物外轮廓的总体尺寸,也称为外包尺寸。其是从建筑物一端外墙边到另一端外墙边的总长和总宽尺寸。

第二道尺寸：表示轴线之间的距离，也称为轴线尺寸。其标注在各轴线之间，是说明房间的开间及进深的尺寸。

第三道尺寸：表示各细部的位置和大小的尺寸，也称细部尺寸。其以轴线为基准，标注出门、窗的大小和位置，墙、柱的大小和位置。另外，台阶(或坡道)、散水等细部结构的尺寸可分别单独标出。

内部尺寸标注在图形内部，用以说明房间的净空大小，内门、窗的宽度，内墙厚度以及固定设备的大小和位置。

3)表明地面及各层楼面的标高。

4)表明各种门、窗位置，代号和编号，以及门的开启方向。门的代号用 M 表示，窗的代号用 C 表示，编号数用阿拉伯数字表示。

5)表示剖面图剖切符号、详图索引符号的位置及编号。

6)综合反映其他各工种工艺(水、暖、电)对土建的要求。各工程要求的坑、台、水池、地沟、电闸箱、消火栓、雨水管等及其在墙或楼板上的预留洞口，应在图中表明其位置及尺寸。

7)表明室内装修的做法，包括室内地面、墙面及顶棚等处的材料及做法。一般简单的装修，在平面图内直接用文字说明；较复杂的工程则另列房间明细表和材料做法表，或另画建筑装修图。

8)文字说明。平面图中不易表明的内容，如施工要求、砖及灰浆的强度等级等需用文字说明。

以上所列内容，可根据具体项目的实际情况取舍。

3. 建筑剖面图的识读

(1)建筑剖面图的形成和用途。建筑剖面图简称剖面图，一般是指建筑物的垂直剖面图，且多为横向剖切形式。剖面图的用途主要有以下几项：

1)表示建筑物内部垂直方向的结构形式、分层情况、内部构造及各部位的高度等，用于指导施工。

2)编制工程预算时，与平、立面图配合计算墙体、内部装修等的工程量。

(2)建筑剖面图的主要内容。建筑剖面图的主要内容如下：

1)图名、比例及定位轴线。剖面图的图名与底层平面图所标注的剖切位置符号的编号一致。在剖面图中，应标出被剖切的各承重墙的定位轴线及与平面图一致的轴线编号。

2)表示出室内底层地面到屋顶的结构形式、分层情况。在剖面图中，断面的表示方法与平面图相同。断面轮廓线用粗实线表示，钢筋混凝土构件的断面可涂黑表示。其他没有被剖切到的可见轮廓线用中实线表示。

3)标注各部分结构的标高和高度方向尺寸。在剖面图中，应标注出室内外地面、各层楼面、楼梯平台、檐口、女儿墙顶面等处的标高。其他结构则应标注高度尺寸。高度尺寸分为以下三道：

第一道是总高尺寸，标注在最外边；

第二道是层高尺寸，主要表示各层的高度；

第三道是细部尺寸，表示门窗洞、阳台、勒脚等的高度。

4)文字说明某些用料及楼地面的做法等。需画详图的部位，还应标注出详图索引符号。

4. 建筑立面图的识读

(1)建筑立面图的形成及名称。建筑立面图简称立面图，其是对房屋的前、后、左、右各个方向所作的正投影图。立面图的命名方法有以下几项：

1)按房屋朝向，如南立面图、北立面图、东立面图、西立面图。

2)按轴线的编号，如图①～㉚立面图、Ⓐ～Ⓠ立面图。

3)按房屋的外貌特征命名，如正立面图、背立面图等。

对于简单的对称式房屋，立面图可只绘制一半，但应画出对称轴线和对称符号。

(2)建筑立面图的用途。立面图是表示建筑物的体型、外貌和室外装修要求的图样，主要用于外墙的装修施工和编制工程预算。

(3)建筑立面图的主要图示内容。建筑立面图的主要图示内容如下：

1)图名、比例。立面图的比例常与平面图一致。

2)标注建筑物两端的定位轴线及其编号。在立面图中，一般只画出两端的定位轴线及其编号，以便与平面图对照。

3)画出室内外地面线、房屋的勒脚、外部装饰及墙面分格线，表示出屋顶、雨篷、阳台、台阶、雨水管、水斗等细部结构的形状和做法。为了使立面图外形清晰，通常把房屋立面的最外轮廓线画成粗实线，室外地面用特粗线表示，门窗洞口、檐口、阳台、雨篷、台阶等用中实线表示；其余的，如墙面分隔线、门窗格子、雨水管以及引出线等均用细实线表示。

4)表示门窗在外立面的分布、外形、开启方向。在立面图上，门窗应按标准规定的图例画出。门、窗立面图中的斜细线，是表示开启方向的符号。细实线表示向外开，细虚线表示向内开。一般无须把所有的窗都画上开启符号。凡是窗的型号相同的，只画出其中一、二个即可。

5)标注各部位的标高及必须标注的局部尺寸。在立面图上，高度尺寸主要用标高表示。一般要注出室内外地坪，一层楼地面，窗台、窗顶、阳台面、檐口、女儿墙压顶面，进口平台面及雨篷底面等的标高。

6)标注出详图索引符号。

7)文字说明外墙装修做法。根据设计要求外墙面可选用不同的材料及做法。在立面图上一般用文字说明。

5. 建筑详图的识读

建筑详图是把房屋的某些细部构造及构配件用较大的比例(如1：20，1：10，1：5等)将其形状、大小、材料和做法详细表达出来的图样，简称详图或大样图、节点图。常用的详图一般有墙身详图、楼梯详图、门窗详图、厨房、卫生间、浴室、壁橱及装修详图(吊顶、墙裙、贴面)等。

(1)建筑详图的分类及特点。建筑详图可分为局部构造详图和构配件详图。局部构造详图主要表示房屋某一局部构造做法和材料的组成，如墙身详图、楼梯详图等；构配件详图主要表示构配件本身的构造，如门、窗、花格等详图。

建筑详图具有以下特点：

1)图形详图：图形采用较大比例绘制，各部分结构应表达详细、层次清楚，但又要详而不繁。

2)数据详图:各结构的尺寸要标注完整、齐全。

3)文字详图:无法用图形表达的内容采用文字说明,要详尽清楚。

详图的表达方法和数量,可根据房屋构造的复杂程度而定。有的只用一个剖面详图就能表达清楚(如墙身详图),有的需加平面详图(如楼梯间、卫生间),或用立面详图(如门窗详图)。

(2)外墙身详图的识读。外墙身详图实际上是建筑剖面图的局部放大图,其主要表示房屋的屋顶、檐口、楼层、地面、窗台、门窗顶、勒脚、散水等处的构造,以及楼板与墙的连接关系。

外墙身详图的主要内容包括以下几项:

1)标注墙身轴线编号和详图符号。

2)采用分层文字说明的方法表示屋面、楼面、地面的构造。

3)表示各层梁、楼板的位置及与墙身的关系。

4)表示檐口部分如女儿墙的构造、防水及排水构造。

5)表示窗台、窗过梁(或圈梁)的构造情况。

6)表示勒脚部分如房屋外墙的防潮、防水和排水的做法。外墙身的防潮层,一般在室内底层地面下 60 mm 左右处。外墙面下部有 30 mm 厚的水泥砂浆,层面为褐色水刷石的勒脚。墙根处有 5%坡度的散水。

7)标注各部位的标高及高度方向和墙身细部的大小尺寸。

8)文字说明各装饰内、外表面的厚度及所用的材料。

阅读外墙身详图时应注意以下问题:

1)±0.000 或防潮层以下的砖墙以结构基础图为施工依据,看墙身剖面图时,必须与基础图配合,并注意±0.000 处的搭接关系及防潮层的做法。

2)屋面、地面、散水、勒脚等的做法、尺寸应与材料做法对照。

3)要注意建筑标高和结构标高的关系。建筑标高一般是指地面或楼面装修完成后上表面的标高,结构标高主要是指结构构件的下皮或上皮标高。在预制楼板结构楼层剖面图中,一般只注明楼板的下皮标高;在建筑墙身剖面图中只注明建筑标高。

(3)楼梯详图识读。楼梯是房屋中比较复杂的构造,目前多采用预制或现浇钢筋混凝土结构。楼梯由楼梯段、休息平台和栏板(或栏杆)等组成。

楼梯详图一般包括平面图、剖面图及踏步栏杆详图等,它们表示出楼梯的形式;踏步、平台、栏杆的构造、尺寸、材料和做法。楼梯详图可分为建筑详图与结构详图,并分别绘制。对于比较简单的楼梯,建筑详图和结构详图可以合并绘制,分别编入建筑施工图和结构施工图中。

1)楼梯平面图。一般每一层楼都要画一张楼梯平面图。三层以上的房屋,若中间各层的楼梯位置及其梯段数、踏步数和大小相同,则通常只画底层、中间层和顶层三个平面图。

楼梯平面图实际是各层楼梯的水平剖面图,水平剖切位置应在每层上行第一梯段及门窗洞口的任一位置处。各层(除顶层外)被剖到的梯段,按"国标"规定,均在平面图中以一根45°折断线表示。

在各层楼梯平面图中,应标注该楼梯间的轴线及编号,以确定其在建筑平面图中的位置。在底层楼梯平面图中,还应注明楼梯剖面图的剖切符号。

平面图中要注出楼梯间的开间和进深尺寸、楼地面和平台面的标高及各细部的详细尺寸。通常把梯段长度尺寸与踏面数、踏面宽的尺寸合写在一起。

2)楼梯剖面图。假想用一铅垂平面通过各层的一个梯段和门窗洞将楼梯剖开，向另一未剖到的梯段方向投影，所得到的剖面图即为楼梯剖面图。

楼梯剖面图表达出房屋的层数，楼梯梯段数，步级数以及楼梯形式，楼地面、平台的构造及与墙身的连接等。

若楼梯间的屋面没有特殊之处，一般可不画。

在楼梯剖面图中，还应标注地面、平台面、楼面等处的标高和梯段、楼层、门窗洞口的高度尺寸。楼梯高度尺寸注法与平面图梯段长度注法相同。如 $10 \times 150 = 1\ 500$，10 为步级数，表示该梯段为 10 级，150 为踏步高度。

在楼梯剖面图中，也应标注承重结构的定位轴线及编号。对需画详图的部位应注出详图索引符号。

3)节点详图。楼梯节点详图主要表示栏杆、扶手和踏步的细部构造。

四、结构施工图的识读

结构施工图是表示建筑物的承重构件(如基础、承重墙、梁、板、柱等)的布置、形状大小、内部构造和材料做法等的图纸。

结构施工图的主要用途如下：

(1)施工放线，构件定位，支模板，绑扎钢筋，浇筑混凝土，安装梁、板、柱等构件以及编制施工组织设计的依据。

(2)编制工程预算和工料分析的依据。建筑结构按其主要承重构件所采用的材料不同，一般可分为钢结构、木结构、砖石结构和钢筋混凝土结构等。不同的结构类型，其结构施工图的具体内容及编排方式也各有不同，但一般都包括以下三部分：

1)结构设计说明。

2)结构平面图。

3)构件详图。

结构构件的种类繁多，为了便于绘图和读图，在结构施工图中，常用代号来表示构件的名称。构件代号一般用大写的汉语拼音字母表示。

1. 基础结构图的识读

基础结构图也称基础图，是表示建筑物室内地面(± 0.000)以下基础部分的平面布置和构造的图样，包括基础平面图、基础详图和文字说明等。

(1)基础平面图。

1)基础平面图的形成。基础平面图是假想用一个水平剖切面在地面附近将整幢房屋剖切后，向下投影所得到的剖面图(不考虑覆盖在基础上的泥土)。

基础平面图主要表示基础的平面位置，以及基础与墙、柱轴线的相对关系。在基础平面图中，被剖切到的基础墙轮廓要画成粗实线，基础底部的轮廓线画成细实线。基础的细部构造不必画出，它们将详尽地表达在基础详图上。图中的材料图例可与建筑平面图的画法一致。

在基础平面图中，必须注出与建筑平面图相一致的轴间尺寸。另外，还应注出基础的宽度尺寸和定位尺寸。宽度尺寸包括基础墙宽和大放脚宽；定位尺寸包括基础墙、大放脚与轴线的联系尺寸。

2)基础平面图的内容。基础平面图的内容主要包括以下几项：

①图名、比例。

②纵横定位线及其编号(必须与建筑平面图中的轴线一致)。

③基础的平面布置，即基础墙、柱及基础底面的形状、大小及其与轴线的关系。

④断面图的剖切符号。

⑤轴线尺寸、基础大小尺寸和定位尺寸。

⑥施工说明。

(2)基础详图。基础详图是用放大的比例画出的基础局部构造图，它表示基础不同断面处的构造做法、详细尺寸和材料。基础详图的主要内容有以下几项：

1)轴线及编号。

2)基础的断面形状、基础形式、材料及配筋情况。

3)基础详细尺寸：表示基础的各部分长宽高、基础埋置深度、垫层宽度和厚度等尺寸；主要部位标高，如室内外地坪及基础底面标高等。

4)防潮层的位置及做法。

2. 楼层结构平面图的识读

楼层结构平面图是假想沿着楼板面(结构层)把房屋剖开所作的水平投影图。其主要表示楼板、梁、柱、墙等结构的平面布置，现浇楼板、梁等的构造、配筋以及各构件之间的连接关系。它一般由平面图和详图所组成。

3. 屋顶结构平面图的识读

屋顶结构平面图是表示屋顶承重构件布置的平面图，它的图示内容与楼层结构平面图基本相同。对于平屋顶，因屋面排水的需要，承重构件应按一定坡度铺设，并设置天沟、上人孔、屋顶水箱等。

五、钢筋混凝土构件详图的识读

结构平面图只是表示房屋各楼层的承重构件的平面布置，而各构件的真实形状、大小、内部结构及构造并未表达出来。为此，还需画结构详图。

钢筋混凝土构件是指用钢筋混凝土制成的梁、板、桩、屋架等构件。按施工方法不同可分为现浇钢筋混凝土构件和预制钢筋混凝土构件两种。钢筋混凝土构件详图一般包括模板图、配筋图、预埋件详图及配筋表。配筋图又可分为立面图、断面图和钢筋详图。配筋图主要用来表示构件内部钢筋的级别、尺寸、数量和配置，它是钢筋下料以及绑扎钢筋骨架的施工依据。模板图主要用来表示构件外形尺寸以及预埋件、预留孔的大小及位置，它是模板制作和安装的依据。

钢筋混凝土构件结构详图主要包括以下主要内容：

(1)构件详图的图名及比例。

(2)详图的定位轴线及编号。

(3)结构详图，也称配筋图。配筋图表明结构内部的配筋情况，一般由立面图和断面图组成。梁、柱的结构详图由立面图和断面图组成，板的结构图一般只画平面或断面图。

(4)模板图。模板图是表示构件的外形或预埋件位置的详图。

(5)构件构造尺寸、钢筋表。

六、装饰装修工程施工图的识读

(一)装饰装修工程平面图的识读

建筑装饰平面图是建筑功能、建筑技术、装饰艺术、装饰经济等在平面上的体现,在建筑装饰装修工程中格外受人重视。其效用主要表现为:①建筑结构与尺寸;②装饰布置与装饰结构及其尺寸的关系;③设备、家具陈设位置及尺寸关系。

1. 基本内容

装饰施工平面图所表达的内容比较多,概括起来主要有以下几点:

(1)表明建筑物的平面形状与尺寸。建筑物在装饰平面图中的平面尺寸常分为三个层次:最外一层是外包尺寸,表明建筑物的总长度;第二层是房间的净空尺寸;第三层是门窗、墙垛、柱、楼梯等的结构尺寸。

(2)表明装饰装修结构在建筑物内的平面位置以及与建筑结构的相互关系尺寸,装饰结构的具体形状和尺寸,装饰面的材料和工艺要求等。

(3)表明室内设备、家具安放的位置以及与装饰布局的关系尺寸,设备及家具的数量、规格和要求。

(4)表明各种房间的位置及功能。表明走道、楼梯、防火通道、安全门、防火门等人员流动空间的位置与尺寸。

(5)表明各剖面图的剖切位置、详图和通用配件等的位置及编号。

(6)表明门、窗的开启方向与位置尺寸。

(7)表明各立面图的视图投影关系和视图位置编号。

(8)表明台阶、水池、组景、踏步、雨篷、阳台、绿化设施的位置及关系尺寸。

(9)标注图名和比例。另外,整张图纸还有图标和会签栏,以作为图纸的文件标志。

(10)用文字说明图例和其他符号表达不足的内容。

(11)顶棚平面图。

1)表明墙、柱和门窗洞口位置。顶棚平面图一般都采用镜像投影法绘制。用镜像投影法绘制的顶棚平面图,其图形上的前后、左右位置与装饰平面布置图完全相同,纵横轴线的排列也与之相同。

2)表明顶棚装饰造型的平面形式和尺寸,并通过附加文字说明其所用材料、色彩及工艺要求。

3)表明顶棚所用的装饰材料及规格。

4)表明顶部灯具的种类、式样、规格、数量及布置形式和安装位置,空调风口、顶部消防与音响设备等设施的布置形式与安装位置,墙体顶部有关装饰配件(如窗帘盒、窗帘等)的形式和位置。

5)表明顶棚剖面构造详图的剖切位置及剖面构造详图的所在位置。作为基本图的装饰剖面图,其剖切符号不在顶棚图上标注。

2. 识读要点

(1)首先看图名、比例、标题栏,明确是什么平面图;再看建筑平面基本结构及尺寸,记住各个房间的名称、面积及门窗、走道等主要尺寸。

(2)通过装饰面的文字说明,明确施工图对材料规格、品种、色彩的要求以及对工艺的要求;结合装饰面的面积,组织施工和安排用料;明确各装饰面的结构材料与饰面材料的衔接关系与固定方式。

(3)确定尺寸。先要区分建筑尺寸与装饰装修尺寸，再在装饰装修尺寸中，分清定位尺寸、外形尺寸和结构尺寸(平面上的尺寸标注一般分布在图形的内外)。

(4)通过平面布置图上的符号来确定相关情况：①通过投影符号，明确投影面编号和投影方向，并进一步查出各投影方向的立面图；②通过剖切符号，明确剖切位置及其剖切方向，进一步查阅相应的剖面图；③通过索引符号，明确被索引部位和详图的所在位置。

(5)顶棚平面图。

1)首先应弄清楚顶棚平面图与平面布置图各部分的对应关系，核对顶棚平面图与平面布置图的基本结构和尺寸是否相符。

2)对于某些有迭级变化的顶棚，要分清楚其标高尺寸和线型尺寸，并结合造型平面分区线，在平面上建立起二维空间的尺度概念。

3)通过顶棚平面图，了解顶部灯具和设备设施的规格、品种与数量。

4)通过顶棚平面图上的文字标注，了解顶棚所用材料的规格、品种及其施工要求。

5)通过顶棚平面图上的索引符号，找出详图对照阅读，弄清楚顶棚的详细构造。

(二)装饰装修工程立面图的识读

通常装饰平面图、剖面图只能表达建筑物、建筑空间与建筑构件的内部图像与断面形状，还不能表达其外部的完整形象。而依据三向视图原理以正投影来反映建筑物外观墙面或建筑内部墙面与物体的图像，这就是装饰立面图。它所表现的图像大多为可见轮廓线所构成的外视图像。

1. 基本内容

(1)标明装饰吊顶顶棚的高度尺寸、建筑楼层底面高度尺寸、装饰吊顶顶面的迭级造型互相关系尺寸。

(2)在立面图中，以室内地面为零点标高，以此为基准点来标明其他建筑结构、装饰结构及配件的标高。

(3)标明墙面装饰造型和式样，用文字说明所需装饰材料及工艺要求。

(4)标明墙面所用设备的位置尺寸、规格尺寸。

(5)标明墙面与吊顶的衔接收口方式。

(6)标明建筑结构与装饰结构的连接方式、衔接方式、相关尺寸。

(7)标明门、窗、隔墙、装饰隔断物等设施的高度尺寸和安装尺寸。

(8)标明楼梯踏步的高度与扶手高度以及所用装饰材料和工艺要求。

(9)标明绿化、组景设置的高低错落位置尺寸。

2. 识读要点

(1)明确建筑装饰装修立面图上与该工程有关的各部分尺寸和标高。

(2)弄清楚地面标高，装饰立面图一般都以首层室内地坪为零，高出地面者以正号表示，反之则以负号表示。

(3)了解每个立面上有几种不同的装饰面，以及这些装饰面所用材料和施工工艺要求。

(4)立面上各不同材料饰面之间的衔接收口较多，需要注意收口的方式、工艺和所用材料。

(5)需要注意电源开关、插座等设施的安装位置和方式。

(6)弄清楚建筑结构与装饰结构之间的衔接、装饰结构之间的连接方法和固定方式，以便提前准备预埋件和紧固件。仔细阅读立面图中的文字说明。

3. 外视立面图

建筑装饰立面图就是以建筑外视立面图为主体，结合装饰设计的要求，补充图示的内容。

外视立面图多见于对建筑物与建筑构件的外观表现，任何物体外形均是用外视立面图来表现的，所以它的使用范围很广泛。在建筑装饰装修工程中，外视立面图主要适用于室外装饰装修工程，其图示方法也适用于室内装饰立面图。

在三视图中，外视立面图最富有感染力和空间存在感，任何人一看就能理解，用于建筑方案图上可以表现建筑造型和建筑效果。在建筑施工图中，建筑外视立面图表达了建筑外部做法，在建筑室外装饰装修工程施工图中表现了建筑装饰的艺术。

(三)装饰装修工程剖面图的识读

剖面图的效用主要是为表达建筑物、建筑空间的竖向形象和装饰结构内部构造以及有关部件的相对关系。

1. 基本内容

(1)表示装饰面或装饰形体本身的结构形式、材料情况与主要支撑构件的相互关系。

(2)表现了内外墙、门窗洞、屋顶的形式，檐口做法，楼地面的设置，楼梯构造及室内外处理等。

(3)表示装饰结构与建筑结构之间的衔接尺寸与连接方式。

(4)表明剖切空间内可见实物的形状、大小与位置。

(5)表示装饰面上的设备安装方式或固定方法、装饰面与设备间的收口收边方式。

(6)表达建筑物、建筑空间及装饰结构的竖向尺寸及关系。

(7)表明图名、比例和被剖切墙体的定位轴线及其编号，以便与平面图对照阅读。

2. 识读要点

(1)看剖面图首先要弄清楚该图从何处剖切而来。分清楚是从平面图上，还是从立面图上剖切的。剖切面的编号或字母应与剖面图符号一致，了解该剖面的剖切位置与方向。

(2)通过对剖面图中所示内容的阅读研究，明确装饰装修工程各部位的构造方法、尺寸、材料要求与工艺要求。

(3)注意剖面图上的索引符号，以便识读构件或节点详图。

(4)仔细阅读剖面图的竖向数据及有关尺寸、文字说明。

(5)注意剖面图中各种材料的结合方式以及工艺要求。

(6)弄清楚剖面图中的标注、比例。

(四)装饰装修工程详图的识读

建筑装饰装修工程详图是补充平、立、剖面图最为具体的图示手段。

建筑装饰施工平、立、剖面图主要是用以控制整个建筑物、建筑空间与装饰结构的原则性做法。但在建筑装饰全过程的具体实施中还存在着一定的限度，还必须加以深化和提供更为详细和具体的图示内容，建筑装饰的施工才能得以继续下去，以求得其竣工后的满意效果。

1. 局部放大图

放大图就是把原状图放大而加以充实，并不是将原状图进行较大的变形。

（1）室内装饰平面局部放大图是以建筑平面图为依据，按放大的比例图示出厅室的平面结构形式和形状大小、门窗设置等，对家具、卫生设备、电器设备、织物、摆设、绿化等平面布置表达清楚，同时，还要标注有关的尺寸和文字说明等。

（2）室内装饰立面局部放大图是重点表现墙面的设计，先图示出厅室围护结构的构造形式，再对墙面上的附加物以及靠墙的家具都详细地表现出来，同时，标注有关详细尺寸、图示符号和文字说明等。

2. 建筑装饰件详图

建筑装饰件项目很多，如暖气罩、吊灯、吸顶灯、壁灯、空调箱孔、送风口、回风口等。这些装饰件都可能要依据设计意图画出详图。其内容主要是标明它在建筑物上的准确位置、与建筑物其他构配件的衔接关系、装饰件自身构造及所用材料等内容。

建筑装饰件的图示法要视其细部构造的繁简程度和表达的范围而定。有的只要一个剖面详图就行，有的还需要另加平面详图或立面详图来表示，有的还需要同时用平、立、剖面详图来表示。对于复杂的装饰件，除本身的平、立、剖面图外，还需要增加节点详图才能表达清楚。

3. 节点详图

节点详图是将两个或多个装饰面的交汇点，按垂直或水平方向切开，并加以放大绘出的视图。

节点详图主要用以是标明某些构件、配件局部的详细尺寸、做法及施工要求；标明装饰结构与建筑结构之间详细的衔接尺寸与连接形式；标明装饰面之间的对接方式及装饰面上的设备安装方式和固定方法。

节点详图是详图中的详图。识读节点详图一定要弄清楚该图从何处剖切而来，同时，注意剖切方向和视图的投影方向，了解节点详图中各种材料的结合方式以及工艺要求。

第二节　建筑工程制图的基本规定

一、图纸幅面

（1）图纸幅面及图框尺寸，应符合表 2-1 及图 2-2～图 2-5 的规定。

表 2-1　幅面及图框尺寸　　　　　　　　　　　　　　　　　mm

尺寸代号 ＼ 幅面代号	A0	A1	A2	A3	A4
$b \times l$	841×1 189	594×841	420×594	297×420	210×297
c	10			5	
a	25				

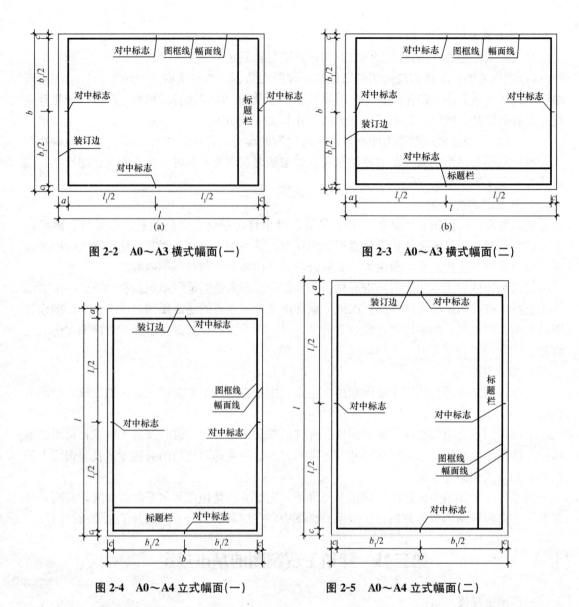

图 2-2　A0～A3 横式幅面(一)　　　　图 2-3　A0～A3 横式幅面(二)

图 2-4　A0～A4 立式幅面(一)　　　　图 2-5　A0～A4 立式幅面(二)

(2)需要微缩复制的图纸,其一个边上应附有一段准确米制尺度,四个边上均附有对中标志,米制尺度的总长应为 100 mm,分格应为 10 mm。对中标志应画在图纸各边长的中点处,线宽应为 0.35 mm,伸入框内应为 5 mm。

(3)图纸的短边一般不应加长,长边可加长,但应符合表 2-2 的规定。

表 2-2　图纸长边加长尺寸　　　　　　　　　　　　　　　　　　　　mm

幅面代号	长边尺寸	长边加长后的尺寸		
A0	1 189	1 486(A0+1/4l)　1 635(A0+3/8l)　1 783(A0+1/2l)		
		1 932(A0+5/8l)　2 080(A0+3/4l)　2 230(A0+7/8l)		
		2 378(A0+l)		
A1	841	1 051(A1+1/4l)　1 261(A1+1/2l)　1 471(A1+3/4l)		
		1 682(A1+l)　1 892(A1+5/4l)　2 102(A1+3/2l)		

幅面代号	长边尺寸	长边加长后的尺寸
A2	594	743(A2+1/4l)　891(A2+1/2l)　1 041(A2+3/4l) 1 189(A2+l)　1 338(A2+5/4l)　1 486(A2+3/2l) 1 635(A2+7/4l)　1 783(A2+2l)　1 932(A2+9/4l) 2 080(A2+5/2l)
A3	420	630(A3+1/2l)　841(A3+l)　1 051(A3+3/2l) 1 261(A3+2l)　1 471(A3+5/2l)　1 682(A3+3l) 1 892(A3+7/2l)

注：有特殊需要的图纸，可采用 $b×l$ 为 841 mm×891 mm 与 1 189 mm×1 261 mm 的幅面。

（4）图纸以短边作为垂直边称为横式，以短边作为水平边称为立式。一般 A0～A3 图纸宜横式使用；必要时，也可立式使用。

（5）在一个工程设计中，每个专业所使用的图纸，一般不宜多于两种幅面，不含目录及表格所采用的 A4 幅面。

二、图线及比例

（一）图线

1. 图线宽度选取

图线的宽度 b，宜从下列线宽系列中选取：1.4、1.0、0.7、0.5、0.35、0.25、0.18、0.13(mm)。每个图样，应根据复杂程度与比例大小，先选定基本线宽 b，再选用表 2-3 中相应的线宽组。

表 2-3　线宽组　　　　　　　　　　　　　　　　　　mm

线宽比	线宽组			
b	1.4	1.0	0.7	0.5
$0.7b$	1.0	0.7	0.5	0.35
$0.5b$	0.7	0.5	0.35	0.25
$0.25b$	0.35	0.25	0.18	0.13

注：1. 需要缩微的图纸，不宜采用 0.18 mm 及更细的线宽。
　　2. 同一张图纸内，各不同线宽中的细线，可统一采用较细的线宽组的细线。

2. 常见线型的宽度及用途

工程建设制图常见线型的宽度及用途见表 2-4。

表 2-4　图线

名称		线　　型	线宽	用　　途
实线	粗	———————	b	主要可见轮廓线
	中粗	———————	$0.7b$	可见轮廓线
	中	———————	$0.5b$	可见轮廓线、尺寸线、变更云线
	细	———————	$0.25b$	图例填充线、家具线

名称		线型	线宽	用途
虚线	粗		b	见各有关专业制图标准
	中粗		$0.7b$	不可见轮廓线
	中		$0.5b$	不可见轮廓线、图例线
	细		$0.25b$	图例填充线、家具线
单点长画线	粗		b	见各有关专业制图标准
	中		$0.5b$	见各有关专业制图标准
	细		$0.25b$	中心线、对称线、轴线等
双点长画线	粗		b	见各有关专业制图标准
	中		$0.5b$	见各有关专业制图标准
	细		$0.25b$	假想轮廓线、成型前原始轮廓线
折断线	细		$0.25b$	断开界线
波浪线	细		$0.25b$	断开界线

3. 图框线、标题栏线

工程建设制图图纸的图框和标题栏线，可采用表 2-5 中所示的线宽。

表 2-5 图框和标题栏线的宽度　　　　　　mm

幅面代号	图框线	标题栏外框线	标题栏分格线
A0、A1	b	$0.5b$	$0.25b$
A2、A3、A4	b	$0.7b$	$0.35b$

4. 总图制图图线

总图制图图线应根据图纸功能按表 2-6 规定的线型选用。

表 2-6 总图制图图线

名称		线型	线宽	用途
实线	粗		b	1. 新建建筑物±0.00 高度可见轮廓线 2. 新建铁路、管线
	中		$0.7b$ $0.5b$	1. 新建构筑物、道路、桥涵、边坡、围墙、运输设施的可见轮廓线 2. 原有标准轨距铁路
	细		$0.25b$	1. 新建建筑物±0.000 高度以上的可见建筑物、构筑物轮廓线 2. 原有建筑物、构筑物、原有窄轨、铁路、道路、桥涵、围墙的可见轮廓线 3. 新建人行道、排水沟、坐标线、尺寸线、等高线
虚线	粗		b	新建建筑物、构筑物地下轮廓线
	中		$0.5b$	计划预留扩建的建筑物、构筑物、铁路、道路、运输设施、管线、建筑红线及预留用地各线
	细		$0.25b$	原有建筑物、构筑物、管线的地下轮廓线

名称		线型	线宽	用途
单点长画线	粗	——·——·——	b	露天矿开采界限
	中	——·——·——	$0.5b$	土方填挖区的零点线
	细	—·—·—·—	$0.25b$	分水线、中心线、对称线、定位轴线
双点长画线		——··——··	b	用地红线
		——··——··	$0.7b$	地下开采区塌落界限
		—··—··—··	$0.5b$	建筑红线
折断线		——／——	$0.5b$	断线
不规则曲线		〜〜	$0.5b$	新建人工水体轮廓线

注：根据各类图纸所表示的不同重点确定使用不同粗细线型。

5. 建筑制图图线

建筑专业、室内设计专业制图采用的各种图线，应符合表 2-7 的规定。

表 2-7　建筑制图图线

名称		线型	线宽	用途
实线	粗	——	b	1. 平、剖面图中被剖切的主要建筑构造（包括构配件）的轮廓线 2. 建筑立面图或室内立面图的外轮廓线 3. 建筑构造详图中被剖切的主要部分的轮廓线 4. 建筑构配件详图中的外轮廓线 5. 平、立、剖面的剖切符号
实线	中粗	——	$0.7b$	1. 平、剖面图中被剖切的次要建筑构造（包括构配件）的轮廓线 2. 建筑平、立、剖面图中建筑构配件的轮廓线 3. 建筑构造详图及建筑构配件详图中的一般轮廓线
	中	——	$0.5b$	小于 0.7b 的图形线、尺寸线、尺寸界限、索引符号、标高符号、详图材料做法引出线、粉刷线、保温层线、地面及墙面的高差分界线等
	细	——	$0.25b$	图例填充线、家具线、纹样线等
虚线	中粗	－ － － －	$0.7b$	1. 建筑构造详图及建筑构配件不可见的轮廓线 2. 平面图中的起重机（吊车）轮廓线 3. 拟建、扩建建筑物轮廓线
	中	－ － －	$0.5b$	投影线、小于 0.5b 的不可见轮廓线
	细	－ － －	$0.25b$	图例填充线、家具线等
单点长画线	粗	—·—·—	b	起重机（吊车）轨道线
	细	—·—·—	$0.25b$	中心线、对称线、定位轴线
折断线	细	——／——	$0.25b$	部分省略表示时的断开界线
波浪线	细	〜〜	$0.25b$	部分省略表示时的断开界线，曲线形构件断开界限 构造层次的断开界限

注：地平线的线宽可用 1.4b。

6. 建筑结构制图图线

建筑结构专业制图应选用表 2-8 规定的图线。

表 2-8　建筑结构制图图线

名　称		线　型	线宽	一般用途
实线	粗	———	b	螺栓、钢筋线、结构平面图中的单线结构构件线，钢木支撑及系杆线，图名下横线、剖切线
	中粗	———	$0.7b$	结构平面图及详图中剖到或可见的墙身轮廓线、基础轮廓线、钢、木结构轮廓线、钢筋线
	中	———	$0.5b$	结构平面图及详图中剖到或可见的墙身轮廓线、基础轮廓线、可见的钢筋混凝土构件轮廓线、钢筋线
	细	———	$0.25b$	标注引出线、标高符号线、索引符号线、尺寸线
虚线	粗	- - - - -	b	不可见的钢筋线、螺栓线、结构平面图中不可见的单线结构构件线及钢、木支撑线
	中粗	- - - - -	$0.7b$	结构平面图中的不可见构件、墙身轮廓线，不可见钢、木结构构件线，不可见的钢筋线
	中	- - - - -	$0.5b$	结构平面图中的不可见构件、墙身轮廓线，不可见钢、木结构构件线，不可见的钢筋线
	细	- - - - -	$0.25b$	基础平面图中的管沟轮廓线、不可见的钢筋混凝土构件轮廓线
单点长画线	粗	—·—·—	b	柱间支撑、垂直支撑、设备基础轴线图中的中心线
	细	—·—·—	$0.25b$	定位轴线、对称线、中心线、重心线
双点长画线	粗	—··—··—	b	预应力钢筋线
	细	—··—··—	$0.25b$	原有结构轮廓线
折断线		——/\——	$0.25b$	断开界线
波浪线		～～～	$0.25b$	断开界线

7. 其他规定

(1)同一张图纸内，相同比例的各图样，应选用相同的线宽组。

(2)相互平行的图线，其间隙不宜小于其中的粗线宽度，且不宜小于 0.7 mm。

(3)虚线、单点长画线或双点长画线的线段长度和间隔宜各自相等。

(4)单点长画线或双点长画线，当在较小图形中绘制有困难时，可用实线代替。

(5)单点长画线或双点长画线的两端，不应是点。点画线与点画线交接或点画线与其他图线交接时，应是线段交接。

(6)虚线与虚线交接或虚线与其他图线交接时，应是线段交接。虚线为实线的延长线时，不得与实线连接。

(7)图线不得与文字、数字或符号重叠、混淆，不可避免时，应首先保证文字等的清晰。

(二)比例

图样的比例，应为图形与实物相对应的线性尺寸之比。例如，1:100 就是用图上 1 m

的长度表示房屋实际长度100 m。比例的大小是指比值的大小，如1∶50大于1∶100。建筑工程中大都用缩小比例。

比例的符号为"∶"，比例应以阿拉伯数字表示，如1∶1、1∶2、1∶100等。比例宜注写在图名的右侧，字的基准线应取平；比例的字高宜比图名的字高小一号或二号（图2-6）。

平面图 1∶100   ⑥ 1∶20

图 2-6　比例的注写

1. 常用绘图比例

绘图所用的比例应根据图样的用途与被绘对象的复杂程度选用，常用绘图比例见表2-9，并应优先用表中常用比例。

表 2-9　绘图所用的比例

常用比例	1∶1、1∶2、1∶5、1∶10、1∶20、1∶30、1∶50、1∶100、1∶150、1∶200
可用比例	1∶3、1∶4、1∶6、1∶15、1∶25、1∶40、1∶60、1∶80、1∶250、1∶400、1∶600、1∶5 000、1∶10 000、1∶20 000、1∶50 000、1∶100 000、1∶200 000

2. 总图制图比例

总图制图采用的比例宜符合表2-10的规定。

表 2-10　总图制图比例

图　　　名	比　　　例
现状图	1∶500、1∶1 000、1∶2 000
地理、交通位置图	1∶25 000～1∶200 000
总体规划、总体布置、区域位置图	1∶2 000、1∶5 000、1∶10 000、1∶25 000、1∶50 000
总平面图、竖向布置图、管线综合图、土方图、铁路及道路平面图	1∶300、1∶500、1∶1 000、1∶2 000
场地园林景观总平面图、场地园林景观竖向布置图、种植总平面图	1∶300、1∶500、1∶1 000
铁路、道路纵断面图	垂直：1∶100、1∶200、1∶500 水平：1∶1 000、1∶2 000、1∶5 000
铁路、道路横断面图	1∶20、1∶50、1∶100、1∶200
场地断面图	1∶100、1∶200、1∶500、1∶1 000
详图	1∶1、1∶2、1∶5、1∶10、1∶20、1∶50、1∶100、1∶200

3. 建筑制图比例

建筑专业、室内设计专业制图选用的比例，宜符合表2-11的规定。

表 2-11 建筑制图比例

图 名	比 例
建筑物或构筑物的平面图、立面图、剖面图	1∶50、1∶100、1∶150、1∶200、1∶300
建筑物或构筑物的局部放大图	1∶10、1∶20、1∶25、1∶30、1∶50
配件及构造详图	1∶1、1∶2、1∶5、1∶10、1∶15、1∶20、1∶25、1∶30、1∶50

4. 建筑结构制图比例

绘图时根据图样的用途、被绘物体的复杂程度，应选用表 2-12 中的常用比例，特殊情况下也可选用可用比例。

表 2-12 建筑结构制图比例

图 名	常用比例	可用比例
结构平面图 基础平面图	1∶50、1∶100 1∶150	1∶60、1∶200
圈梁平面图、总图中管沟、地下设施等	1∶200、1∶500	1∶300
详图	1∶10、1∶20、1∶50	1∶5、1∶30、1∶25

5. 其他规定

(1)在一般情况下，一个图样应选用一种比例。根据专业制图需要，同一图样可选用两种比例。

(2)在特殊情况下也可自选比例，这时除应注出绘图比例外，还必须在适当位置绘制出相应的比例尺。

1)在建筑制图中，铁路、道路、土方等的纵断面图，可以在水平方向和垂直方向选用不同比例。

2)在建筑结构制图中，当构件的纵、横向断面尺寸悬殊时，可在同一详图中的纵、横向选用不同的比例绘制。轴线尺寸与构件尺寸也可选用不同的比例绘制。

(3)在同一张图纸中，相同比例的各图样，应选用相同的线宽组。

三、尺寸标注

1. 尺寸的组成与分类

(1)图样上的尺寸，包括尺寸界线、尺寸线、尺寸起止符号和尺寸数字(图 2-7)。

(2)尺寸可分为总尺寸、定位尺寸、细部尺寸三种。绘图时，应根据设计深度和图纸用途确定所需注写的尺寸。

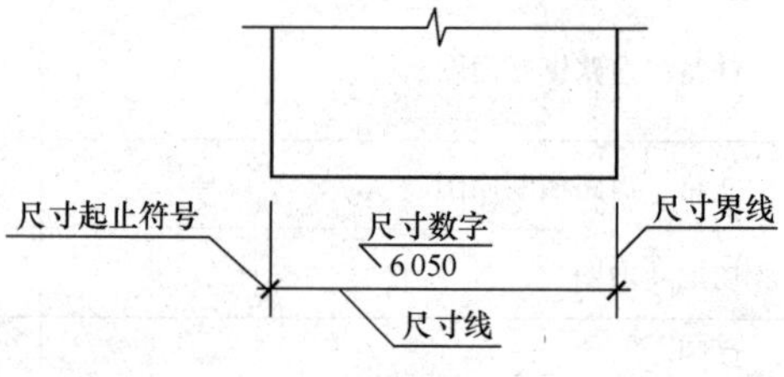

2. 建筑制图尺寸标注

(1)楼地面、地下层地面、阳台、平台、檐口、屋脊、女儿墙、台阶等处的高度尺寸及标高，宜按下列规定注写：

1)平面图及其详图注写完成面标高。

2)立面图、剖面图及其详图注写完成面标高及高度方向的尺寸。

尺寸起止符号　尺寸数字　尺寸界线
6 050
尺寸线

图 2-7 尺寸的组成

3）其余部分注写毛面尺寸及标高。

4）标注建筑平面图各部位的定位尺寸时，注写与其最邻近的轴线间的尺寸；标注建筑剖面图各部位的定位尺寸时，注写其所在层次内的尺寸。

5）室内设计图中连续重复的构配件等，当不易标明定位尺寸时，可在总尺寸的控制下，定位尺寸不用数值而用"均分"或"EQ"字样表示，如图 2-8 所示。

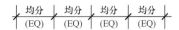

图 2-8　定位尺寸"均分"或"EQ"表示

（2）相邻的立面图或剖面图，宜绘制在同一水平线上，图内相互有关的尺寸及标高，宜标注在同一竖线上（图 2-9）。

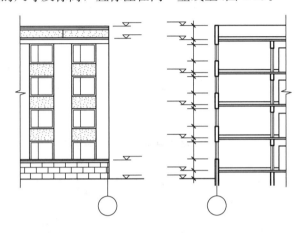

图 2-9　相邻立面图、剖面图的位置关系

3. 建筑结构构件尺寸标注

（1）钢筋、钢丝束及钢筋网片应按下列规定标注：

1）钢筋、钢丝束的说明应给出钢筋的代号、直径、数量、间距、编号及所在位置，其说明应沿钢筋的长度标注或标注在相关钢筋的引出线上。

2）钢筋网片的编号应标注在对角线上。网片的数量应与网片的编号标注在一起。

注：简单的构件或钢筋种类较少可不编号。

（2）构件配筋图中箍筋的长度尺寸，应指箍筋的里皮尺寸。弯起钢筋的高度尺寸应指钢筋的外皮尺寸（图 2-10）。

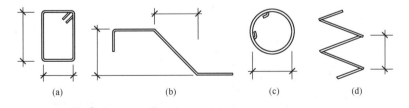

（a）　　　　（b）　　　　　（c）　　　　（d）

图 2-10　钢箍尺寸标注法

（a）箍筋尺寸标注图；（b）弯起钢筋尺寸标注图；

（c）环型钢筋尺寸标注图；（d）螺旋钢筋尺寸标注图

（3）两构件的两条很近的重心线，应在交汇处将其各自向外错开（图 2-11）。

图 2-11　两构件重心线不重合的表示方法

(4)弯曲构件的尺寸应沿其弧度的曲线标注弧的轴线长度(图 2-12)。

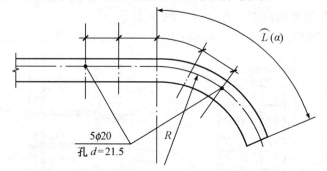

图 2-12　弯曲构件尺寸的标注方法

(5)切割的板材,应标注各线段的长度及位置(图 2-13)。

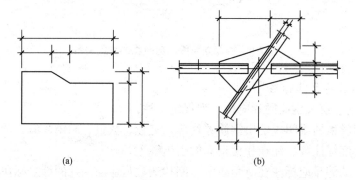

(a)　　　　　　　　　　　(b)

图 2-13　切割板材尺寸的标注方法

(6)不等边角钢的构件,必须标注出角钢一肢的尺寸(图 2-14)。

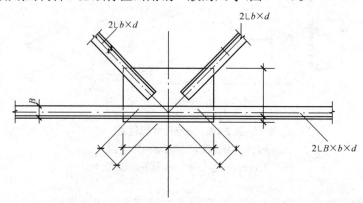

图 2-14　节点尺寸及不等边角钢的标注方法

（7）节点尺寸，应注明节点板的尺寸和各杆件螺栓孔中心或中心距，以及杆件端部至几何中心线交点的距离（图 2-14、图 2-15）。

（8）双型钢组合截面的构件，应注明缀板的数量及尺寸（图 2-16）。引出横线上方标注缀板的数量及缀板的宽度、厚度，引出横线下方标注缀板的长度尺寸。

（9）非焊接的节点板，应注明节点板的尺寸和螺栓孔中心与几何中心线交点的距离（图 2-17）。

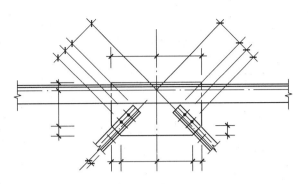

图 2-15 节点尺寸的标注方法

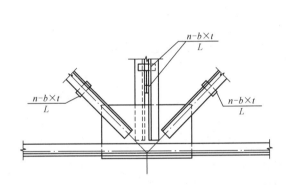

图 2-16 缀板的标注方法

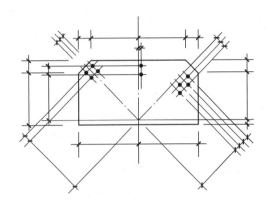

图 2-17 非焊接节点板尺寸的标注方法

（10）桁架式结构的几何尺寸图可用单线图表示。杆件的轴线长度尺寸应标注在构件的上方（图 2-18）。

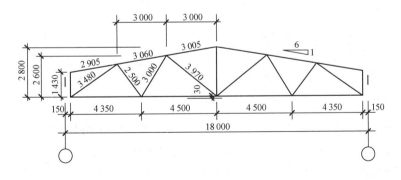

图 2-18 对称桁架几何尺寸标注方法

（11）在杆件布置和受力均对称的桁架单线图中，若需要，则可在桁架的左半部分标注杆件的几何轴线尺寸，右半部分标注杆件的内力值和反力值；非对称的桁架单线图，可在上方标注杆件的几何轴线尺寸，下方标注杆件的内力值和反力值。竖杆的几何轴线尺寸可标注在左侧，内力值标注在右侧。

4. 尺寸的简化标注

(1)杆件或管线的长度,在单线图(桁架简图、钢筋简图、管线简图)上,可直接将尺寸数字沿杆件或管线的一侧注写(图2-19)。

(2)连续排列的等长尺寸,可用"个数×等长尺寸=总长"的形式标注(图2-20)。

(3)构配件内的构造因素(如孔、槽等)如相同,可仅标注其中一个要素的尺寸(图2-21)。

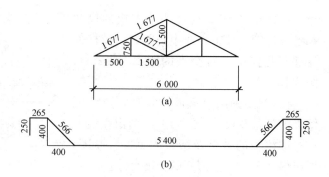

图 2-19　单线图尺寸标注方法

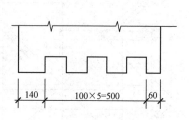

图 2-20　等长尺寸简化标注方法

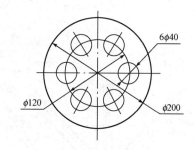

图 2-21　相同要素尺寸标注方法

(4)对称构配件采用对称省略画法时,该对称构配件的尺寸线应略超过对称符号,仅在尺寸线的一端画尺寸起止符号,尺寸数字应按整体全尺寸注写,其注写位置宜与对称符号对齐(图2-22)。

(5)两个构配件,如个别尺寸数字不同,可在同一图样中将其中一个构配件的不同尺寸数字注写在括号内,该构配件的名称也应注写在相应的括号内(图2-23)。

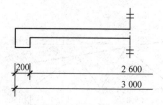

图 2-22　对称构件尺寸标注方法

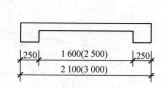

图 2-23　相似构件尺寸标注方法

(6)数个构配件,如仅某些尺寸不同,这些有变化的尺寸数字,可用拉丁字母注写在同一图样中,另列表格写明其具体尺寸(图2-24)。

四、建筑制图符号

1. 剖切符号

(1)剖视的剖切符号应符合下列规定:

1)剖视的剖切符号应由剖切位置线及投射方向线组成,均应以粗实线绘制。剖切位置线的长度宜为 6~10 mm;投射方向线应垂直于剖切位置线,长度应短于剖切位置线,宜为4~6 mm(图2-25)。绘制时,剖视的剖切符号不应与其他图线相互接触。

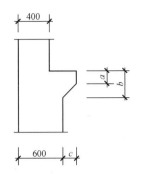

构件编号	a	b	c
Z—1	200	200	200
Z—2	250	450	200
Z—3	200	450	250

图 2-24　相似构配件尺寸表格式标注方法

2)剖视剖切符号的编号宜采用阿拉伯数字,按顺序由左至右、由下至上连续编排,并应注写在剖视方向线的端部。

3)需要转折的剖切位置线,应在转角的外侧加注与该符号相同的编号。

4)建(构)筑物剖面图的剖切符号宜注在±0.000 标高的平面图上。

(2)断面的剖切符号应符合下列规定:

1)断面的剖切符号应只用剖切位置线表示,并应以粗实线绘制,长度宜为 6~100 mm。

2)断面剖切符号的编号宜采用阿拉伯数字,按顺序连续编排,并应注写在剖切位置线的一侧;编号所在的一侧应为该断面的剖视方向(图 2-26)。

(3)剖面图或断面图,如与被剖切图样不在同一张图内,则可以在剖切位置线的另一侧注明其所在图纸的编号,也可以在图上集中说明。

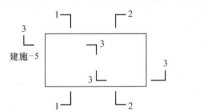

图 2-25　剖视的剖切符号

图 2-26　断面剖切符号

2. 索引符号与详图符号

(1)图样中的某一局部或构件,如需另见详图,应以索引符号索引[图 2-27(a)]。索引符号是由直径为 10 mm 的圆和水平直径组成的,圆及水平直径均应以细实线绘制。索引符号应按下列规定编写:

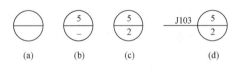

图 2-27　索引符号

1)索引出的详图,如与被索引的详图同在一张图纸内,应在索引符号的上半圆中用阿拉伯数字注明该详图的编号,并在下半圆中间画一段水平细实线[图 2-27(b)]。

2)索引出的详图,如与被索引的详图不在同一张图纸内,应在索引符号的上半圆中用阿拉伯数字注明该详图的编号,在索引符号的下半圆中用阿拉伯数字注明该详图所在图纸的编号[图 2-27(c)]。数字较多时,可加文字标注。

3)索引出的详图,如采用标准图,应在索引符号水平直径的延长线上加注该标准图册的编号[图2-27(d)]。

(2)索引符号如用于索引剖视详图,应在被剖切的部位绘制剖切位置线,并以引出线引出索引符号,引出线所在的一侧应为投射方向。索引符号的编写如图2-28所示。

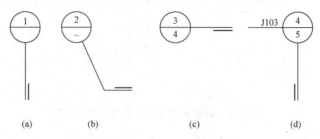

图2-28　用于索引剖面详图的索引符号

(3)零件、钢筋、杆件、设备等的编号,以直径为4～6 mm(同一图样应保持一致)的细实线圆表示,其编号应用阿拉伯数字按顺序编写(图2-29)。

(4)详图的位置和编号,应以详图符号表示。详图符号的圆应以直径为14 mm粗实线绘制。详图应按下列规定编号:

1)详图与被索引的图样同在一张图纸内时,应在详图符号内用阿拉伯数字注明详图的编号(图2-30)。

2)详图与被索引的图样不在同一张图纸内,应用细实线在详图符号内画一水平直径,在上半圆中注明详图编号,在下半圆中注明被索引的图纸的编号(图2-31)。

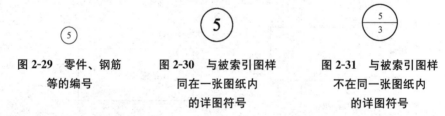

图2-29　零件、钢筋
等的编号

图2-30　与被索引图样
同在一张图纸内
的详图符号

图2-31　与被索引图样
不在同一张图纸内
的详图符号

3. 引出线

(1)引出线应以细实线绘制,宜采用水平方向的直线,与水平方向成30°、45°、60°、90°的直线,或经上述角度再折为水平线。文字说明宜注写在水平线的上方[图2-32(a)],也可注写在水平线的端部[图2-32(b)]。索引详图的引出线,应对准索引符号的圆心[图2-32(c)]。

(2)同时引出几个相同部分的引出线,宜互相平行[图2-33(a)],也可画成集中于一点的放射线[图2-33(b)]。

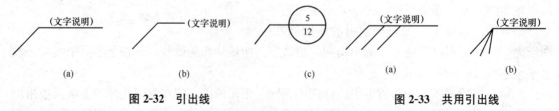

图2-32　引出线　　　　　　　　　　　图2-33　共用引出线

(3)多层构造或多层管道共用引出线,应通过被引出的各层。文字说明宜注写在水平线的上方，或注写在水平线的端部，说明的顺序应由上至下，并应与被说明的层次相互一致；如层次为横向排序，则由上至下的说明顺序应与从左至右的层次相互一致（图2-34）。

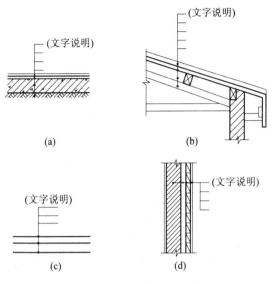

图 2-34　多层构造引出线

4．其他符号

(1)对称符号由对称线和两端的两对平行线组成。对称线用细单点长画线绘制；平行线用细实线绘制，其长度宜为 6～10 mm，每对的间距宜为 2～3 mm；对称线垂直平分于两对平行线，两端超出平行线宜为 2～3 mm（图2-35）。

图 2-35　对称符号

(2)连接符号应以折断线表示需连接的部位。两部位相距过远时，折断线两端靠图样一侧应标注大写拉丁字母表示连接编号。两个被连接的图样必须用相同的字母编号（图2-36）。

(3)指北针的形状宜如图 2-37 所示，其圆的直径宜为 24 mm，用细实线绘制；指针尾部的宽度宜为 3 mm，指针头部应注"北"或"N"字。需用较大直径绘制指北针时，指针尾部宽度宜为直径的 1/8。

建筑制图中，指北针应绘制在建筑物±0.000 标高的平面图上，并放在明显位置，所指的方向应与总图一致。

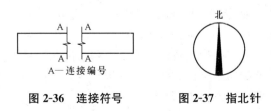

图 2-36　连接符号　　图 2-37　指北针

第三章　建设工程定额计价

第一节　工程定额体系

一、定额的基础知识

所谓定额，就是进行生产经营活动时，在人力、物力、财力消耗方面所应遵守或达到的数量标准。在建筑生产中，为了完成建筑产品，必须消耗一定数量的劳动力、材料和机械台班以及相应的资金。在一定的生产条件下，用科学方法制定出的生产质量合格的单位建筑产品所需要的劳动力、材料和机械台班等的数量标准，就称为建筑工程定额。定额是在正常的施工生产条件下，完成单位合格产品所必需的人工、材料、施工机械设备及其资金消耗的数量标准。不同的产品有不同的质量要求，因此，不能将定额看成是单纯的数量关系，而应看成是质和量的统一体。考察个别生产过程中的因素不能形成定额，只有从考察总体生产过程中的各生产因素，归结出社会平均必需的数量标准，才能形成定额。同时，定额反映一定时期的社会生产力水平。

1. 定额的特点

（1）权威性。工程建设定额具有很大的权威，这种权威在一些情况下具有经济法规性质。权威性反映统一的意志和统一的要求，也反映信誉和信赖程度以及定额的严肃性。

工程建设定额权威性的客观基础是定额的科学性。只有科学的定额才具有权威，但是在社会主义市场经济条件下，它必然涉及各有关方面的经济关系和利益关系。赋予工程建设定额以一定的权威性，就意味着在规定的范围内，对于定额的使用者和执行者来说，无论其主观上愿意还是不愿意，都必须按定额的规定执行。在当前市场不规范的情况下，赋予工程建设定额以权威性是十分重要的。但是，在竞争机制引入工程建设的情况下，定额的水平必然会受市场供求状况的影响，从而在执行中可能产生定额水平的浮动。

应该指出的是，在社会主义市场经济条件下，对定额的权威性不应该绝对化。定额毕竟是主观对客观的反映，定额的科学性会受到人们认识的局限。与此相关，定额的权威性也就会受到削弱核心的挑战。更为重要的是，以及投资体制的改革和投资主体多元化格局的形成，以及企业经营机制的转换，它们都可以根据市场的变化和自身的情况，自主地调整自己的决策行为。因此，在这里一些与经营决策有关的工程建设定额的权威性特征就弱化了。

（2）科学性。工程建设定额的科学性首先表现在定额是在认真研究客观规律的基础上，自觉地遵守客观规律的要求，实事求是地制定。因此，它能正确地反映单位产品生产所必需的劳动量，从而以最少的劳动消耗而取得最大的经济效果，促进劳动生产率的不断提高。

定额的科学性还表现在制定定额所采用的方法上，通过不断吸收现代科学技术的新成就，不断完善，形成一套严密的确定定额水平的科学方法。这些方法不仅在实践中已经行之有效，而且还有利于研究建筑产品生产过程中的工时利用情况，从中找出影响劳动消耗的各种主客观因素，设计出合理的施工组织方案，挖掘生产潜力，提高企业管理水平，减少以致杜绝生产中的浪费现象，促进生产的不断发展。

（3）统一性。工程建设定额的统一性，主要是由国家对经济发展的有计划的宏观调控职能决定的。为了使国民经济按照既定的目标发展，就需要借助于某些标准、定额、参数等，对工程建设进行规划、组织、调节、控制。而这些标准、定额、参数必须在一定的范围内是一种统一的尺度，才能实现上述职能，并利用它对项目的决策、设计方案、投标报价、成本控制进行比选和评价。

工程建设定额的统一性按照其影响力和执行范围来看，有全国统一定额、地区统一定额和行业统一定额等；按照定额的制定、颁布和贯彻使用来看，有统一的程序、统一的原则、统一的要求和统一的用途。

在生产资料私有制的条件下，定额的统一性是很难想象的，充其量也只是工程量计算规则的统一和信息提供。我国工程建设定额的统一性与工程建设本身的巨大投入和巨大产出有关。统一性对国民经济的影响不仅表现在投资的总规模和全部建设项目的投资效益等方面，而且往往还表现在具体建设项目的投资数额及其投资效益方面。因而需要借助统一的工程建设定额进行社会监督。这一点和工业生产、农业生产中的工时定额、原材料定额也是不同的。

（4）稳定性与时效性。工程建设定额中的任何一种都是一定时期技术发展和管理水平的反映，因而，在一段时间内都表现出稳定的状态。稳定的时间有长有短，一般为5～10年。保持定额的稳定性是维护定额的权威性所必需的，更是有效地贯彻定额所必要的。如果某种定额处于经常修改变动之中，那么必然造成执行中的困难和混乱，使人们感到没有必要认真去对待它，很容易导致定额权威性的丧失。工程建设定额的不稳定也会给定额的编制工作带来极大的困难。

但是，工程建设定额的稳定性是相对的。当生产力向前发展了，定额就会与已经发展了的生产力不相适应。这样，它原有的作用就会逐步减弱以致消失，需要重新编制或修订。

（5）系统性。工程建设定额是相对独立的系统，其是由多种定额结合而成的有机的整体。它的结构复杂，有鲜明的层次以及明确的目标。

工程建设定额的系统性是由工程建设的特点决定的。按照系统论的观点，工程建设就是庞大的实体系统。工程建设定额是为这个实体系统服务的。因而，工程建设本身的多种类、多层次就决定了以它为服务对象的工程建设定额的多种类、多层次。从整个国民经济来看，进行固定资产生产和再生产的工程建设是一个有多项工程集合体的整体。其中，包括农林水利、轻纺、机械、煤炭、电力、石油、冶金、化工、建材工业、交通运输、邮电工程，以及商业物资、科学教育文化、卫生体育、社会福利和住宅工程等。这些工程的建设都有着严格的项目划分，如建设项目、单项工程、单位工程、分部分项工程；在计划和实施过程中有着严密的逻辑阶段，如规划、可行性研究、设计、施工、竣工交付使用，以及投入使用后的维修。与此相适应，必然形成工程建设定额的多种类、多层次。

2. 定额的作用

在工程建设和企业管理中，确定和执行先进合理的定额是技术和经济管理工作中的重要一环。在工程项目的计划、设计和施工中，定额具有以下几个方面的作用：

（1）定额是编制计划的基础。工程建设活动需要编制各种计划来组织与指导生产，而计划编制中又需要各种定额来作为计算人力、物力、财力等资源需要量的依据。定额是编制计划的重要基础。

（2）定额是确定工程造价的依据和评价设计方案经济合理性的尺度。工程造价是根据由设计规定的工程规模、工程数量与相应需要的劳动力、材料、机械设备消耗量及其他必须消耗的资金确定的。其中，劳动力、材料、机械设备的消耗量又是根据定额计算出来的，定额是确定工程造价的依据。同时，建设项目投资的大小又反映了各种不同设计方案技术经济水平的高低。因此，定额又是比较和评价设计方案经济合理性的尺度。

（3）定额是组织和管理施工的工具。建筑企业若要计算和平衡资源需要量、组织材料供应、调配劳动力、签发任务单、组织劳动竞赛、调动人的积极因素、考核工程消耗和劳动生产率、贯彻按劳分配工资制度、计算工人报酬等，都要利用定额。因此，从组织施工和管理生产的角度来说，企业定额又是建筑企业组织和管理施工的工具。

（4）定额是总结先进生产方法的手段。定额是在平均先进的条件下，通过对生产流程的观察、分析、综合等过程制定的，它可以最严格地反映出生产技术和劳动组织的先进合理程度。因此，我们就可以定额方法为手段，对同一产品在同一操作条件下的不同的生产方法进行观察、分析和总结，从而得到一套比较完整的、优良的生产方法，作为生产中推广的范例。

由此可见，定额是为实现工程项目，确定人力、物力和财力等资源需要量，有计划地组织生产，提高劳动生产率，降低工程造价，完成和超额完成计划的重要的技术经济工具，其也是工程管理和企业管理的基础。

二、投资估算指标

1. 投资估算指标的概念

投资估算指标用于编制投资估算，往往以独立的单项工程或完整的工程项目为计算对象，其主要作用是为项目决策和投资控制提供依据。投资估算指标比其他各种计价定额具有更大的综合性和概括性。依据投资估算指标的综合程度可分为建设项目指标、单项工程指标和单位工程指标。

建设项目投资指标有两种：一是工程总投资或总造价指标；二是以生产能力或其他计量单位为计算单位的综合投资指标。单项工程指标一般以生产能力等为计算单位，包括建筑安装工程费、设备及工器具购置以及应计入单项工程投资的其他费用。单位工程指标一般以 m^2、m^3、座等为单位。

估算指标应列出工程内容、结构特征等资料，以便应用时依据实际情况进行必要的调整。

2. 投资估算指标的编制

投资估算指标的编制一般可分为以下三个阶段进行：

（1）收集整理资料阶段。收集整理已建成或正在建设的，符合现行技术政策和技术发展方向、有可能重复采用的、有代表性的工程设计施工图、标准设计以及相应的竣工决算或施工图预算资料等，这些资料是编制工作的基础，资料收集得越广泛，反映出的问题越多，编制工作考虑得越全面，就越有利于提高投资估算指标的实用性和覆盖面。同时，对调查收集到的资料要选择占投资比重大，或相互关联多的项目进行认真的分析整理，由于已建成或正在建设的工程的设计意图、建设时间和地点、资料的基础等不同，相互之间的差异很大，需要去粗取精、去伪存真地加以整理，才能重复利用。将整理后的数据资料按项目划分栏目加以归类，按照编制年度的现行定额、费用标准和价格，调整成编制年度的造价水平及相互比例。

（2）平衡调整阶段。由于调查收集的资料来源不同，虽然经过一定的分析整理，但难免会由于设计方案、建设条件和建设时间上的差异带来的某些影响，造成数据失准或漏项等，故必须对有关资料进行综合平衡调整。

（3）测算审核阶段。测算是将新编的指标和选定工程的概预算，在同一价格条件下进行比较，检验其"量差"的偏离程度是否在允许偏差的范围之内。若允许偏差过大，则要查找原因，进行修正，以保证指标的确切、实用。同时，测算也是对指标编制质量进行的一次系统检查，应由专人进行，以保持测算口径的统一，并在此基础上组织有关专业人员予以全面审核定稿。

三、概算定额

概算定额是指生产一定计量单位的经扩大的建筑工程结构构件或分部分项工程所需要的人工、材料和机械台班的消耗数量及费用的标准。

概算定额是在预算定额的基础上，根据有代表性的建筑工程通用图和标准图等资料，进行综合、扩大与合并而成。因此，建筑工程概算定额，也称"扩大结构定额"。

编制概算定额时，应考虑到其能适应规划、设计、施工各阶段的要求。概算定额与预算定额应保持一致水平，即在正常条件下，反映大多数企业的设计、生产及施工管理水平。

概算定额的内容和深度是以预算定额为基础的综合与扩大。在合并中不得遗漏或增加细目，以保证定额数据的严密性和正确性。概算定额务必达到简化、准确和适用。

1. 概算定额与预算定额的区别

概算定额与预算定额的相同之处，是都以建（构）筑物各个结构部分和分部分项工程为单位表示的。其内容也包括人工、材料和机械台班使用量定额三个基本部分，并列有基准价。

概算定额表达的主要内容、主要方式及基本使用方法都与综合预算定额相近。

$$定额基准价 = 定额单位人工费 + 定额单位材料费 + 定额单位机械费$$
$$= 人工概算定额消耗量 \times 人工工资单价 +$$
$$\sum (材料概算定额消耗量 \times 材料预算价格) +$$
$$\sum (施工机械概算定额消耗量 \times 机械台班费用单价)$$

概算定额与预算定额的不同之处，是项目划分和综合扩大程度上的差异，同时，概算定额主要用于设计概算的编制。由于概算定额综合了若干分项工程的预算定额，因此，使概算工程量计算和概算表的编制比编制施工图预算简化了很多。

2. 概算定额的作用

（1）概算定额是在扩大初步设计阶段编制概算、技术设计阶段编制修正概算的主要依据。

（2）概算定额是编制建筑安装工程主要材料申请计划的基础。

（3）概算定额是进行设计方案技术经济比较和选择的依据。

（4）概算定额是编制概算指标的计算基础。

（5）概算定额是确定基本建设项目投资额、编制基本建设计划、实行基本建设大包干、控制基本建设投资和施工图预算造价的依据。因此，正确合理地编制概算定额对提高设计概算的质量，加强基本建设的经济管理，合理使用建设资金、降低建设成本，充分发挥投资效果等方面，都具有重要的作用。

3. 概算定额的编制原则

为了提高设计概算的质量，加强基本建设的经济管理，合理使用国家建设资金，降低建设成本，充分发挥投资效果，在编制概算定额时必须应遵循以下原则：

(1)使概算定额适应设计、计划、统计和拨款的要求，更好地为基本建设服务。

(2)概算定额水平的确定，应与预算定额的水平基本一致，必须是反映正常条件下大多数企业的设计、生产施工管理水平。

(3)概算定额的编制深度，要适应设计深度的要求，项目划分应坚持简化、准确和适用的原则；以主体结构分项为主，合并其他相关部分，进行适当综合扩大；概算定额项目计量单位的确定，与预算定额要尽量一致；应考虑统筹法及应用电子计算机编制的要求，以简化工程量和概算的计算编制。

(4)为了稳定概算定额水平，统一考核尺度和简化计算工程量，编制概算定额时，原则上不留活口，对于设计和施工变化多而影响工程量多、价差大的，应根据有关资料进行测算，综合取定常用数值，对于其中还包括不了的个性数值，可适当留些活口。

4. 概算定额的编制依据

(1)现行的全国通用的设计标准、规范和施工验收规范。

(2)现行的预算定额。

(3)标准设计和有代表性的设计图纸。

(4)过去颁发的概算定额。

(5)现行的人工工资标准、材料预算价格和施工机械台班单价。

(6)有关施工图的预算和结算资料。

5. 概算定额的编制方法

(1)定额计量单位确定。概算定额计量单位基本上按预算定额的规定执行，但是单位的内容扩大，仍用米、平方米和立方米等。

(2)确定概算定额与预算定额的幅度差。由于概算定额是在预算定额基础上进行适当的合并与扩大，因此，在工程量取值、工程的标准和施工方法确定上需要综合考虑，且定额与实际应用必然会产生一些差异。对于这种差异，国家允许预留一个合理的幅度差，以便依据概算定额编制的设计概算能控制住施工图预算。概算定额与预算定额之间的幅度差，国家规定一般控制在5%以内。

(3)定额小数取位。概算定额小数取位与预算定额相同。

6. 概算定额的内容

概算定额的内容由文字说明和定额表两部分组成。

(1)文字说明部分包括总说明和各章节的说明。

1)在总说明中，主要对编制的依据、用途、适用范围、工程内容、有关规定、取费标准和概算造价计算方法等进行阐述。

2)在分章说明中，主要包括分部工程量的计算规则、说明，定额项目的工程内容等。

(2)定额表格式。定额表头注有本节定额的工作内容、定额的计量单位(或在表格内)。定额表格内有基价，人工、材料和机械费，主要材料消耗量等。

四、预算定额

预算定额是规定消耗在合格质量的单位工程基本构造要素上的人工、材料和机械台班的数量标准，是计算建筑安装产品价格的基础。

所谓基本构造要素，即通常所说的分项工程和结构构件。预算定额按工程基本构造要素规定劳动力、材料和机械的消耗数量，以满足编制施工图预算、规划和控制工程造价的要求。

预算定额是工程建设中一项重要的技术经济文件，它的各项指标反映了在完成规定的计量单位应符合设计标准和施工质量验收规范要求的分项工程消耗的劳动与物化劳动的数量限度。这种限度最终决定着单项工程和单位工程的成本和造价。

预算定额是由国家主管部门或其授权机关组织编制、审批并颁发执行的。在现阶段，预算定额是一种法令性指标，是对基本建设实行宏观调控和有效监督的重要工具。各地区、各基本建设部门都必须严格执行，只有这样，才能保证全国的工程有一个统一的核算尺度，使国家对各地区、各部门的工程设计、经济效果与施工管理水平进行统一的比较与核算。

1. 预算定额的作用

(1)预算定额是编制建筑安装工程施工图预算和确定工程造价的依据，起着控制劳动消耗、材料消耗和机械台班使用的作用。

(2)预算定额是编制施工组织设计时，确定劳动力、建筑材料、成品、半成品和建筑机械需要量的依据。

(3)预算定额是建设单位和施工单位按照工程进度对已完成工程进行工程结算的依据。

(4)预算定额是施工单位对施工中的劳动、材料、机械的消耗情况进行具体分析的依据。

(5)预算定额是编制概算定额的基础。

(6)预算定额是招标投标活动中合理编制招标控制价(标底)、投标报价的基础。

2. 预算定额的编制依据

(1)现行劳动定额和施工定额。预算定额是在现行劳动定额和施工定额的基础上编制的。预算定额中劳动力、材料、机械台班消耗水平，需要根据劳动定额或施工定额取定；预算定额的计量单位的选择，也要以施工定额为参考，从而保证两者的协调和可比性，减轻预算定额的编制工作量，缩短编制时间。

(2)现行设计规范、施工验收规范和安全操作规程。预算定额在确定劳动力、材料和机械台班消耗数量时，必须考虑上述各项法规的要求和影响。

(3)具有代表性的典型工程施工图及有关标准图。应对这些图纸进行仔细分析与研究，并计算出工程数量，作为编制定额时选择施工方法、确定定额含量的依据。

(4)新技术、新结构、新材料和先进的施工方法等。这类资料是调整定额水平和增加新的定额项目所必需的依据。

(5)有关科学试验、技术测定和统计、经验资料。这类资料是确定定额水平的重要依据。

(6)现行的预算定额、材料预算价格及有关文件规定等。其包括过去定额编制过程中积累的基础资料，也是编制预算定额的依据和参考。

3. 预算定额的编制原则

(1)按社会平均水平确定预算定额的原则。预算定额是确定和控制建筑安装工程造价的主要依据。因此，它必须遵照价值规律的客观要求，按生产过程中所消耗的社会必要劳动时间确定定额水平，即按照"在现有的社会正常的生产条件下，在社会平均的劳动熟练程度和劳动强度下，制造某种使用价值所需要的劳动时间"来确定定额水平。所以，预算定额的平均水平是在正常的施工条件，合理的施工组织和工艺条件、平均劳动熟练程度和劳动强度下，完成单位分项工程基本构造要素所需要的劳动时间。

预算定额的水平以大多数施工单位的施工定额水平为基础。但是，预算定额绝不是简单地套用施工定额的水平。首先，在比施工定额的工作内容综合扩大的预算定额中，也包含了更多的可变因素，需要保留合理的幅度差；其次，预算定额应当是平均水平，而施工定额是平均先进水平，两者相比，预算定额水平相对要低一些，但是应限制在一定的范围之内。

(2)简明适用的原则。预算定额项目是在施工定额的基础上进一步综合，通常，将建筑物分解为分部、分项工程。简明适用是指在编制预算定额时，对于那些主要的、常用的、价值量大的项目，分项工程划分宜细；次要的、不常用的、价值量相对较小的项目则可以粗一些。

定额项目的多少与定额的步距有关。步距大，定额的子目就会减少，精确度就会降低；步距小，定额的子目则会增加，精确度也会提高。所以，确定步距时，对主要工种、主要项目、常用项目，定额步距要小一些；对于次要工程、次要项目、不常用项目，定额步距可以适当大一些。

预算定额要项目齐全，并要注意补充那些因采用新技术、新结构、新材料而出现的新的定额项目。如果项目不全，缺项多，就会使计价工作缺少充足而可靠的依据。

对定额的活口也要设置适当。所谓活口，即在定额中规定，当符合一定条件时，允许该定额另行调整。在编制中要尽量不留活口，对实际情况变化较大，影响定额水平幅度大的项目，确需留活口的，也应该从实际出发尽量少留；即使留有活口，也要注意尽量规定换算方法，避免采取按实计算。

(3)坚持统一性和差别性相结合的原则。所谓统一性，就是从培育全国统一市场规范计价的行为出发，计价定额的制定规划和组织实施由国务院住房城乡建设主管部门归口，并负责全国统一定额制定或修订，颁发有关工程造价管理的规章制度办法等。这样，就有利于通过定额和工程造价的管理实现建筑安装工程价格的宏观调控。通过编制全国统一定额，可使建筑安装工程具有一个统一的计价依据，也能使考核设计和施工的经济效果具有一个统一的尺度。

所谓差别性，就是在统一的基础上，各部门和省、自治区、直辖市主管部门可以在自己的管辖范围内，根据本部门和地区的具体情况，制定部门和地区性定额、补充性制度和管理办法，以适应我国幅员辽阔、地区间部门发展不平衡和差异大的实际情况。

(4)坚持由专业人员编审的原则。编制预算定额有很强的政策和专业性，既要合理地把握定额水平，又要反映新工艺、新结构和新材料的定额项目，还要推进定额结构的改革。因此，必须改变以往临时抽调人员编制定额的做法，建立专业队伍，长期稳定地积累经验和资料，不断补充和修订定额，促进预算定额适应市场经济的要求。

4. 预算定额的编制步骤

(1)准备阶段。在准备阶段中，主要是根据收集到的有关资料和国家政策性文件，拟定编制方案，对编制过程中一些重大的原则问题作出统一规定。

(2)编制预算定额初稿，测算预算定额水平。

1)编制预算定额初稿。在编制预算定额初稿阶段，根据确定的定额项目和基础资料，进行反复分析和测算，编制定额项目劳动力计算表、材料及机械台班计算表，并附注有关计算说明，然后汇总编制预算定额项目表，即预算定额初稿。

2)测算预算定额水平。新定额编制成稿，必须与原定额进行对比测算，分析水平升降原因。一般新编定额的水平应该不低于历史上已经达到过的水平，并应略有提高。在定额水平测算前，必须编出同一工人工资、材料价格、机械台班费的新、旧两套定额的工程单价。

(3)修改定稿、整理资料阶段。

1)印发征求意见。在定额编制初稿完成后，需要征求各有关方面的意见和组织讨论、反馈意见。在统一意见的基础上整理分类，制定修改方案。

2)修改整理报批。按修改方案的决定，将初稿按照定额的顺序进行修改，并经审核无误后形成报批稿，经批准后交付印刷。

3)撰写编制说明。为顺利地贯彻执行定额，需要撰写新定额编制说明。其内容包括：项目、子目数量；人工、材料、机械的内容范围；资料的依据和综合取定情况；定额中允许换算和不允许换算规定的计算资料；人工、材料、机械单价的计算和资料；施工方法、工艺的选择及材料运距的考虑；各种材料损耗率的取定资料；调整系数的使用；其他应该说明的事项与计算数据、资料。

4)立档、成卷。定额编制资料是贯彻执行定额中需查对资料的唯一依据，也为修编定额提供历史资料数据，应作为技术档案永久保存。

5. 人工工日消耗量的确定

在预算定额中，人工工日消耗量是指在正常施工生产条件下，生产单位合格产品必须消耗的人工工日数量。其是由分项工程所综合的各个工序劳动定额包括的基本用工、其他用工以及劳动定额与预算定额工日消耗量的幅度差共三部分组成的。

(1)基本用工。基本用工是指完成单位合格产品所必须消耗的技术工种用工。其内容包括：

1)完成定额计量单位的主要用工。按综合取定的工程量和相应劳动定额进行计算。其计算公式如下：

$$基本用工 = \sum(综合取定的工程量 \times 劳动定额) \tag{3-1}$$

例如，在工程实际中的砖基础，有一砖厚、一砖半厚、二砖厚等之分，其用工各不相同，在预算定额中由于不区分厚度，故需要按统计的比例，加权平均(即上述公式中的综合取定)得出用工。

2)按劳动定额规定应增加计算的用工量。例如，砖基础埋置深度超过 1.5 m，超过部分要增加用工。在预算定额中，应按一定比例给予增加。又例如，砖墙项目要增加附墙烟囱孔、垃圾道、壁橱等零星组合部分的加工。

3)由于预算定额是以劳动定额子目综合扩大的，包括的工作内容较多，施工的工效视具体部位而不一样，需要另外增加用工，并应列入基本用工内。

(2)其他用工。预算定额内的其他用工，包括材料超运距用工和辅助工作用工。

1)材料超运距用工。材料超运距用工是指预算定额取定的材料、半成品等运距，超过劳动定额规定的运距应增加的工日。其用工量以超运距(预算定额取定的运距减去劳动定额取定的运距)和劳动定额计算。其计算公式如下：

$$材料超运距用工 = \sum(超运距材料数量 \times 时间定额) \tag{3-2}$$

2)辅助工作用工。辅助工作用工是指劳动定额中未包括的各种辅助工序用工,如材料的零星加工用工、土建工程的筛砂子、淋石灰膏、洗石子等增加的用工量。辅助工作用工量一般按加工的材料数量乘以时间定额计算。

(3)人工幅度差。人工幅度差是指预算定额对在劳动定额规定的用工范围内没有包括,而在一般正常情况下又不可以避免的一些零星用工,常以百分率计算。一般在确定预算定额用工量时,按基本用工、超运距用工、辅助工作用工之和的10%～15%范围取定。其计算公式如下:

$$人工幅度差(工日)=(基本用工+超运距用工+辅助用工)×$$

$$人工幅度差百分率 \qquad (3-3)$$

6. 材料消耗量的计算

预算定额中的材料消耗量是在合理和节约使用材料的条件下,生产单位假定建筑安装产品(即分部分项工程或结构件)必须消耗的一定品种规格的材料、半成品、构配件等的数量标准。材料消耗量的计算方法主要有以下几项:

(1)凡有标准规格的材料,按规范要求计算定额计量单位的耗用量,如砖、防水卷材、块料面层等。

(2)凡设计图纸标注尺寸及下料要求的按设计图纸尺寸计算材料净用量,如门窗制作用材料,方、板料等。

(3)换算法。各种胶结、涂料等材料的配合比用料,可以根据要求条件换算,得出材料用量。

(4)测定法。测定法包括试验室试验法和现场观察法。其是指各种强度等级的混凝土及砌筑砂浆配合比的耗用原材料数量的计算,需按照相关规范要求试配经过试压合格,并经过必要的调整后得出的水泥、砂子、石子、水的用量。对于新材料、新结构,不能用其他方法计算定额消耗用量时,需用现场测定方法来确定,根据不同条件可以采用写实记录法和观察法,得出定额的消耗量。

材料损耗量,是指在正常条件下不可避免的材料损耗,如现场内材料运输及施工操作过程中的损耗等。其关系式如下:

$$材料损耗率=损耗量/净用量×100\% \qquad (3-4)$$

$$材料损耗量=材料净用量×损耗率 \qquad (3-5)$$

$$材料消耗量=材料净用量+损耗量 \qquad (3-6)$$

或 $$材料消耗量=材料净用量×(1+损耗率) \qquad (3-7)$$

其他材料的确定,一般按工艺测算并在定额项目材料计算表内列出名称、数量,并依据编制期价格以其他材料占主要材料的比率计算,列在定额材料栏之下,定额内可不列材料名称及消耗量。

7. 机械台班消耗量的计算

预算定额中的机械台班消耗量是指在正常施工的条件下,生产单位合格产品(分部分项工程或结构件)必须消耗的某类某种型号施工机械的台班数量。其由分项工程综合的有关工序劳动定额确定的机械台班消耗量,以及劳动定额与预算定额的机械台班幅度差组成。

垂直运输机械依工期定额分别测算台班量,以台班/100 m² 建筑面积表示。

确定预算定额中的机械台班消耗量指标,应根据《全国统一建筑安装工程劳动定额》中各种机械施工项目所规定的台班产量加机械幅度差进行计算。若按实际需要计算机械台班消耗量，则不应再增加机械幅度差。

机械幅度差是指在劳动定额（机械台班量）中未曾包括的，而机械在合理的施工组织条件下所必需的停歇时间，在编制预算定额时，应予以考虑。其内容包括：

(1)施工机械转移工作面及配套机械互相影响损失的时间。

(2)在正常的施工情况下，机械施工中不可避免的工序间歇。

(3)检查工程质量影响机械操作的时间。

(4)临时水、电线路在施工中移动位置所发生的机械停歇时间。

(5)在工程结尾时，工作量不饱满所损失的时间。

机械幅度差系数一般根据测定和统计资料取定。大型机械幅度差系数为：土方机械1.25，打桩机械1.33，吊装机械1.3，其他均按统一规定的系数计算。

由于垂直运输用的塔式起重机、卷扬机及砂浆和混凝土搅拌机是按小组配合，应以小组产量计算机械台班产量，不另增加机械幅度差。

综上所述，预算定额的机械台班消耗量按下式计算：

预算定额机械耗用台班＝施工定额机械耗用台班×（1＋机械幅度差系数）

占比重不大的零星小型机械按劳动定额小组成员计算出机械台班使用量，以"机械费"或"其他机械费"表示，不再列台班数量。

五、施工定额

施工定额是以同一性质的施工过程或工序为测定对象，确定建筑安装工人在正常施工条件下，为完成单位合格产品所需劳动力、机械、材料消耗的数量标准，建筑安装企业定额一般称为施工定额。施工定额是施工企业直接用于建筑工程施工管理的一种定额。施工定额由劳动定额、材料消耗定额和机械台班定额组成，是最基本的定额。

1. 施工定额的作用

施工定额是施工企业进行科学管理的基础。施工定额的作用：①是施工企业编制施工预算，进行工料分析和"两算对比"的基础；②是编制施工组织设计、施工作业设计和确定人工、材料及机械台班需要量计划的基础；③是施工企业向工作班（组）签发任务单、限额领料的依据；④是组织工人班（组）开展劳动竞赛、实行内部经济核算、承发包、计取劳动报酬和奖励工作的依据；⑤是编制预算定额和企业补充定额的基础。

2. 施工定额的编制水平

定额水平是指规定消耗在单位产品上的劳动力、机械和材料数量的多少。施工定额的水平应直接反映劳动生产率的水平，也反映劳动和物质消耗水平。

所谓平均先进水平，是指在正常条件下，多数施工班组或生产者经过努力均可以达到，少数班组或生产者可以接近，个别班组或生产者可以超过的水平。通常，它低于先进水平，略高于平均水平。这种水平使先进的班组和工人感到一定压力，而大多数处于中间水平的班组或工人感到定额水平可望也可及。平均先进水平不迁就少数落后者，而是使他们产生努力工作的责任感，尽快达到定额水平。所以，平均先进水平是一种鼓励先进、勉励中间、鞭策后进的定额水平。贯彻"平均先进"的原则，才能促进企业科学管理和不断提高劳动生产率，进而达到提高企业经济效益的目的。

3. 劳动定额

劳动定额又称人工定额，是建筑安装工人在正常的施工（生产）条件及一定的生产技术和生产组织条件下，在平均先进水平的基础上制定的。其表明每个建筑安装工人生产单位合格产品所必须消耗的劳动时间，或在单位时间所生产的合格产品的数量。

(1)劳动定额的作用。劳动定额的作用主要表现在组织生产和按劳分配两个方面。一般情况下，两者是相辅相成的，即生产决定分配，分配促进生产。当前对企业基层推行的各种形式的经济责任制的分配形式，无一不是以劳动定额作为核算基础的。

(2)劳动定额的编制。

1)分析基础资料，拟定编制方案。

①影响工时消耗因素的确定。

技术因素：包括完成产品的类别；材料、构配件的种类和型号等级；机械和机具的种类、型号和尺寸；产品质量等。

组织因素：包括操作方法和施工的管理与组织；工作地点的组织；人员组成和分工；工资与奖励制度；原材料和构配件的质量及供应的组织；气候条件等。

以上各因素的具体情况利用因素确定表加以确定和分析，见表3-1。

表3-1　因素确定表

施工过程名称	建筑机械名称	工地名称	工程概况	观察时间	气温
砌三层里外混水墙	×公司×施工队	×厂宿舍楼	三层楼每层两单元，带壁橱、阁楼、浴室，长27.6 m，宽14 m，高3.0 m	××年10月23日	15 ℃~17 ℃

施工队(组)人员组成	瓦工队共28人，其中，一级工10人，二级工12人，五级工4人，六级工2人；男24人，女4人；50岁以上6人；高中生2人，初中生18人，小学以下8人
施工方法和机械装备	手工操作，里架子，配备2~5 t塔式起重机一台，翻斗车一辆

完成定额情况	定额项目	单位	完成产品数量	实际工时消耗/工时	定额工时消耗/工日 单位	定额工时消耗/工日 总计	完成定额/%
	瓦工砌 $1\frac{1}{2}$ 砖混水外墙	m³	96	64.20	0.45	43.20	67.29
	瓦工砌1砖混水内墙	m³	48	32.10	0.47	22.56	70.28
	瓦工砌1/2砖隔断墙	m³	16	10.70	0.72	11.52	107.66
	壮工运输和调制砂浆			105.00		63.04	60.04
	按定额加工					39.55	
	总计		160	212.00		179.87	84.84

影响工时消耗的组织和技术因素	(1)该宿舍楼为三层混水墙到顶，墙体厚度不一，建筑面积小，操作比较复杂。 (2)砖的质量不好，选砖比较费时。 (3)低级工比例过大，浪费工时现象比较普遍。 (4)高级工比例小，低级工做高级工活比较普遍，技工、壮工配合不好。 (5)工作台位置和砖的位置，不便于工人操作。 (6)瓦工损伤操作台，不符合动作经济原则，取砖和砂浆动作幅度很大，极易疲劳。 (7)劳动纪律不好，有些青年工人在工作时间聊天、打闹。

填表人		填表日期	
备注			

②计时观察资料的整理。对每次计时观察的资料进行整理之后，要对整个施工过程的观察资料进行系统的分析、研究和整理。

整理观察资料的方法大多是采用平均修正法。平均修正法是一种在对测时数列进行修正的基础上，求出平均值的方法。修正测时数列，就是剔除或修正那些偏高、偏低的可疑数值，目的是保证不受那些偶然性因素的影响。

如果测时数列受到产品数量的影响，采用加权平均值则是比较适当的。因为采用加权平均值可以在计算单位产品工时消耗时，考虑到每次观察中产品数量变化的影响，从而也能获得可靠的数值。

③日常积累资料的整理和分析。日常积累的资料主要有四类：第一类是现行定额的执行情况及存在问题的资料；第二类是企业和现场补充定额资料，如因现行定额漏项而编制的补充定额资料，因解决采用新技术、新结构、新材料和新机械而产生的定额缺项所编制的补充定额资料；第三类是已采用的新工艺和新的操作方法的资料；第四类是现行的施工技术规范、操作规程、安全规程和质量标准等。

④拟定定额的编制方案。编制方案的内容包括：

a. 提出对拟编定额的定额水平总的设想。

b. 拟定定额分章、分节、分项的目录。

c. 选择产品和人工、材料、机械的计量单位。

d. 设计定额表格的形式和内容。

2)确定正常的施工条件。拟定施工的正常条件包括：

①拟定工作地点的组织。工作地点是工人施工活动的场所。拟定工作地点的组织时，要特别注意使人在操作时不受妨碍，所使用的工具和材料应按使用顺序放置于工人最便于取用的地方，以减少疲劳和提高工作效率，工作地点应保持清洁和秩序井然。

②拟定工作组成。拟定工作组成就是将工作过程按照劳动分工的可能划分为若干个工序，以达到合理使用技术工人。其可以采用两种基本方法：一种是把工作过程中简单的工序，划分给技术熟练程度较低的工人去完成；另一种是分出若干个技术程度较低的工人，去帮助技术程度较高的工人工作。采用后一种方法就把个人完成的工作过程，变成小组完成的工作过程。

③拟定施工人员编制。拟定施工人员编制即确定小组人数、技术工人的配备，以及劳动的分工与协作。原则是使每个工人都能充分发挥作用，均衡地担负工作。

3)确定劳动定额消耗量的方法。时间定额是在拟定基本工作时间、辅助工作时间、不可避免中断时间、准备与结束的工作时间，以及休息时间的基础上制定的。

①拟定基本工作时间。基本工作时间在必须消耗的工作时间中所占的比重最大。在确定基本工作时间时，必须细致、精确。基本工作时间消耗一般应根据计时观察资料来确定。其做法是，首先确定工作过程每一组成部分的工时消耗；然后再综合出工作过程的工时消耗。如果组成部分的产品计量单位和工作过程的产品计量单位不符，就需先求出不同计量单位的换算系数，进行产品计量单位的换算，然后再相加，求得工作过程的工时消耗。

②拟定辅助工作的时间和准备与结束的工作时间。辅助工作和准备与结束工作时间的确定方法与基本工作时间相同。但是，如果这两项工作时间在整个工作班工作时间消耗中所占比重不超过5%～6%，则可归纳为一项，以工作过程的计量单位表示，确定出工作过程的工时消耗。

如果在计时观察时不能取得足够的资料，也可以采用工时规范或经验数据来确定。如具有现行的工时规范，可以直接利用工时规范中规定的辅助和准备与结束工作时间的百分比来计算。

③拟定不可避免的中断时间。在确定不可避免中断时间的定额时，必须注意由工艺特点所引起的不可避免的中断才可列入工作过程的时间定额。

不可避免中断时间也需要根据测时资料通过整理分析获得，也可以根据经验数据或工时规范，以占工作日的百分比表示此项工时消耗的时间定额。

④拟定休息时间。休息时间应根据工作班作息制度、经验资料、计时观察资料，以及对工作的疲劳程度做全面分析来确定。同时，应考虑尽可能利用不可避免中断时间作为休息时间。

从事不同工种、不同工作的工人，疲劳程度有很大差别。为了合理确定休息时间，往往要对从事各种工作的工人进行观察、测定，以及进行生理和心理方面的测试，以便确定其疲劳程度。国内外往往按工作轻重和工作条件的好坏，将各种工作划分为不同的级别。如我国某地区工时规范将体力劳动分为最沉重、沉重、较重、中等、较轻和轻便六类。

划分出疲劳程度的等级，就可以合理规定休息需要的时间。在上面引用的规范中，按六个等级划分其休息时间，见表3-2。

表3-2　各等级所需休息时间占工作日的比重

疲劳程度	轻便	较轻	中等	较重	沉重	最沉重
等级	1	2	3	4	5	6
占工作日比重/%	4.16	6.25	8.33	11.45	16.7	22.9

⑤拟定定额时间。确定的基本工作时间、辅助工作时间、准备与结束工作时间、不可避免中断时间和休息时间之和，就是劳动定额的时间定额。根据时间定额可计算出产量定额，时间定额和产量定额互成倒数。

利用工时规范，可以计算劳动定额的时间定额。其计算公式如下：

$$作业时间＝基本工作时间＋辅助工作时间$$

$$规范时间＝准备与结束工作时间＋不可避免的中断时间＋休息时间$$

$$工序作业时间＝基本工作时间＋辅助工作时间＝基本工作时间/[1－辅助时间(\%)]$$

$$定额时间＝\frac{作业时间}{1－规范时间(\%)}$$

4. 材料消耗定额

材料消耗定额是指在正常的施工(生产)条件，以及在节约和合理使用材料的情况下，生产单位合格产品所必须消耗的一定品种、规格的材料、半成品、配件等的数量标准。

材料消耗定额是编制材料需要量计划、运输计划、供应计划，计算仓库面积，签发限额领料单和经济核算的根据。制定合理的材料消耗定额，是组织材料的正常供应、保证生产顺利进行、合理利用资源，以及减少积压与浪费的必要前提。

施工中材料的消耗，可分为必需的材料消耗和损失的材料两类性质。

必须消耗的材料，是指在合理用料的条件下，生产合格产品所需消耗的材料。其包括：

直接用于建筑和安装工程的材料、不可避免的施工废料及不可避免的材料损耗。

必须消耗的材料属于施工正常消耗，是确定材料消耗定额的基本数据。其中，直接用于建筑和安装工程的材料，编制材料净用量定额；不可避免的施工废料和材料损耗，编制材料损耗定额。

材料各种类型的损耗量之和称为材料损耗量，除去损耗量之后净用于工程实体上的数量称为材料净用量。材料净用量与材料损耗量之和称为材料总消耗量。损耗量与总消耗量之比称为材料损耗率。它们的关系用公式表示如下：

$$损耗率 = \frac{损耗量}{总消耗量} \times 100\%$$

$$损耗量 = 总消耗量 - 净用量$$

$$净用量 = 总消耗量 - 损耗量$$

$$总消耗量 = \frac{净用量}{1 - 损耗率}$$

或

$$总消耗量 = 净用量 + 损耗量$$

为了简便，通常将损耗量与净用量之比作为损耗率。即：

$$损耗率 = \frac{损耗量}{净用量} \times 100\%$$

$$总消耗量 = 净用量 \times (1 + 损耗率)$$

(1)材料消耗定额的制定方法。材料消耗定额必须在充分研究材料消耗规律的基础上制定。科学的材料消耗定额应当是材料消耗规律的正确反映。材料消耗定额是通过施工生产过程中对材料消耗进行观测、试验，以及根据技术资料的统计与计算等方法制定的。

1)观测法。观测法也称现场测定法，是在合理使用材料的条件下，在施工现场按一定程序对完成合格产品的材料耗用量进行测定，通过分析、整理，最后得出一定的施工过程单位产品的材料消耗定额。

利用现场测定法主要是编制材料损耗定额，也可以提供编制材料净用量定额的数据。其优点是能通过现场观察、测定，取得产品产量和材料消耗的情况，为编制材料定额提供技术根据。

观测法的首要任务是选择典型的工程项目，其施工技术、组织及产品质量，均要符合技术规范的要求；材料的品种、型号、质量也应符合设计要求；产品检验合格，操作工人能合理使用材料和保证产品质量。

在观测前要充分做好准备工作，如选用标准的运输工具和衡量工具，采取减少材料损耗的措施等。

观测的结果，要取得材料消耗的数量和产品数量的数据资料。

观测法是在现场实际施工中进行的。观测法的优点是真实可靠，能发现一些问题，也能消除一部分消耗材料不合理的浪费因素。但是，用这种方法制定材料消耗定额，由于受到一定的生产技术条件和观测人员的水平等限制，故仍然不能把所消耗材料不合理的因素都揭露出来。同时，也有可能将生产和管理工作中的某些与消耗材料有关的缺点保存下来。

对观测取得的数据资料要进行分析研究，区分哪些是合理的，哪些是可以避免的，哪些是不合理的，哪些是不可避免的，以制定出在一般情况下都可以达到的材料消耗定额。

2)试验法。试验法是指在材料试验室中进行试验和测定数据。例如，以各种原材料为变量因素，求得不同强度等级混凝土的配合比，从而计算出每立方米混凝土中各种材料耗用量。

利用试验法，主要是编制材料净用量定额。通过试验，能够对材料的结构、化学成分和物理性能，以及按强度等级控制的混凝土、砂浆配合比作出科学的结论，为编制材料消耗定额提供有技术根据的、比较精确的计算数据。

但是，试验法不能取得在施工现场实际条件下，由于各种客观因素对材料耗用量影响的实际数据，这是该法的不足之处。

试验室试验必须符合国家有关标准规范，计量要使用标准容器和称量设备，质量要符合施工与验收规范要求，以保证获得可靠的定额编制依据。

3)统计法。统计法是指通过对现场进料、用料的大量统计资料进行分析计算，获得材料消耗的数据。这种方法由于不能分清材料消耗的性质，因而，不能作为确定材料净用量定额和材料损耗定额的精确依据。

对积累的各分部分项工程结算的产品所耗用材料的统计分析，根据各分部分项工程拨付材料数量、剩余材料数量及总共完成的产品数量进行计算。

采用统计法，必须保证统计和测算的耗用材料和相应产品一致。在施工现场中的某些材料，往往难以区分用在各个不同部位上的准确数量。因此，要有意识地加以区分，才能得到有效的统计数据。

用统计法制定材料消耗定额一般采取以下两种方法：

①经验估算法。经验估算法是指以有关人员的经验或以往同类产品的材料实耗统计资料为依据，通过研究分析并考虑有关影响因素的基础上制定材料消耗定额的方法。

②统计法。统计法是对某一确定的单位工程拨付一定的材料，待工程完工后，根据已完成产品的数量和领退材料的数量，进行统计和计算的一种方法。此方法的优点是不需要专门人员测定和实验。由统计得到的定额有一定的参考价值，但其准确程度较差，应对其进行分析研究后才能采用。

4)理论计算法。理论计算法是根据施工图，运用一定的数学公式，直接计算材料耗用量的方法。计算法只能计算出单位产品的材料净用量，材料的损耗量仍要在现场通过实测取得。采用这种方法必须对工程结构、图纸要求、材料特性和规格、施工及验收规范、施工方法等先进行了解和研究。计算法适宜于不易产生损耗，且容易确定废料的材料，如木材、钢材、砖瓦、预制构件等材料。这些材料根据施工图纸和技术资料从理论上都可以计算出来，即不可避免的损耗也有一定的规律可循。

理论计算法是材料消耗定额制定方法中比较先进的方法。但是，用这种方法制定材料消耗定额，要求掌握一定的技术资料和各方面的知识，以及有较丰富的现场施工经验。

(2)周转性材料消耗量的计算。在编制材料消耗定额时，某些工序定额、单项定额和综合定额中会涉及周转材料的确定和计算。如劳动定额中的架子工程、模板工程等。

在施工过程中，周转性材料不属于通常的一次性消耗材料，而是可多次周转使用，经过修理、补充才逐渐消耗尽的材料。如模板、钢板桩、脚手架等，实际上它也是作为一种施工工具和措施。在编制材料消耗定额时，应按多次使用、分次摊销的办法确定。

周转性材料消耗的定额量是指每使用一次摊销的数量，其计算必须考虑一次使用量、周转使用量、回收价值和摊销量之间的关系。

5. 机械台班使用定额

在建筑安装工程中，有些工程产品或工作是由工人来完成的，有些是由机械来完成的，有些则是由人工和机械配合共同完成的。由机械或人机配合来完成的产品或工作中，就包含一个机械工作时间。

机械台班使用定额也称机械台班消耗定额，其是指在正常施工条件下，合理的劳动组合和使用机械，完成单位合格产品或某项工作所必需的机械工作时间，包括准备与结束时间、基本工作时间、辅助工作时间、不可避免的中断时间，以及使用机械的工人生理需要与休息时间。

(1)机械台班使用定额的分类。机械台班使用定额按其表现形式不同，可分为时间定额和产量定额。

1)机械时间定额是指在合理劳动组织与合理使用机械条件下，完成单位合格产品所必需的工作时间，包括有效工作时间(正常负荷下的工作时间和降低负荷下的工作时间)、不可避免的中断时间、不可避免的无负荷工作时间。机械时间定额以"台班"表示，即一台机械工作一个作业班的时间，一个作业班的时间为 8 h，即：

$$单位产品机械时间定额(台班)＝\frac{1}{台班产量}$$

由于机械必须由工人小组配合，所以完成单位合格产品的时间定额，同时列出人工时间定额，即：

$$单位产品人工时间定额(工日)＝\frac{小组成员总人数}{台班产量}$$

2)机械产量定额是指在合理劳动组织与合理使用机械条件下，机械在每个台班时间内应完成合格产品的数量，即：

$$机械台班产量定额＝\frac{1}{机械时间定额(台班)}$$

机械时间定额和机械产量定额互为倒数关系。复式表示法有以下形式：

$$\frac{人工时间定额}{机械台班产量}或\frac{人工时间定额}{机械台班产量}\bigg|台班车次$$

(2)机械台班使用定额的编制。

1)确定正常的施工条件。拟定机械工作正常条件，主要是拟定工作地点的合理组织和合理的工人编制。

工作地点的合理组织，就是对施工地点机械和材料的放置位置、工人从事操作的场所等做出科学合理的平面布置和空间安排。它要求施工机械和操纵机械的工人在最小范围内移动，但又不阻碍机械运转和工人操作；应使机械的开关和操纵装置尽可能集中地装置在操纵工人的近旁，以节省工作时间和减轻劳动强度；应最大限度发挥机械的效能，减少工人的手工操作。

拟定合理的工人编制，就是根据施工机械的性能和设计能力及工人的专业分工和劳动工效，合理确定操纵机械的工人和直接参加机械化施工过程的工人的编制人数。

拟定合理的工人编制，应要求保持机械的正常生产率和工人正常的劳动工效。

2)确定机械 1 h 纯工作正常生产率。确定机械正常生产率时，必须首先确定出机械纯工作 1 h 的正常生产率。

机械纯工作时间，就是指机械的必须消耗时间。机械 1 h 纯工作正常生产率，就是在正常施工组织条件下，具有必需的知识和技能的技术工人操纵机械 1 h 的生产率。

根据机械工作特点的不同，机械 1 h 纯工作正常生产率的确定方法也有所不同。对于循环动作机械，确定机械纯工作 1 h 正常生产率的计算公式如下：

$$\frac{机械一次循环的}{正常延续时间} = \sum \left(\frac{循环各组成部分}{正常延续时间} \right) - 交叠时间$$

$$\frac{机械纯工作 1 h}{循环次数} = \frac{60 \times 60 (\text{s})}{一次循环的正常延续时间}$$

$$\frac{机械纯工作 1 h}{正常生产率} = \frac{机械纯工作 1 h}{正常循环次数} \times \frac{一次循环生产}{的产品数量}$$

从式中可以看到，计算循环机械纯工作 1 h 正常生产率的步骤是：根据现场观察资料和机械说明书确定各循环组成部分的延续时间；将各循环组成部分的延续时间相加，减去各组成部分之间的交叠时间，求出循环过程的正常延续时间；计算机械纯工作 1 h 的正常循环次数；计算循环机械纯工作 1 h 的正常生产率。

对于连续动作机械，确定机械纯工作 1 h 正常生产率要根据机械的类型和结构特征，以及工作过程的特点来进行。其计算公式如下：

$$\frac{连续动作机械纯工作}{1 h 正常生产率} = \frac{工作时间内生产的产品数量}{工作时间 (\text{h})}$$

工作时间内的产品数量和工作时间的消耗，要通过多次现场观察和机械说明书来获取数据。

对于同一机械进行作业属于不同的工作过程，如挖掘机所挖土壤的类别不同，碎石机所破碎的石块硬度和粒径不同，均需分别确定其纯工作 1 h 的正常生产率。

3) 确定施工机械的正常利用系数。施工机械的正常利用系数，是指机械在工作班内对工作时间的利用率。机械的利用系数和机械在工作班内的工作状况有着密切的关系。所以，要确定机械的正常利用系数，首先要拟定机械工作班的正常工作状况，保证合理利用工时。

确定机械正常利用系数，要计算工作班正常状况下准备与结束工作，机械启动、机械维护等工作所必需消耗的时间，以及机械有效工作的开始与结束时间，从而进一步计算出机械在工作班内的纯工作时间和机械正常利用系数。机械正常利用系数的计算公式如下：

$$\frac{机械正常}{利用系数} = \frac{机械在一个工作班内纯工作时间}{一个工作班延续时间 (8 \text{ h})}$$

4) 计算施工机械台班定额。计算施工机械台班定额是编制机械定额工作的最后一步。在确定了机械工作正常条件、机械 1 h 纯工作正常生产率和机械正常利用系数之后，采用下列公式计算施工机械的产量定额：

$$\frac{施工机械台班}{产量定额} = \frac{机械 1 h 纯工作}{正常生产率} \times \frac{工作班纯工作}{时间}$$

或

$$\frac{施工机械台}{班产量定额} = \frac{机械 1 h 纯工}{作正常生产率} \times \frac{工作班延}{续时间} \times \frac{机械正常}{利用系数}$$

$$施工机械时间定额 = \frac{1}{机械台班产量定额指标}$$

六、企业定额

所谓企业定额，是指建筑安装企业根据本企业的技术水平和管理水平，编制完成单位合格产品所必需的人工、材料和施工机械台班的消耗量，以及其他生产经营要素消耗的数量标准。企业定额反映企业的施工生产与生产消费之间的数量关系，是施工企业生产力水平的体现，每个企业均应拥有反映自己企业能力的企业定额。企业的技术和管理水平不同，企业定额的定额水平也就不同。因此，企业定额是施工企业进行施工管理和投标报价的基础和依据，从一定意义上讲，企业定额是企业的商业秘密，是企业参与市场竞争的核心竞争能力的具体表现。

1. 企业定额的表现形式

企业定额的编制应根据自身的特点，遵循简单、明了、准确、适用的原则。企业定额的构成及表现形式因企业的性质不同、取得资料的详细程度不同、编制的目的不同、编制的方法不同而不同。其构成及表现形式主要有以下几种：

(1)企业劳动定额。

(2)企业材料消耗定额。

(3)企业机械台班使用定额。

(4)企业施工定额。

(5)企业定额估价表。

(6)企业定额标准。

(7)企业产品出厂价格。

(8)企业机械台班租赁价格。

目前，大部分施工企业以国家或行业制定的预算定额作为进行施工管理、工料分析和计算施工成本的依据。随着市场化改革的不断深入和发展，施工企业可以预算定额和基础定额为参照，逐步建立起反映企业自身施工管理水平和技术装备程度的企业定额。

2. 企业定额的性质

企业定额是建筑安装企业内部管理的定额。企业定额影响范围涉及企业内部管理的方方面面。其包括企业生产经营活动的计划、组织、协调、控制和指挥等各个环节。企业应依据本企业的具体条件和可能挖掘的潜力、市场的需求和竞争环境，根据国家有关政策、法律和规范、制度，自己编制定额，自行决定定额的水平，当然，允许同类企业和同一地区的企业之间存在定额水平的差距。

3. 企业定额的作用

企业定额为施工企业编制施工作业计划、施工组织设计和施工预算提供了必要的技术依据，具体来说，它在施工企业中起着以下作用：

(1)企业定额是企业计划管理的依据。

(2)企业定额是编制施工组织设计的依据。

(3)企业定额是企业激励工人的条件。

(4)企业定额是计算劳动报酬、实行按劳分配的依据。

(5)企业定额是编制施工预算、加强企业成本管理的基础。

(6)企业定额有利于推广先进技术。

(7)企业定额是编制预算定额和补充单位估价表的基础。

(8)企业定额是施工企业进行工程投标、编制工程投标报价的基础和主要依据。

4. 企业定额的特点

作为企业定额，必须具备以下特点：

(1)企业定额各项平均消耗要比社会平均水平低，体现其先进性。

(2)可以表现本企业在某些方面的技术优势。

(3)可以表现本企业局部或全面管理方面的优势。

(4)所有匹配的单价都是动态的，具有市场性。

(5)能与施工方案全面接轨。

5. 企业定额的编制

企业定额的编制过程是一个系统而又复杂的过程，一般包括以下步骤：

(1)制定《企业定额编制计划书》。《企业定额编制计划书》一般包括以下内容：

1)企业定额编制的目的。企业定额编制的目的一定要明确，因为编制决定了企业定额的适用性，同时，也决定了企业定额的表现形式，例如，如果企业定额的编制是为了控制工耗和计算工人劳动报酬，则应采取劳动定额的形式；如果是为了企业进行工程成本核算，以及为企业走向市场参与投标报价提供依据，则应采用施工定额或定额估价表的形式。

2)定额水平的确定原则。企业定额水平的确定，是企业定额能否实现编制目的的关键。如果定额水平过高，背离企业现有水平，则会使定额在实施工程中，企业内多数施工队、班组、工人通过努力仍然达不到定额水平，不仅不利于定额在本企业内推行，还会挫伤管理者和劳动者双方的积极性；若定额水平过低，则起不到鼓励先进和督促落后的作用，而且对项目成本核算和企业参与市场竞争不利。因此，在编制计划书中，必须对定额水平进行确定。

3)确定编制方法和定额形式。定额的编制方法很多，对不同形式的定额，其编制方法也不相同。例如，劳动定额的编制方法有技术测定法、统计分析法、类比推算法、经验估算法等；材料消耗定额的编制方法有观察法、试验法、统计法等。因此，定额编制究竟采取何种方法应根据具体情况而定。企业定额编制通常采用的方法一般有定额测算法和方案测算法两种。

4)拟成立企业定额编制机构，提交需参编人员名单。企业定额的编制工作是一个系统性的工程，它需要一批高素质的专业人才，在一个高效率组织机构的统一指挥下协调工作。因此，在定额编制工作开始时，必须设置一个专门的机构，配置一批专业人员。

5)明确应收集的数据和资料。定额在编制时要搜集大量的基础数据和各种法律、法规、标准、规程、规范文件、规定等，这些资料都是定额编制的依据。所以，在编制计划书中，要制定一份按门类划分的资料明细表。在明细表中，除一些必须采用的法律、法规、标准、规程、规范资料外，应根据企业自身的特点，选择一些能够取得适合本企业使用的基础性数据资料。

6)确定工期和编制进度。定额的编制是为了使用，其具有时效性，所以，应确定一个合理的工期和进度计划表，这样，既有利于编制工作的开展，又能保证编制工作的效率和效益。

(2)搜集资料、调查、分析、测算和研究。搜集的资料包括以下内容：

1)现行定额，包括基础定额和预算定额、工程量计算规则。

2)国家现行的法律、法规、经济政策和劳动制度等与工程建设有关的各种文件。

3)有关建筑安装工程的设计规范、施工及验收规范、工程质量检验评定标准和安全操作规程。

4)现行的全国通用建筑标准设计图集、安装工程标准安装图集、定型设计图纸、具有代表性的设计图纸、地方建筑配件通用图集和地方结构构件通用图集，并根据上述资料计算工程量，作为编制定额的依据。

5)有关建筑安装工程的科学试验、技术测定和经济分析数据。

6)高新技术、新型结构、新研制的建筑材料和新的施工方法等。

7)现行人工工资标准和地方材料预算价格。

8)现行机械效率、寿命周期和价格；机械台班租赁价格行情。

9)本企业近几年各工程项目的财务报表、公司财务总报表，以及历年收集的各类经济数据。

10)本企业近几年各工程项目的施工组织设计、施工方案，以及工程结算资料。

11)本企业近几年所采用的主要施工方法。

12)本企业近几年发布的合理化建议和技术成果。

13)本企业目前拥有的机械设备状况和材料库存状况。

14)本企业目前工人的技术素质、构成比例、家庭状况和收入水平。

资料收集后，要对上述资料进行分类整理、分析、对比、研究和综合测算，提取可供使用的各种技术数据。内容包括：企业整体水平与定额水平的差异；现行法律、法规，以及规程规范对定额的影响；新材料、新技术对定额水平的影响等。

(3)拟定编制企业定额的工作方案与计划。编制企业定额的工作方案与计划包括以下内容：

1)根据编制目的，确定企业定额的内容及专业划分。

2)确定企业定额的册、章、节的划分和内容框架。

3)确定企业定额的结构形式及步距划分原则。

4)确定具体参编人员的工作内容、职责、要求。

(4)企业定额初稿的编制。

1)确定企业定额的定额项目及其内容。企业定额项目及其内容的编制，就是根据定额的编制目的及企业自身的特点，本着内容简明适用、形式结构合理、步距划分合理的原则，将一个单位工程，按工程性质划分为若干个分部工程，如土建专业的土石方工程、桩基础工程等。然后将分部工程划分为若干个分项工程，如土石方工程分为人工挖土方、淤泥、流砂，人工挖沟槽、基坑，人工挖桩孔等。最后，确定分项工程的步距，并根据步距对分项工程进一步地详细划分为具体项目。步距参数的设定一定要合理，既不应过粗，也不宜过细。如可根据土质和挖掘深度作为步距参数，对人工挖土方进行划分。同时应对分项工程的工作内容作简明扼要的说明。

2)确定定额的计量单位。分项工程计量单位的确定一定要合理，设置时应根据分项工程的特点，本着准确、贴切、方便计量的原则设置。定额的计量单位包括自然计量单位如台、套、个、件、组等，国际标准计量单位如 m、km、m²、m³、kg、t 等。一般来说，当实物体的三个度量都会发生变化时，采用立方米为计量单位，如土方、混凝土、保温等；如果实物体的三个度量中有两个度量不固定，采用平方米为计量单位，如地面、抹灰、油漆等；如果实物体截面面积形状大小固定，则采用延长米为计量单位，如管道、电缆、电线等；不规则形状的、难以度量的则采用自然单位或质量单位为计量单位。

3)确定企业定额指标。确定企业定额指标是企业定额编制的重点和难点，企业定额指标的编制，应根据企业采用的施工方法、新材料的替代以及机械装备的装配和管理模式，结合搜集整理的各类基础资料进行确定。确定企业定额指标包括确定人工消耗指标、确定材料消耗指标、确定机械台班消耗指标等。

4)编制企业定额项目表。分项工程的人工、材料和机械台班的消耗量确定以后，接下来就可以编制企业定额项目表了。具体地说，就是编制企业定额表中的各项内容。

企业定额项目表是企业定额的主体部分，其由表头栏和人工栏、材料栏、机械栏组成。表头部分具以表述各分项工程的结构形式、材料做法和规格档次等；人工栏是以工种表示的消耗的工日数及合计；材料栏是按消耗的主要材料和消耗性材料依主次顺序分列出的消耗量；机械栏是按机械种类和规格型号分列出的机械台班使用量。

5)企业定额的项目编排。定额项目表是按分部工程归类，按分项工程子目编排的一些项目表格。也就是说，按施工的程序，遵循章、节、项目和子目等顺序编排。

在定额项目表中，大部分是以分部工程为章，把单位工程中性质相近、材料大致相同的施工对象编排在一起。在每章(分部工程)中，按工程内容施工方法和使用的材料类别的不同，分成若干个节(分项工程)；在每节(分项工程)中，可以分成若干项目；在项目下边，还可以根据施工要求、材料类别和机械设备型号的不同，细分成不同子目。

6)企业定额相关项目说明的编制。企业定额相关项目的说明包括前言、总说明、目录、分部(或分章)说明、建筑面积计算规则、工程量计算规则、分项工程工作内容等。

7)企业定额估价表的编制。企业根据投标报价工作的需要，可以编制企业定额估价表。企业定额估价表是在人工、材料、机械台班三项消耗量的企业定额的基础上，用货币形式表达每个分项工程及其子目的定额单位估价计算表格。

企业定额估价表的人工、材料、机械台班单价是通过市场调查，结合国家有关法律文件及规定，按照企业自身的特点来确定的。

(5)评审、修改及组织实施。评审及修改主要是通过对比分析、专家论证等方法，对定额的水平、使用范围、结构及内容的合理性，以及存在的缺陷进行综合评估，并根据评审结果对定额进行修正。

经评审和修改后，企业定额即可组织实施。

第二节 建设工程投资估算

一、投资估算的组成

(1)投资估算一般由封面、签署页、编制说明、投资估算分析、总投资估算表、单项工程估算表、主要技术经济指标等内容组成。

(2)投资估算编制说明一般阐述以下内容：

1)工程概况。

2)编制范围。

3)编制方法。

4)编制依据。

5)主要技术经济指标。

6)有关参数、率值选定的说明。

7)特殊问题的说明(包括采用新技术、新材料、新设备、新工艺);必须说明的价格的确定;进口材料、设备、技术费用的构成与计算参数;采用巨形结构、异形结构的费用估算方法;环保(不限于)投资占总投资的比重;未包括项目或费用的必要说明等。

8)采用限额设计的工程还应对投资限额和投资分解作进一步说明。

9)采用方案比选的工程还应对方案比选的估算和经济指标作进一步说明。

(3)投资分析应包括以下内容:

1)工程投资比例分析。

2)分析设备购置费、建筑工程费、安装工程费、工程建设其他费用、预备费占建设总投资的比例;分析引进设备费用占全部设备费用的比例等。

3)分析影响投资的主要因素。

4)与国内类似工程项目进行比较,分析说明投资高低的原因。

(4)总投资估算包括汇总单项工程估算、工程建设其他费用,估算基本预备费、价差预备费,计算建设期利息等。

(5)单项工程投资估算,应按建设项目划分的各个单项工程分别计算组成工程费用的建筑工程费、设备购置费和安装工程费。

(6)工程建设其他费用估算,应按预期将要发生的工程建设其他费用种类,逐步详细估算其费用金额。

(7)估算人员应根据项目特点,计算并分析整个建设项目、各单项工程和主要单位工程的主要技术经济指标。

二、投资估算的编制依据

投资估算的编制依据是指在编制投资估算时需要计量,确定价格、工程计价有关参数、率值的基础资料。

投资估算的编制依据主要有以下几个方面:

(1)国家、行业和地方政府的有关规定。

(2)工程勘察与设计文件,图示计量或有关专业提供的主要工程量和主要设备清单。

(3)行业部门、项目所在地工程造价管理机构或行业协会等编制的投资估算指标、概算指标(定额)、工程建设其他费用定额(规定)、综合单价、价格指数和有关造价文件等。

(4)类似工程的各种技术经济指标和参数。

(5)工程所在地的同期的工、料、机市场价格,建筑、工艺及附属设备的市场价格和有关费用。

(6)政府有关部门、金融机构等部门发布的价格指数、利率、汇率、税率等有关参数。

(7)与建设项目相关的工程地质资料、设计文件、图纸等。

(8)委托人提供的其他技术经济资料。

三、投资估算的编制办法

1. 一般要求

(1)建设项目投资估算要根据主体专业设计的阶段和深度,结合各自行业的特点、所采用生产工艺流程的成熟性,以及编制者所掌握的国家与地区、行业或部门相关投资估算基础资料和数据的合理、可靠、完整程度(包括造价咨询机构自身统计和积累的可靠的相关造价基础资料），采用生产能力指数法、系数估算法、比例估算法、混合法（生产能力指数法与比例估算法、系数估算法与比例估算法等综合使用）、指标估算法进行建设项目投资估算。

（2）建设项目投资估算无论采用何种办法，应充分考虑拟建项目设计的技术参数和投资估算所采用的估算系数、估算指标，在质和量的方面所综合的内容，应遵循口径一致的原则。

（3）建设项目投资估算无论采用何种办法，应将所采用的估算系数和估算指标价格、费用水平调整到项目建设所在地及投资估算编制的年实际水平。对于建设项目的边界条件，如建设用地费和外部交通、水、电、通信条件，或市政基础设施配套条件等差异所产生的与主要生产内容投资无必然关联的费用，应结合建设项目的实际情况进行修正。

2. 项目建议书阶段投资估算

（1）项目建议书阶段的投资估算一般要求编制总投资估算，总投资估算表中工程费用的内容应分解到主要单项工程，工程建设其他费用可在总投资估算表中分项计算。

（2）项目建议书阶段建设项目投资估算可采用生产能力指数法、系数估算法、比例估算法、混合法（生产能力指数法与比例估算法、系数估算法与比例估算法等综合使用）、指标估算法等。

1）生产能力指数法。生产能力指数法是根据已建成的类似建设项目生产能力和投资额，进行粗略估算拟建建设项目相关投资额的方法。其计算公式为

$$C = C_1(Q/Q_1)^X \cdot f$$

式中　C——拟建建设项目的投资额；

　　　C_1——已建成类似建设项目的投资额；

　　　Q——拟建建设项目的生产能力；

　　　Q_1——已建成类似建设项目的生产能力；

　　　X——生产能力指数（$0 \leqslant X \leqslant 1$）；

　　　f——不同建设时期、不同建设地点而产生的定额水平、设备购置和建筑安装材料价格、费用变更和调整等综合调整系数。

2）系数估算法。系数估算法是根据已知的拟建建设项目主体工程费或主要生产工艺设备费为基数，以其他辅助或配套工程费占主体工程费或主要生产工艺设备费的百分比为系数，进行估算拟建建设项目相关投资额的方法。其计算公式为

$$C = E(1 + f_1P_1 + f_2P_2 + f_3P_3 + \cdots + f_nP_n) + I$$

式中　C——拟建建设项目的投资额；

　　　E——拟建建设项目的主体工程费或主要生产工艺设备费；

　　　P_1，P_2，P_3，$\cdots$，P_n——已建成类似建设项目的辅助或配套工程费占主体工程费或主要生产工艺设备费的比重；

　　　f_1，f_2，f_3，$\cdots$，f_n——由于建设时间、地点而产生的定额水平、建筑安装材料价格、费用变更和调整等综合调整系数；

　　　I——根据具体情况计算的拟建建设项目各项其他基本建设费用。

3）比例估算法。比例估算法是根据已知的同类建设项目主要生产工艺设备投资占整个建设项目的投资比例，先逐项估算出拟建建设项目主要生产工艺设备投资，再按比例进行估算拟建建设项目相关投资额的方法。其计算公式为

$$C = \sum_{i=1}^{n} Q_i P_i / k$$

式中　C——拟建建设项目的投资额;

　　　　k——主要生产工艺设备费占拟建建设项目投资的比例;

　　　　n——主要生产工艺设备的种类;

　　　　Q_i——第 i 种主要生产工艺设备的数量;

　　　　P_i——第 i 种主要生产工艺设备购置费(到厂价格)。

4)混合法。混合法是根据主体专业设计的阶段和深度,投资估算编制者所掌握的国家及地区、行业或部门相关投资估算基础资料和数据(包括造价咨询机构自身统计和积累的相关造价基础资料),对一个拟建建设项目采用生产能力指数法与比例估算法或系数估算法与比例估算法混合进行估算其相关投资额的方法。

5)指标估算法。指标估算法是把拟建建设项目以单项目工程或单位工程,按建设内容纵向划分为各个主要生产设施、辅助与公用设施、行政和福利设施以及各项其他基本建设费用,按费用性质横向划分为建筑工程、设备购置,安装工程等,根据各种具体的投资估算指标,进行各单位或单项工程投资的估算,并在此基础上汇集编制成拟建建设项目的各个单项工程费用和拟建建设项目的工程费用投资估算,再按相关规定估算工程建设其他费用、预备费、建设期贷款利息等,形成拟建建设项目总投资。

3. 可行性研究阶段投资估算

(1)可行性研究阶段建设项目投资估算原则上应采用指标估算法,对于对投资有重大影响的主体工程应估算出分部分项工程量,参考相关综合定额(概算指标)或概算定额编制主要单项工程的投资估算。

(2)预可行性研究阶段、方案设计阶段项目建设投资估算视设计深度,宜参照可行性研究阶段的编制办法进行。

(3)在一般的设计条件下,可行性研究投资估算深度在内容上应达到本节关于"投资估算文件的组成"部分的要求。对于子项单一的大型民用公共建筑,主要单项工程估算应细化到单位工程估算书。可行性研究投资估算深度应满足项目的可行性研究与评估,并最终满足国家和地方相关部门批复或备案的要求。

4. 投资估算过程中的方案比选、优化设计和限额设计

(1)工程建设项目由于受资源、市场、建设条件等因素的限制,为了提高工程建设投资效果,拟建项目可能存在建设场址、建设规模、产品方案、所选用的工艺流程不同等多个整体设计方案。而在一个整体设计方案中也可以存在厂区总平面布置、建筑结构形式等不同的多个设计方案。当出现多个设计方案时,工程造价咨询机构和注册造价工程师有义务与工程设计者配合,为建设项目投资决策者提供方案比选的意见。

(2)建设项目设计方案比选应遵循以下三个原则:

1)建设项目设计方案比选要协调好技术先进性和经济合理性的关系,即在满足设计功能和采用合理先进技术的条件下,尽可能降低投入。

2)建设项目设计方案比选除考虑一次性建设投资的比选,还应考虑项目运营过程中的费用比选,即项目寿命期的总费用比选。

3)建设项目设计方案比选要兼顾近期与远期的要求,即建设项目的功能和规模应根据国

家和地区远景发展规划，适当留有发展余地。

（3）建设项目设计方案比选的内容：在宏观方面有建设规模、建设场址、产品方案等；对于建设项目本身有厂区（或居住小区）总平面布置、主体工艺流程选择、主要设备选型等；小的方面有工程设计标准、工业与民用建筑的结构形式、建筑安装材料的选择等。

（4）建设项目设计方案比选的方法：在建设项目多方案整体宏观方面的比选，一般采用投资回收期法、计算费用法、净现值法、净年值法、内部收益率法，以及上述几种方法同时使用等。在建设项目本身局部多方案的比选，除可用上述宏观方案比较方法外，一般采用价值工程原理或多指标综合评分法（对参与比选的设计方案设定若干评价指标，并按其各自在方案中的重要程度给定各评价指标的权重和评分标准，计算各设计方案的加权得分的方法）比选。

（5）优化设计的投资估算编制是针对在方案比选确定的设计方案的基础上，通过设计招标、方案竞选、深化设计等措施，以降低成本或功能提高为目的的优化设计或深化过程中，对投资估算进行调整的过程。

（6）限额设计的投资估算编制的前提条件是严格按照基本建设程序进行，前期设计的投资估算应准确、合理，限额设计的投资估算编制进一步细化建设项目投资估算，按项目实施内容和标准合理分解投资额度和预留调节金。

第三节　建设工程设计概算

一、设计概算的组成

1. 三级编制（总概算、综合概算、单位工程概算）形式设计概算的组成

（1）封面、签署页及目录。

（2）编制说明。

（3）总概算表。

（4）其他费用表。

（5）综合概算表。

（6）单位工程概算表。

（7）附件：补充单位估价表。

2. 二级编制（总概算、单位工程概算）形式设计概算的组成

（1）封面、签署页及目录。

（2）编制说明。

（3）总概算表。

（4）其他费用表。

（5）单位工程概算表。

（6）附件：补充单位估价表。

二、设计概算的编制依据

（1）批准的可行性研究报告。

（2）设计工程量。

（3）项目涉及的概算指标或定额。

（4）国家、行业和地方政府有关法律、法规或规定。

（5）资金筹措方式。

（6）正常的施工组织设计。

（7）项目涉及的设备材料供应及价格。

（8）项目的管理（含监理）、施工条件。

（9）项目所在地区有关的气候、水文、地质地貌等自然条件。

（10）项目所在地区有关的经济、人文等社会条件。

（11）项目的技术复杂程序，以及新技术、专利使用情况等。

（12）相关文件、合同、协议等。

三、设计概算的编制方法

1. 建设项目总概算及单项工程综合概算的编制

（1）概算编制说明应包括以下主要内容：

1）项目概况：简述建设项目的建设地点、设计规模、建设性质（新建、扩建或改建）、工程类别、建设期（年限）、主要工程内容、主要工程量、主要工艺设备及数量等。

2）主要技术经济指标：项目概算总投资（有引进的给出所需外汇额度）及主要分项投资、主要技术经济指标（主要单位投资指标）等。

3）资金来源：按资金来源渠道的不同分别说明，发生资产租赁的说明租赁方式及租金。

4）其他需要说明的问题。

5）总说明附表。

①建筑、安装工程工程费用计算程序表；

②引进设备材料清单及从属费用计算表；

③具体建设项目概算要求的其他附表及附件。

（2）总概算表。概算总投资由工程费用、其他费用、预备费及应列入项目概算总投资中的几项费用组成。

1）第一部分　工程费用。按单项工程综合概算组成编制，采用二级编制的按单位工程概算组成编制。

①市政民用建设项目一般排列顺序：主体建（构）筑物、辅助建（构）筑物、配套系统。

②工业建设项目一般排列顺序：主要工艺生产装置、辅助工艺生产装置、公用工程、总图运输、生产管理服务性工程、生活福利工程、厂外工程。

2）第二部分　其他费用。一般按其他费用概算顺序列项。

3）第三部分　预备费。包括基本预备费和价差预备费。

4）第四部分　应列入项目概算总投资中的几项费用。一般包括建设期利息、铺底流动资金、固定资产投资方向调节税（暂停征收）等。

（3）综合概算以单项工程所属的单位工程概算为基础，采用"综合概算表"进行编制，分别按各单位工程概算汇总成若干个单项工程综合概算。

（4）对单一的、具有独立性的单项工程建设项目，按二级编制形式编制，直接编制总概算。

2. 单位工程概算的编制

（1）单位工程概算是编制单项工程综合概算（或项目总概算）的依据，单位工程概算项目根据单项工程中所属的每个单体按专业分别编制。

(2)单位工程概算一般可分为建筑工程、设备及安装工程两大类。建筑工程单位工程概算按下述(3)编制,设备及安装工程单位工程概算按下述(4)编制。

(3)建筑工程单位工程概算。

1)建筑工程概算费用的内容及组成见住房和城乡建设部建标[2013]44号《建筑安装工程费用项目组成》。

2)建筑工程概算要采用"建筑工程概算表"编制,按构成单位工程的主要分部分项工程编制,根据初步设计工程量按工程所在省、市、自治区颁发的概算定额(指标)或行业概算定额(指标),以及工程费用定额计算。

3)对于通用结构建筑可采用"造价指标"编制概算;对于特殊或重要的建筑物、构筑物,必须按构成单位工程的主要分部分项工程编制,必要时应结合施工组织设计进行详细计算。

(4)设备及安装工程单位工程概算。

1)设备及安装工程概算费用由设备购置费和安装工程费组成。

2)设备购置费计算公式如下:

定型或成套设备费=设备出厂价格+运输费+采购保管费

引进设备费用分外币和人民币两种支付方式。外币部分按美元或其他国际主要流通货币计算。

非标准设备原价有多种不同的计算方法,如综合单价法、成本计算估价法、系列设备插入估价法、分部组合估价法、定额估价法等。一般采用不同种类设备综合单价法计算。其计算公式为

$$设备费 = \sum 综合单价(元 / 吨) \times 设备单重(吨)$$

工具、器具及生产家具购置费一般以设备购置费为计算基数,按照部门或行业规定的工具、器具及生产家具费费率计算。

3)安装工程费。安装工程费用的内容组成,以及工程费用计算方法见住房和城乡建设部建标[2013]44号《建筑安装工程费用项目组成》。其中,辅助材料费按概算定额(指标)计算,主要材料费以消耗量按工程所在地当年预算价格(或市场价)计算。

4)引进材料费用计算方法与引进设备费用计算方法相同。

5)设备及安装工程概算采用"设备及安装工程概算表"形式,按构成单位工程的主要分部分项工程编制,根据初步设计工程量按工程所在省、市、自治区颁发的概算定额(指标)或行业概算定额(指标),以及工程费用定额计算。

6)概算编制深度可参照《建设工程工程量清单计价规范》(GB 50500—2013)的深度执行。

(5)当概算定额或指标不能满足概算编制要求时,应编制"补充单位估价表"。

3. 其他费用、预备费、专项费用概算的编制

(1)一般建设项目其他费用包括建设用地费、建设管理费、勘察设计费、可行性研究费、环境影响评价费、劳动安全卫生评价费、场地准备及临时设施费、工程保险费、联合试运转费、生产准备及开办费、特殊设备安全监督检验费、市政公用设施建设及绿化补偿费、引进技术和引进设备材料其他费、专利及专有技术使用费、研究试验费等。

1)建设管理费。

①以建设投资中的工程费用为基数乘以建设管理费费率计算。

$$建设管理费＝工程费用×建设管理费费率$$

②由于工程监理是受建设单位委托的工程建设技术服务，故属建设管理范畴。如采用监理，建设单位部分管理工作量转移至监理单位。监理费应根据委托的监理工作范围和监理深度在监理合同中商定或按当地或所属行业部门有关规定计算。

③如建设管理采用工程总承包方式，其总包管理费由建设单位与总包单位根据总包工作范围在合同中商定，从建设管理费中支出。

④改建、扩建项目的建设管理费费率应比新建项目适当降低。

⑤建设项目建成后，应及时组织验收，移交生产或使用。已超过批准的试运行期，并已符合验收条件，但未及时办理竣工验收手续的建设项目，视同项目已交付生产，其费用不得从基本建设投资中支付，所实现的收入作为生产经营收入，不再作为基建收入。

2）建设用地费。

①根据征用建设用地面积、临时用地面积，按建设项目所在省、市、自治区人民政府制定、颁发的土地征用补偿费、安置补助费标准和耕地占用税、城镇土地使用税标准计算。

②建设用地上的建（构）筑物如需迁建，其迁建补偿费应按迁建补偿协议计列或按新建同类工程造价计算。

③建设项目采用"长租短付"的方式租用土地使用权，在建设期间支付的租地费用计入建设用地费，在生产经营期间支付的土地使用费应计入营运成本中核算。

3）可行性研究费。

①依据前期研究委托合同计列。

②编制预可行性研究报告参照编制项目建议书收费标准并可适当调增。

4）研究试验费。

①按照研究试验内容和要求进行编制。

②研究试验费不包括以下项目：

a. 应由科技三项费用（即新产品试制费、中间试验费和重要科学研究补助费）开支的项目。

b. 应在建筑安装费用中列支的施工企业对建筑材料、构件和建筑物进行一般鉴定、检查所发生的费用及技术革新的研究试验费。

c. 应由勘察设计费或工程费用中开支的项目。

5）勘察设计费。依据勘察设计委托合同计列。

6）环境影响评价及验收费、水土保持评价及验收费、劳动安全卫生评价及验收费。环境影响评价及验收费依据委托合同计列；水土保持评价及验收费、劳动安全卫生评价及验收费依据委托合同，以及按照国家和建设项目所在省、市、自治区劳动和国土资源等行政部门规定的标准计算。

7）职业病危害评价费等。依据职业病危害评价、地震安全性评价、地质灾害评价委托合同计列，或按照建设项目所在省、市、自治区有关行政部门规定的标准计算。

8)场地准备及临时设施费。

①场地准备及临时设施费应尽量与永久性工程统一考虑。建设场地的大型土石方工程应计入工程费用中的总图运输费用中。

②新建项目的场地准备和临时设施费应根据实际工程量估算，或按工程费用的比例计算。改、扩建项目一般只计拆除清理费。

$$场地准备和临时设施费＝工程费用×费率＋拆除清理费$$

③发生拆除清理费时可按新建同类工程造价或主材费、设备费的比例计算。凡可回收材料的拆除工程采用以料抵工方式冲抵拆除清理费。

④此项费用不包括已列入建筑安装工程费用中的施工单位临时设施费用。

9)引进技术和引进设备其他费。

①引进项目图纸资料翻译复制费：根据引进项目的具体情况计列或按引进货价(F.O.B)的比例估列；引进项目发生备品备件测绘费时按具体情况估列。

②出国人员费用：依据合同或协议规定的出国人次、期限以及相应的费用标准计算。生活费按照财政部、外交部规定的现行标准计算，旅费按中国民航公布的票价计算。

③来华人员费用：依据引进合同或协议有关条款及来华技术人员派遣计划进行计算。来华人员接待费用可按每人次费用指标计算。引进合同价款中已包括的费用内容不得重复计算。

④银行担保及承诺费：应按担保或承诺协议计取。投资估算和概算编制时可以担保金额或承诺金额为基数乘以费率计算。

⑤引进设备材料的国外运输费、国外运输保险费、关税、增值税、外贸手续费、银行财务费、国内运杂费、引进设备材料国内检验费等，按照引进货价(F.O.B 或 C.I.F)计算后计入相应的设备材料费中。

⑥单独引进软件，不计关税只计增值税。

10)工程保险费。

①不投保的工程不计取此项费用。

②不同的建设项目可根据工程特点选择投保险种，根据投保合同计列保险费用。编制投资估算和概算时可按工程费用的比例估算。

③不包括已列入施工企业管理费中的施工管理用财产、车辆保险费。

11)联合试运转费。

①不发生试运转或试运转收入大于(或等于)费用支出的工程，不列此项费用。

②当联合试运转收入小于试运转支出时：

$$联合试运转费＝联合试运转费用支出－联合试运转收入$$

③联合试运转费不包括应由设备安装工程费用开支的调试及试车费用，以及在试运转中暴露出来的因施工原因或设备缺陷等发生的处理费用。

④试运行期：引进国外设备项目按建设合同中规定的试运行期执行；国内一般性建设项目的试运行期，原则上按照批准的设计文件所规定的期限执行。个别行业的建设项目试运行期需要超过规定试运行期的，应报项目设计文件审批机关批准。试运行期一经确定，各建设单位应严格按照相关规定执行，不得擅自缩短或延长。

12)特殊设备安全监督检验费。按照建设项目所在省、市、自治区安全监察部门的规定标准计算。若无具体规定时，在编制投资估算和概算时可按受检设备现场安装费的比例估算。

13）市政公用设施费。按工程所在地人民政府规定标准计列；不发生或按规定免征项目不计算。

14）专利及专有技术使用费。

①按专利使用许可协议和专有技术使用合同的规定计列。

②专有技术的界定应以省、部级鉴定批准为依据。

③项目投资中只计需在建设期支付的专利及专有技术使用费。协议或合同规定在生产期支付的使用费应在生产成本中核算。

④一次性支付的商标权、商誉及特许经营权费按协议或合同规定计列。协议或合同规定在生产期支付的商标权或特许经营权费应在生产成本中核算。

⑤为项目配套的专用设施投资，包括专用铁路线、专用公路、专用通信设施、变送电站、地下管道、专用码头等，如由项目建设单位负责投资但产权不归属本单位的，应作无形资产处理。

15）生产准备及开办费。

①新建项目按设计定员为基数计算，改建、扩建项目按新增设计定员为基数计算：
$$生产准备费＝设计定员×生产准备费用指标(元/人)$$
②可采用综合的生产准备费用指标进行计算，也可以按费用内容的分类指标计算。

（2）引进工程其他费用中的国外技术人员现场服务费、出国人员旅费和生活费折合人民币列入，用人民币支付的其他几项费用直接列入其他费用中。

（3）预备费包括基本预备费和价差预备费。基本预备费以总概算第一部分"工程费用"和第二部分"其他费用"之和为基数的百分比计算；价差预备费一般按下式计算：

$$P = \sum_{t=1}^{n} I_t \left[(1+f)^m (1+f)^{0.5} (1+f)^{t-1} - 1 \right]$$

式中　P——价差预备费；

　　　n——建设期（年）数；

　　　I_t——建设期第 t 年的投资；

　　　f——投资价格指数；

　　　t——建设期第 t 年；

　　　m——建设前年数（从编制概算到开工建设年数）。

（4）应列入项目概算总投资中的几项费用，具体如下：

1）建设期利息：根据不同的资金来源及利率分别计算。其计算公式为

$$Q = \sum_{j=1}^{n} (P_{j-1} + A_j/2) i$$

式中　Q——建设期利息；

　　　P_{j-1}——建设期第 $j-1$ 年年末贷款累计金额与利息累计金额之和；

　　　A_j——建设期第 j 年的贷款金额；

　　　i——贷款年利率；

　　　n——建设期数。

2）铺底流动资金按国家或行业有关规定计算。

3）固定资产投资方向调节税（暂停征收）。

4．调整概算的编制

（1）设计概算经批准后一般不得调整。由于特殊原因需要调整概算时，应由建设单位调查分析变更原因，报主管部门审批同意后，由原设计单位核实编制调整概算，并按有关审批程序报批。

（2）调整概算的原因包括以下几个方面：

1）超出原设计范围的重大变更。

2）超出基本预备费规定范围不可抗拒的重大自然灾害引起的工程变动和费用增加。

3）超出工程造价调整预备费的国家重大政策性的调整。

（3）已经清楚影响工程概算的主要因素，且工程量完成了一定量后方可进行调整，一个工程只允许调整一次概算。

（4）调整概算编制深度与要求、文件组成及表格形式同原设计概算，调整概算还应对工程概算调整的原因作详尽分析说明，所调整的内容在调整概算总说明中要逐项与原批准概算对比，并编制调整前后概算对比表，分析主要变更原因。

（5）在上报调整概算时，应同时提供有关文件和调整依据。

四、设计概算的编制程序

（1）设计概算编制的有关单位应当一起制定编制原则、方法，以及确定合理的概算投资水平，对设计概算的编制质量、投资水平负责。

（2）项目设计负责人和概算负责人对全部设计概算的质量负责；概算文件编制人员应参与设计方案的讨论；设计人员要树立以经济效益为中心的观念，严格按照批准的工程内容及投资额度设计，提出满足概算文件编制深度的技术资料；概算文件编制人员对投资的合理性负责。

（3）概算文件需经编制单位自审，经建设单位（项目业主）复审，经工程造价主管部门审批。

（4）概算文件的编制与审核人员必须具有国家注册造价工程师资格，或者具有省、市（行业）颁发的造价员资格证，并根据工程项目大小按持证专业承担相应的编审工作。

（5）各造价协会（或者行业）、造价主管部门可根据所主管的工程特点制定概算编制质量的管理办法，并对编制人员采取相应的措施进行考核。

五、设计概算的审核

1．审核方法

（1）全面审核法。全面审核法是指按照全部施工图的要求，结合有关预算定额分项工程中的工程细目，逐一、全部地进行审核的方法。其具体计算方法和审核过程与编制预算的计算方法和编制过程基本相同。

全面审核法的优点是全面、细致，所审核过的工程预算质量高、差错比较少；缺点是工作量太大。全面审核法一般适用于一些工程量较小、工艺比较简单、编制工程预算力量较薄弱的设计单位所承包的工程。

（2）重点审核法。抓住工程预算中的重点进行审核的方法称为重点审核法。一般情况下，重点审核法的内容如下：

1)选择工程量大或造价较高的项目进行重点审核。

2)对补充单价进行重点审核。

3)对计取的各项费用的费用标准和计算方法进行重点审核。

重点审核工程预算的方法应灵活掌握。例如，在重点审核中，如发现问题较多，应扩大审核范围；反之，如没有发现问题，或者发现的差错很小，应考虑适当缩小审核范围。

（3）经验审核法。经验审核法是指监理工程师根据以前的实践经验，审核容易发生差错的那部分工程细目的方法。例如，土方工程中的平整场地和余土外运、土壤分类等；基础工程中的基础垫层、砌砖、砌石基础，钢筋混凝土组合柱，基础圈梁、室内暖沟盖板等，都是较容易出错的地方，应重点加以审核。

（4）分解对比审核法。将一个单位工程按直接费与间接费进行分解，然后再将直接费按工种工程和分部工程进行分解，分别与审定的标准图预算进行对比分析的方法，称为分解对比审核法。

分解对比审核法是把拟审的预算造价与同类型的定型标准施工图或复用施工图的工程预算造价相比较，如果出入不大，就可以认为本工程预算问题不大，不再审核；如果出入较大，例如，超过或少于已审定的标准设计施工图预算造价的 1% 或 3% 以上（根据本地区要求），再按分部分项工程进行分解，边分解边对比，哪里出入较大，就进一步审核那一部分工程项目的预算价格。

2. 审核步骤

设计概算审核是一项复杂而细致的技术经济工作，审核人员既应懂得有关专业技术知识，又应具有熟练编制概算的能力。一般情况下，可按以下步骤进行：

（1）概算审核的准备。概算审核的准备工作包括了解设计概算的内容组成、编制依据和方法；了解建设规模、设计能力和工艺流程；熟悉设计图纸和说明书，掌握概算费用的构成和有关技术经济指标；明确概算各种表格的内涵；收集概算定额、概算指标、取费标准等有关规定的文件资料等。

（2）进行概算审核。根据审核的主要内容，分别对设计概算的编制依据、单位工程设计概算、综合概算、总概算进行逐级审核。

（3）进行技术经济对比分析。利用规定的概算定额或指标以及有关技术经济指标与设计概算进行分析对比，根据设计和概算列明的工程性质、结构类型、建设条件、费用构成、投资比例、占地面积、生产规模、设备数量、造价指标、劳动定员等与国内外同类型工程规模进行对比分析，从大的方面找出和同类型工程的距离，为审核提供线索。

（4）研究、定案、调整概算。对概算审核中出现的问题要在对比分析、找出差距的基础上深入现场进行实际调查研究。了解设计经济是否合理、概算编制依据是否符合现行规定和施工现场实际、有无扩大规模、多估投资或预留缺口等情况，并及时核实概算投资。对于当地没有同类型的项目而不能进行对比分析时，可向国内同类型企业进行调查，收集资料，作为审核的参考。经过会审决定的定案问题应及时调整概算，并经原批准单位下发文件。

第四节　建设工程施工图预算

一、施工图预算的编制依据

（1）各专业设计施工图和文字说明、工程地质勘察资料。

（2）当地和主管部门颁布的现行建筑工程和专业安装工程预算定额（基础定额）、单位估价表、地区资料、构配件预算价格（或市场价格）、间接费用定额和有关费用规定等文件。

（3）现行的有关设备原价（出厂价或市场价）及运杂费费率。

（4）现行的有关其他费用定额、指标和价格。

（5）建设场地中的自然条件和施工条件，并据以确定的施工方案或施工组织设计。

二、施工图预算的编制方法

1. 工料单价法

工料单价法是指分部分项工程量的单价为人工费、材料费、施工机具使用费之和，以人工、材料、机械的消耗量及其相应价格确定。企业管理费、利润、税金按照有关规定另行计算。

（1）传统施工图预算使用工料单价法。其计算步骤如下：

1）准备资料，熟悉施工图。准备的资料包括施工组织设计、预算定额、工程量计算标准、取费标准和地区材料预算价格等。

2）计算工程量。第一，根据工程内容和定额项目，列出分项工程目录；第二，根据计算顺序和计算规划，列出计算式；第三，根据图纸上的设计尺寸及有关数据，代入计算式进行计算；第四，对计算结果进行整理，使之与定额中要求的计量单位保持一致，并予以核对。

3）套工料单价。在核对计算结果后，按单位工程施工图预算直接费计算公式求得单位工程人工费、材料费和机械使用费之和。同时，应注意以下几项内容：

①分项工程的名称、规格、计量单位必须与预算定额工料单价或单位计价表中所列内容完全一致，以防重套、漏套或错套工料单价而产生偏差；

②进行局部换算或调整时，换算指定额中已计价的主要材料品种不同而进行的换价，一般不调量；调整指施工工艺条件不同而对人工、机械数量的增减，一般调量不换价；

③若分项工程不能直接套用定额、不能换算和调整，则应编制补充单位计价表；

④定额说明允许换算与调整以外部分不得任意修改。

4）编制工料分析表。根据各分部分项工程项目实物工程量和预算定额中项目所列的用工及材料数量，计算各分部分项工程所需人工及材料数量，汇总后算出该单位工程所需各类人工、材料的数量。

5）计算并汇总造价。根据规定的税率、费率和相应的计取基础，分别计算企业管理费、利润、税金等。将上述费用累计后进行汇总，求出单位工程预算造价。

6）复核。对项目填列、工程量计算公式、计算结果、套用的单价、采用的各项取费费率、数字计算、数据精确度等进行全面复核，以便及时发现差错和修改，以提高预算的准确性。

7）填写封面、编制说明。封面应写明工程编号、工程名称、工程量、预算总造价和单方造价、编制单位名称、负责人和编制日期以及审核单位的名称、负责人和审核日期等。编制说明主要应写明预算所包括的工程内容范围、依据的图纸编号、承包企业的等级和承包方式、有关部门现行的调价文件号、套用单价需要补充说明的问题及其他需说明的问题等。

在编制施工图预算时需要特别注意，所用的工程量和人工、材料量是统一的计算方法和基础定额；所用的单价是地区性的(定额、价格信息、价格指数和调价方法)。由于在市场条件下价格是变动的，要特别重视定额价格的调整。

(2)实物法编制施工图预算的步骤。其编制步骤如下：

1)准备资料，熟悉施工图纸。

2)计算工程量。

3)套基础定额，计算人工、材料、机械数量。

4)根据当时当地的人工、材料、机械单价，计算并汇总人工费、材料费、施工机具使用费，得出单位工程人工费、材料费、施工机具使用费。

5)计算企业管理费、利润和税金，并进行汇总，得出单位工程造价(价格)。

6)复核。

7)填写封面、编写说明。

从上述步骤可见，实物法与定额单价法不同，实物法的关键是第3)步和第4)步，尤其是第4)步，使用的单价已不是定额中的单价了，而是在由当地工程价格权威部门(主管部门或专业协会)定期发布价格信息和价格指数的基础上，自行确定的人工单价、材料单价、施工机械台班单价。这样便不会使工程价格脱离实际，并为价格的调整减少许多麻烦。

2.综合单价法

综合单价法是指分部分项工程量的单价为全费用单价，既包括人工费、材料费、施工机具使用费、企业管理费、利润(酬金)、税金，也包括合同约定的所有工料价格变化风险等一切费用，它是一种国际上通行的计价方式。综合单价法按其所包含项目工作的内容及工程计量方法的不同，又可分为以下三种表达形式：

(1)参照现行预算定额(或基础定额)对应子目所约定的工作内容、计算规则进行报价。

(2)按招标文件约定的工程量计算规则，以及按技术规范规定的每一分部分项工程所包括的工作内容进行报价。

(3)由投标者依据招标图纸、技术规范，按其计价习惯自主报价，即工程量的计算方法和投标价的确定，均由投标者根据自身情况决定。

按照《建设工程工程量清单计价规范》(GB 50500—2013)的规定，综合单价是由分项工程的人工费、材料费、施工机具使用费、企业管理费、利润和税金组成的，而人工费、材料费、施工机具使用费是以人工、材料、机械的消耗量及相应价格与措施费确定的。因此，计价顺序如下：

1)准备资料，熟悉施工图纸。

2)划分项目，按统一规定计算工程量。

3)计算人工、材料和机械数量。

4)套综合单价，计算各分项工程造价。

5)汇总得分部工程造价。

6)各分部工程造价汇总得单位工程造价。

7)复核。

8)填写封面、编写说明。

"综合单价"的产生是使用该方法的关键。显然编制全国统一的综合单价是不现实或不可能的，而由地区编制较为可行。理想的是由企业编制"企业定额"产生综合单价。由于在每个分项工程上确定利润和税金比较困难，故可以编制含有人工费、材料费、施工机具使用费、企业管理费的综合单价，待求出单位工程总的人工费、材料费、施工机具使用费、企业管理费的综合单价后，再统一计算单位工程的利润和税金，汇总得出单位工程的造价。《建设工程工程量清单计价规范》(GB 50500—2013)中规定的造价计算方法，就是根据实物计算法原理编制的。

三、施工图预算的审核

1. 施工图预算的审核方法

(1)逐项审核法。逐项审核法又称全面审核法，即按定额顺序或施工顺序，对各分项工程中的工程细目逐项、全面、详细审核的一种方法。其优点是全面、细致，审核质量高、效果好；缺点是工作量大，时间较长。此方法适用于一些工程量较小、工艺比较简单的工程。

(2)标准预算审核法。标准预算审核法就是对利用标准图纸或通用图纸施工的工程，先集中力量编制标准预算，以此为准来审核工程预算的一种方法。按标准设计图纸或通用图纸施工的工程，一般上部结构和做法相同，只是根据现场施工条件或地质情况的不同，仅对基础部分做局部改变。凡是这样的工程，以标准预算为准，对局部修改部分单独审核即可，无须逐一、详细审核。该方法的优点是时间短、效果好、易定案；缺点是适用范围小，仅适用于采用标准图纸的工程。

(3)分组计算审核法。分组计算审核法就是把预算中有关项目按类别划分若干组，利用同组中的一组数据审核分项工程量的一种方法。此方法首先将若干分部分项工程按相邻且有一定内在联系的项目进行编组，利用同组分项工程间具有相同或相近计算基数的关系，审核一个分项工程数量，由此判断同组中其他几个分项工程的准确程度。该方法的特点是审核速度快，工作量小。

(4)对比审核法。对比审核法是当工程条件相同时，用已完工程的预算或未完但已经过审核修正的工程预算对比审核拟建工程的同类工程预算的一种方法。

(5)"筛选"审核法。"筛选"审核法是能较快发现问题的一种方法。虽然建筑工程的面积和高度不同，但其各分部分项工程的单位建筑面积指标变化却不大。将这样的分部分项工程加以汇集、优选，找出其单位建筑面积工程量、单价、用工的基本数值，归纳为工程量、价格、用工三个单方基本指标，并注明基本指标的适用范围。这些基本指标用来筛分各分部分项工程，对不符合条件的应进行详细审核，若审核对象的预算标准与基本指标的标准不符，则应对其进行调整。"筛选"审核法的优点是简单易懂、便于掌握、审核速度快、便于发现问题。但问题出现的原因仍需继续审核。该方法适用于审核住宅工程或不具备全面审核条件的工程。

(6)重点审核法。重点审核法就是抓住工程预算中的重点进行审核的方法。审核的重点一般是工程量大或者造价较高的各种工程、补充定额、计取的各项费用(计取基础、取费标准)等。重点审核法的优点是突出重点、审核时间短、效果好。

2. 施工图预算的审核步骤

(1)做好审核前的准备工作。

1)熟悉施工图纸。施工图纸是编制预算分项工程数量的重要依据，必须全面熟悉了解。一是核对所有的图纸，清点无误后，依次识读；二是参加技术交底，解决图纸中的疑难问题，直至完全掌握图纸。

2)了解预算包括的范围。根据预算编制说明，了解预算包括的工程内容。例如，配套设施、室外管线、道路以及会审图纸后的设计变更等。

3)明确编制预算采用的单位工程估价表。任何单位估价表或预算定额都有一定的适用范围。根据工程性质，搜集、熟悉相应的单价、定额资料，特别是市场材料单价和取费标准等。

(2)选择合适的审核方法，按相应内容审核。由于工程规模、繁简程度不同，施工企业情况也不同，所编工程预算的繁简和质量也不同，因此，需要针对实际情况选择相应的审核方法进行审核。

(3)综合整理审核资料，编制调整预算。经过审核，如发现有差错，需要进行增加或核减的，经与编制单位逐项核实，统一意见后，修正原施工图预算，汇总核减量。

第五节 工程结算

一、工程价款的主要结算方式

我国现行工程价款结算根据不同情况，可采取多种方式。

1. 按月结算

实行旬末或月中预支，月终结算，竣工后清算的方法。跨年度竣工的工程，在年终应进行工程盘点，办理年度结算。在我国现行建筑安装工程价款结算中，相当一部分是实行这种按月结算。

2. 分段结算

分段结算即当年开工、当年不能竣工的单项工程或单位工程按照工程形象进度，划分不同阶段进行结算。分段结算可以按月预支工程款。分段的划分标准，由各部门、自治区、直辖市、计划单列市规定。

3. 竣工后一次结算

建设项目或单项工程全部建筑安装工程建设期在 12 个月以内，或者工程承包合同价值在 100 万元以下的，可以实行工程价款每月月中预支，竣工后一次结算。

4. 目标结算

目标结算即在工程合同中，将承包工程的内容分解成不同的控制界面，以业主验收控制界面作为支付工程价款的前提条件。换而言之，将合同中的工程内容分解成不同的验收单元，当承包商完成单元工程内容并经业主(或其委托人)验收后，业主支付构成单元工程内容的工程价款。

在目标结款方式下，承包商要想获得工程价款，必须按照合同约定的质量标准完成界面内的工程内容；要想尽早获得工程价款，承包商必须充分发挥自己组织实施的能力，在保证质量的前提下，加快施工进度。这意味着承包商拖延工期，则业主推迟付款，增加了承包商的财务费用、运营成本，降低了承包商的收益，客观上使承包商因延迟工期而遭受损失。同样，当承包商积极组织施工，提前完成控制界面内的工程内容，则承包商可提前获得工程价款，增加承包收益，客观上承包商因提前工期而增加了有效利润。同时，因承包商在界面内质量达不到合同约定的标准而业主不予验收，承包商也会因此而遭受损失。可见，目标结款方式实质上是运用合同手段、财务手段对工程的完成进行主动控制。

另外，在目标结款方式中，应明确描述对控制界面的设定，便于量化和质量控制，同时，要适应项目资金的供应周期和支付频率。

二、工程预付款的支付

施工企业承包工程，一般都实行包工包料，这就需要有一定数量的备料周转金。在工程承包合同条款中，一般要明文规定发包单位(甲方)在开工前拨付给承包单位(乙方)一定限额的工程预付备料款。此预付款构成施工企业为该承包工程项目储备主要材料、结构件所需的流动资金。

按照我国有关规定，若实行工程预付款，双方应当在专用条款内约定发包方向承包方预付工程款的时间和数额，开工后按约定的时间和比例逐次扣回。预付时间应不迟于约定的开工日期前 7 天。发包方不按约定预付，承包方在约定预付时间 7 天后向发包方发出要求预付的通知，发包方收到通知后仍不能按要求预付，承包方可在发出通知后 7 天停止施工，发包方应从约定应付之日起向承包方支付应付款的贷款利息，并承担违约责任。

工程预付款仅用于承包方支付施工开始时与本工程有关的动员费用。如承包方滥用此款，发包方有权力收回。在承包方向发包方提交金额等于预付款数额(发包方认可的银行开出)的银行保函后，发包方按规定的金额和规定的时间向承包方支付预付款，在发包方全部扣回预付款之前，该银行保函将一直有效。当预付款被发包方扣回时，银行保函金额相应递减。

1. 工程预付款的限额

工程预付款额度在各地区、各部门的规定不完全相同，主要是保证施工所需材料和构件的正常储备。一般是根据施工工期、建安工作量、主要材料和构件费用占建安工作量的比例以及材料储备周期等因素经测算来确定。

(1)在合同条件中约定。发包人根据工程的特点、工期的长短、市场的行情、供求的规律等因素，招标时在合同条件中约定工程预付款的百分比。

(2)公式计算法。公式计算法是根据主要材料(含结构件等)占年度承包工程总价的比重、材料储备定额天数和年度施工天数等因素，通过公式计算预付备料款额度的一种方法。其计算公式为

$$工程预付款数额 = \frac{工程总价 \times 材料比重(\%)}{年度施工天数} \times 材料储备定额天数$$

$$工程预付款比率 = \frac{工程预付款数额}{工程总价} \times 100\%$$

式中，年度施工天数按 365 日历天计算；材料储备定额天数由当地材料供应的在途天数、加工天数、整理天数、供应间隔天数、保险天数等因素决定。

2. 工程预付款的扣回

发包单位拨付给承包单位的预付款属于预支性质，在工程实施后，随着工程所需主要材料储备的逐步减少，应以抵充工程价款的方式陆续扣回。扣款的方法如下：

(1)可以从未施工工程所需的主要材料及构件的价值相当于预付款数额时起扣，从每次结算工程价款中，按材料比重扣抵工程价款，在竣工前全部扣清。其基本表达公式为

$$T = P - \frac{M}{N}$$

式中　T——起扣点，即预付备料款开始扣回时的累计完成工作量金额；

　　　M——预付款限额；

N——主要材料所占比重；

P——承包工程价款总额。

（2）扣款的方法也可以在承包方完成金额累计达到合同总价的一定比例后，由承包方开始向发包方还款，发包方从每次应付给承包方的金额中扣回工程预付款，发包方至少在合同规定的完工期前将工程预付款的总计金额逐次扣回。

实际经济活动中的情况比较复杂。有些工程工期较短，就无须分期扣回；有些工程工期较长，如跨年度施工，预付款可以不扣或少扣，并于次年按应预付款调整，多退少补。具体地说，跨年度工程，预计次年承包工程价值大于或相当于当年承包工程价值时，可以不扣回当年的预付款；如小于当年承包工程价值，则应按实际承包工程价值进行调整，在当年扣回部分预付款，并将未扣回部分转入次年，直到竣工年度，再按上述办法扣回。

三、工程进度款的支付

1. 工程进度款的组成

财政部制定的《企业会计准则——建造合同》中对合同收入的组成内容进行了解释。合同收入包括以下两部分内容：

（1）合同中规定的初始收入，即建造承包商与客户在双方签订的合同中最初商定的合同总金额，它构成了合同收入的基本内容。

（2）因合同变更、索赔、奖励等构成的收入，这部分收入并不构成合同双方在签订合同时已在合同中商定的合同总金额，而是在执行合同过程中由于合同变更、索赔、奖励等原因而形成的追加收入。

施工企业在结算工程价款时，应计算已完工程的工程价款。由于合同中的工程造价是施工企业在工程投标时中标的标函中的标价，故往往在施工图预算的工程预算价值上下浮动。因此，已完工程的工程价款，不能根据施工图预算中的工程预算价值计算，只能根据合同中的工程造价计算。为了简化计算手续，可先计算合同工程造价与工程预算成本的比率，再根据这个比率乘以已完工程的预算成本，算得已完工程价款。其计算公式如下：

$$\frac{某项工程已}{完工程价款} = \frac{该项工程已完}{工程预算成本} \times \frac{该项工程合同造价}{该项工程预算成本}$$

式中，该项工程预算成本为该项工程施工图预算中的总预算成本；该项工程已完工程预算成本是根据实际完成工程量与相应的预算（直接费）单价和间接费用定额算得的预算成本。如预算中间接费用定额包括管理费用和财务费用，要先将间接费用定额中的管理费用和财务费用调整出来。

至于合同变更收入，包括因发包单位改变合同规定的工程内容或因合同规定的施工条件变动等原因，调整工程造价而形成的工程结算收入。

索赔款是因发包单位或第三方的原因造成、由施工企业向发包单位或第三方收取的用于补偿不包括在合同造价中的成本的款项。

奖励款是指工程达到或超过规定的标准时，发包单位同意支付给施工企业的额外款项。

2. 工程进度款的计算

工程进度款的计算，主要涉及两个方面：一是工程量的确认；二是单价的计算方法。

（1）工程量的确认。根据有关规定，工程量的确认应做到以下内容：

1)承包方应按约定时间，向工程师提交已完工程量的报告。工程师接到报告后 7 天内按设计图纸核实已完工程量(以下称计量)，并在计量前 24 h 通知承包方，承包方为计量提供便利条件并派人参加。如承包方不参加计量，发包方自行进行，计量结果有效，作为工程价款支付的依据。

2)工程师收到承包方报告后 7 天内未进行计量的，从第 8 天起，承包方报告中开列的工程量即视为已被确认，作为工程价款支付的依据。工程师不按约定时间通知承包方，使承包方不能参加计量，则计量结果无效。

3)工程师对承包方超出设计图纸范围和(或)因自身原因造成返工的工程量，不予计量。

(2)单价的计算方法。单价的计算方法，主要根据由发包人和承包人事先约定的工程价格的计价方法决定。目前，我国工程价格的计价方法可以分为工料单价和综合单价两种方法。所谓工料单价法是指单位工程分部分项的单价为直接成本单价，按现行计价定额的人工、材料、机械的消耗量及其预算价格确定，其他直接成本、间接成本、利润、税金等按现行计算方法计算；所谓综合单价法是指单位工程分部分项工程量的单价是全部费用单价，既包括直接成本，也包括间接成本、利润、税金等一切费用。二者在选择时，既可采取可调价格的方式，即工程价格在实施期间可随价格变化而调整，也可采取固定价格的方式，即工程价格在实施期间不因价格变化而调整，在工程价格中，已考虑价格风险因素并在合同中明确固定价格所包括的内容和范围。实践中采用较多的是可调工料单价法和固定综合单价法。

1)工程价格的计价方法。可调工料单价法和固定综合单价法在分项编号、项目名称、计量单位、工程量计算等方面是一致的，都可按照国家或地区的单位工程分部分项进行划分、排列，包含了统一的工作内容，使用统一的计量单位和工程量计算规则。所不同的是，可调工料单价法将工、料、机再配上预算价作为直接成本单价，其他直接成本、间接成本、利润、税金分别计算；因为价格是可调的，其材料等费用在竣工结算时按工程造价管理机构公布的竣工调价系数或按主材计算差价或主材用抽料法计算，次要材料按系数计算差价进行调整。固定综合单价法是包含了风险费用在内的全费用单价，故不受时间价值的影响。由于两种计价方法不同，因此，工程进度款的计算方法也不同。

2)工程进度款的计算。当采用可调工料单价法计算工程进度款时，在确定已完工程量后，可按以下步骤计算工程进度款：

①根据已完工程量的项目名称、分项编号、单价得出合价。

②将本月所完成的全部项目的合价相加，得出直接费小计。

③按规定计算措施费、间接费和利润。

④按规定计算主材差价或差价系数。

⑤按规定计算税金。

⑥累计本月应收工程进度款。

3. 工程进度款的支付程序

施工企业在施工过程中，按逐月(或形象进度，或控制界面等)完成的工程数量计算各项费用，向建设单位办理工程进度款的支付。

以按月结算为例，现行的中间结算办法是，施工企业在旬末或月中向建设单位提出预支工程款账单，预支一旬或半月的工程款，月终再提出工程款结算账单和已完工程月报表，收取当月工程价款，并通过银行进行结算。按月进行结算，要对现场已施工完毕的工程逐一进行清点，提出后的资料要交监理工程师和建设单位审核签证。为简化手续，多年来采用的办法是以施工企业提出的统计进度月报表为支取工程款的凭证，即通常所称的工程进度款。工程进度款支付的程序如图 3-1 所示。

图 3-1　工程进度款支付的程序

4. 工程进度款的支付规定

（1）工程款（进度款）在双方确认计量结果后的 14 天内，发包方应向承包方支付工程款（进度款）。按约定时间发包方应扣回的预付款，与工程款（进度款）同期结算。

（2）符合规定范围的合同价款的调整，工程变更调整的合同价款及其他条款中约定的追加合同价款，应与工程款（进度款）同期调整支付。

（3）发包方超过约定的支付时间不支付工程款（进度款），承包方可向发包方发出要求付款通知，发包方收到承包方通知后仍不能按要求付款，可与承包方协商签订延期付款协议，经承包方同意后可延期支付。协议须明确延期支付时间和从发包方计量结果确认后第 15 天起计算应付款的贷款利息。

（4）发包方不按合同约定支付工程款（进度款），双方又未达成延期付款协议，导致施工无法进行，承包方可停止施工，由发包方承担违约责任。

（5）工程进度款支付时，要考虑工程保修金的预留，以及在施工过程中发生的安全施工方面的费用、专利技术与特殊工艺涉及的费用、文物和地下障碍物涉及的费用。

四、工程竣工结算的支付

竣工结算是指一个单位工程或单项工程完工，经业主及工程质量监督部门验收合格后，在交付使用前由施工单位根据合同价格和实际发生的增加或减少费用的变化等情况进行编制，并经业主或其委托方签认的，以表达该项工程最终造价为主要内容，作为结算工程价款依据的经济文件。

竣工结算也是在建设项目建筑安装工程中的一项重要经济活动。正确、合理、及时地办理竣工结算，对于贯彻国家的方针、政策、财经制度，加强建设资金管理，合理确定、筹措和控制建设资金，高速优质地完成建设任务，具有十分重要的意义。

工程竣工结算是指施工企业按照合同规定的内容全部完成所承包的工程，经验收质量合格，并符合合同要求之后，向发包单位进行的最终工程价款结算。

竣工结算应符合以下规定：

（1）工程竣工验收报告经发包方认可后 28 天内，承包方向发包方递交竣工结算报告及完整的结算资料，双方按照协议书约定的合同价款及专用条款约定的合同价款调整内容，进行工程竣工结算。

（2）发包方收到承包方递交的竣工结算报告及结算资料后 28 天内进行核实，给予确认或者提出修改意见。发包方确认竣工结算报告后通知经办银行向承包方支付工程竣工结算价款。承包方收到竣工结算价款后 14 天内将竣工工程交付发包方。

（3）发包方收到竣工结算报告及结算资料后 28 天内无正当理由不支付工程竣工结算价款的，从第 29 天起按承包方同期向银行贷款利率支付拖欠工程价款的利息，并承担违约责任。

（4）发包方若在收到竣工结算报告及结算资料后 28 天内不支付工程竣工结算价款，承包方可以催告发包方支付结算价款。发包方在收到竣工结算报告及结算资料后 56 天内仍不支付的，承包方可以与发包方协议将该工程折价，也可以由承包方申请人民法院将该工程依法拍卖，承包方就该工程折价或者拍卖的价款优先受偿。

（5）工程竣工验收报告经发包方认可后 28 天内，承包方未能向发包方递交竣工结算报告及完整的结算资料，造成工程竣工结算不能正常进行或工程竣工结算价款不能及时支付，发包方要求交付工程的，承包方应当交付；发包方不要求交付工程的，承包方应承担保管责任。

（6）发包方和承包方对工程竣工结算价款发生争议时，按争议的约定处理。在实际工作中，当年开工、当年竣工的工程，只需办理一次性结算。跨年度的工程，在年终办理一次年终结算，将未完工程结转到下一年度，此时竣工结算等于各年度结算的总和。

办理工程价款竣工结算的一般公式为

$$\text{竣工结算工程价款} = \text{预算（或概算）或合同价款} + \text{施工过程中预算或合同价款调整数额} - \text{预付及已结算工程价款} - \text{保修金}$$

五、工程款价差的调整

1. 工程款价差的调整范围

工程造价价差是指建设工程所需的人工、设备、材料费等，因价格变化对工程造价产生的变化值。其调整范围包括建筑安装工程费、设备及工器具购置费和工程建设其他费用。其中，对建筑安装工程费用中的有关人工费、设备与材料预算价格、施工机械使用费和措施费及间接费的调整规定如下：

（1）建筑安装工程费用中的人工费调整。其应按国家有关劳动工资政策、规定及定额人工费的组成内容调整。

（2）设备、材料预算价格的调整。其应区别不同的供应渠道、价格形式，以及有关主管部门发布的预算价格与执行时间为准进行调整，同时，应扣除必要的设备、材料储备期等因素。

（3）施工机械使用费调整。按规定允许调整的部分（如机械台班费中燃料动力费、人工费、车船使用税及养路费）按有关主管部门规定进行调整。

（4）措施费、间接费的调整。按照国家规定的费用项目内容的要求调整，对于因受物价、税收、收费等变化的影响而使企业费用开支增大的部分，应适时在修订费用定额中予以调整。对于预算价格变动而产生的价差部分，可作为计取措施费和间接费的基数。但因市场价格或实际价格与预算价格发生的价差部分，不应计取各项费用。

2. 工程款价差的调整方法

（1）按实调整法。按实调整法是对工程实际发生的某些材料的实际价格与定额中相应材料预算价格之差进行调整的方法。其计算公式为

$$\text{某材料价差} = \text{某材料实际价格} - \text{定额中该材料预算价格}$$

$$\text{材料价差调整额} = \sum (\text{各种材料价差} \times \text{相应各材料实际用量})$$

（2）价格指数调整法。价格指数调整法是依据当地工程造价管理机构或物价部门公布的当地材料价格指数或价差指数，逐一调整各种材料价格的方法。其计算公式为

$$某材料价格指数 = \frac{某材料当地当时预算价}{某材料定额中取定的预算价}$$

若用价差指数，其计算公式为

$$某材料价差指数 = 某材料价格指数 - 1$$

（3）调价文件计算法。调价文件计算法是甲、乙方采取按当时的预算价格承包，在合同工期内，按照造价管理部门调价文件的规定，进行抽料补差（在同一价格期内按所完成的材料用量乘以价差）。也有的地方定期发布主要材料供应价格和管理价格，对这一时期的工程进行抽料补差。

（4）调值公式法。根据国际惯例，对建设项目工程价款的动态结算，一般是采用此法。事实上，在绝大多数国际工程项目中，甲、乙双方在签订合同时就明确列出这一调值公式，并以此作为价差调整的计算依据。

建筑安装工程费用价格调值公式一般包括固定部分、材料部分和人工部分。但当建筑安装工程的规模和复杂性增大时，公式也变得更为复杂。调值公式法的一般计算公式为

$$P = P_0 \left(a_0 + a_1 \frac{A}{A_0} + a_2 \frac{B}{B_0} + a_3 \frac{C}{C_0} + a_4 \frac{D}{D_0} + \cdots \right)$$

式中　P——调值后合同价款或工程实际结算款；

　　　P_0——合同价款中工程预算进度款；

　　　a_0——固定要素，代表合同支付中不能调整的部分占合同总价中的比重；

　　　a_1，a_2，a_3，$a_4 \cdots$——代表有关各项费用（如人工费用、钢材费用、水泥费用、运输费等）

　　　　　　在合同总价中所占的比重，$a_0 + a_1 + a_2 + a_3 + a_4 + \cdots = 1$；

　　　A_0，B_0，C_0，$D_0 \cdots$——基准日期与 a_1、a_2、a_3、$a_4 \cdots$ 对应的各项费用的基期价格指

　　　　　　数或价格；

　　　A，B，C，$D \cdots$——与特定付款证书有关的期间最后一天的 49 天前与 a_1、a_2、a_3、

　　　　　　$a_4 \cdots$ 对应的各项费用的现行价格指数或价格。

在运用这一调值公式进行工程价款价差调整中要注意以下几点：

1）固定要素通常的取值范围为 0.15～0.35。固定要素对调价的结果影响很大，它与调价余额成反比关系。固定要素相当微小的变化，隐含在实际调价时很大的费用变动中，所以，承包商在调值公式中采用的固定要素取值要尽可能偏小。

2）调值公式中有关的各项费用，按一般国际惯例，只选择用量大、价格高且具有代表性的一些典型人工费和材料费，通常是大宗的水泥、沙石料、钢材、木材、沥青等，并用它们的价格指数变化综合代表材料费的价格变化，以便尽量与实际情况接近。

3）各部分成本的比重系数，在许多招标文件中要求承包方在投标中提出，并在价格分析中予以论证。但也有的是由发包方（业主）在招标文件中即规定一个允许范围，由投标人在此范围内选定。

4）调整有关各项费用要与合同条款的规定相一致。

5）调整有关各项费用应注意地点与时点。地点一般指工程所在地或指定的某地市场价格；时点指的是某月某日的市场价格。这里要确定两个时点价格，即签订合同时间某个时点的市场价格（基础价格）和每次支付前的一定时间的时点价格。这两个时点就是计算调值的依据。

6)确定每个品种的系数和固定要素系数，品种的系数要根据该品种价格对总造价的影响程度而定。各品种系数之和加上固定要素系数应该等于1。

第六节　工程竣工决算

竣工决算是建设工程经济效益的全面反映，是项目法人核定各类新增资产价值、办理其交付使用的依据。通过竣工决算，一方面能够正确反映建设工程的实际造价和投资结果；另一方面可以通过竣工决算与概算、预算的对比分析，考核投资控制的工作成效，总结经验教训，积累技术经济方面的基础资料，提高未来建设工程的投资效益。

一、竣工决算的作用

(1)竣工决算是综合、全面地反映竣工项目建设成果及财务情况的总结性文件，它采用货币指标、实物数量、建设工期和种种技术经济指标，综合、全面地反映建设项目自开始建设到竣工为止的全部建设成果和财物状况。

(2)竣工决算是办理交付使用资产的依据，也是竣工验收报告的重要组成部分。建设单位与使用单位在办理交付资产的验收交接手续时，通过竣工决算反映了交付使用资产的全部价值，包括固定资产、流动资产、无形资产和递延资产的价值。同时，还详细提供了交付使用资产的名称、规格、数量、型号和价值等明细资料，是使用单位确定各项新增资产价值并登记入账的依据。

(3)竣工决算是分析和检查设计概算的执行情况、考核投资效果的依据。

竣工决算反映了竣工项目计划、实际的建设规模、建设工期以及设计和实际的生产能力，也反映了概算总投资和实际的建设成本，同时，还反映了所达到的主要技术经济指标。通过对这些指标计划数、概算数与实际数进行对比分析，不仅可以全面掌握建设项目计划和概算执行情况，而且可以考核建设项目投资的效果，为今后制订基本建设计划、降低建设成本、提高投资效果提供必要的资料。

二、竣工决算的内容

竣工决算是建设工程从筹建到竣工投产全过程中发生的所有实际支出，包括设备及工器具购置费、建筑安装工程费和其他费用等。竣工决算由竣工财务决算报表、竣工财务决算说明书、竣工工程平面示意图、工程造价比较分析四部分组成。其中，竣工财务决算报表和竣工财务决算说明书属于竣工财务决算的内容；竣工财务决算是竣工决算的组成部分，是正确核定新增资产价值、反映竣工项目建设成果的文件，也是办理固定资产交付使用手续的依据。

1.竣工财务决算说明书

竣工财务决算说明书主要反映竣工工程建设成果和经验，是对竣工决算报表进行分析和补充说明的文件，是全面考核分析工程投资与造价的书面总结。其内容主要包括以下几个方面：

(1)建设项目概况，对工程总的评价。一般从进度、质量、安全和造价、施工方面进行分析说明。进度方面主要说明开工和竣工时间，对照合理工期和要求工期分析是提前还是延期；质量方面主要根据竣工验收委员会或相当一级质量监督部门的验收评定等级、合格率和优良品率；安全方面主要根据劳动工资和施工部门的记录，对有无设备和人身事故进行说明；造价方面主要对照概算造价，说明节约还是超支，用金额和百分率进行分析说明。

（2）资金来源及运用等财务分析。其主要包括工程价款结算、会计账务的处理、财产物资情况及债权债务的清偿情况。

（3）基本建设收入、投资包干结余、竣工结余资金的上交分配情况。通过对基本建设投资包干情况的分析，说明投资包干数、实际支用数和节约额、投资包干节余的有机构成和包干节余的分配情况。

（4）各项经济技术指标的分析。概算执行情况分析，根据实际投资完成额与概算进行对比分析；新增生产能力的效益分析，说明支付使用财产占总投资额和支付使用财产的比例，不增加固定资产的造价占投资总额的比例，分析有机构成和成果。

（5）工程建设的经验与项目管理和财务管理工作以及竣工财务决算中有待解决的问题。

（6）需要说明的其他事项。

2. 竣工财务决算报表

建设项目竣工财务决算报表需要根据大、中型建设项目和小型建设项目分别制定。大、中型建设项目竣工决算报表包括：建设项目竣工财务决算审批表，大、中型建设项目概况表，大、中型建设项目竣工财务决算表，大、中型建设项目交付使用资产总表；小型建设项目竣工财务决算报表包括：建设项目竣工财务决算审批表，竣工财务决算总表，建设项目交付使用资产明细表。

（1）建设项目竣工财务决算审批表，见表3-3。该表作为竣工决算上报有关部门审批时使用，其格式是按照中央级小型项目审批要求设计的，地方级项目可按审批要求做适当修改。

表3-3 建设项目竣工财务决算审批表

建设项目法人（建设单位）		建设性质	
建设项目名称		主管部门	
开户银行意见： （盖章） 年 月 日			
专员办审批意见： （盖章） 年 月 日			
主管部门或地方财政部门审批意见： （盖章） 年 月 日			

（2）大、中型建设项目竣工工程概况表，见表3-4。该表综合反映大、中型建设项目的基本概况，内容包括该项目总投资、建设起止时间、新增生产能力、主要材料消耗、建设成本、完成主要工程量和主要技术经济指标及基本建设支出情况，为全面考核和分析投资效果提供依据。

表 3-4　大、中型建设项目竣工工程概况表

建设项目(单项工程)名称			建设地址					项目	概算	实际	主要指标
主要设计单位			主要施工企业				基建支出	建筑安装工程			
占地面积	计划	实际	总投资/万元	设计		实际		设备、工具、器具			
				固定资产	流动资产	固定资产	流动资产	待摊投资 其中:建设单位管理费			
新增生产能力	能力(效益)名称	设计	实际					其他投资			
								待核销基建支出			
建设起、止时间	设计	从　年　月开工至　年　月竣工						非经营项目转出投资			
	实际	从　年　月开工至　年　月竣工						合　计			
设计概算批准文号							主要材料消耗	名称	单位	概算	实际
完成主要工程量	建筑面积/m²	设备(台、套、t)						钢材	t		
	设计	实际	设计	实际				木材	m³		
								水泥	t		
收尾工程	工程内容	投资额	完成时间				主要技术经济指标				

(3)大、中型建设项目竣工财务决算表，见表 3-5。该表反映竣工的大、中型建设项目从开工到竣工为止全部的资金来源和资金运用的情况，它是考核和分析投资效果，落实节余资金，并作为报告上级核销基本建设支出和基本建设拨款的依据。在编制该表前，应先编制出项目竣工年度财务决算，根据编制出的竣工年度财务决算和历年财务决算编制项目的竣工财务决算。此表采用平衡表形式，即资金来源合计等于资金支出合计。

表 3-5　大、中型建设项目竣工财务决算表　　　　　　　　　　　　　　　元

资金来源	金额	资金占用	金额	补充资料
一、基建拨款		一、基本建设支出		1. 基建投资借款期末余额
1. 预算拨款		1. 交付使用资产		
2. 基建基金拨款		2. 在建工程		2. 应收生产单位投资借款期末余额
3. 进口设备转账拨款		3. 待核销基建支出		
4. 器材转账拨款		4. 非经营项目转出投资		3. 基建结余资金
5. 煤代油专用基金拨款		二、应收生产单位投资借款		
6. 自筹资金拨款		三、拨款所属投资借款		
7. 其他拨款		四、器材		

资金来源	金额	资金占用	金额	补充资料
二、项目资本金		其中：待处理器材损失		
1.国家资本		五、货币资金		
2.法人资本		六、预付及应收款		
3.个人资本		七、有价证券		
三、项目资本公积金		八、固定资产		
四、基建借款		固定资产原值		
五、上级拨入投资借款		减：累计折旧		
六、企业债券资金		固定资产净值		
七、待冲基建支出		固定资产清理		
八、应付款		待处理固定资产损失		
九、未交款				
1.未交税金				
2.未交基建收入				
3.未交基建包干节余				
4.其他未交款				
十、上级拨入资金				
十一、留成收入				
合　　计		合　　计		

(4)大、中型建设项目交付使用资产总表，见表3-6。该表反映建设项目建成后新增固定资产、流动资产、无形资产和其他资产价值的情况和价值，作为财产交接、检查投资计划完成情况和分析投资效果的依据。小型项目不编制"交付使用资产总表"，直接编制"交付使用资产明细表"；大、中型项目在编制"交付使用资产总表"的同时，还需编制"交付使用资产明细表"。

表3-6　大、中型建设项目交付使用资产总表　　　　　　　　　　元

单项工程项目名称	总计	固定资产					流动资产	无形资产	其他资产
		建筑工程	安装工程	设备	其他	合计			
1	2	3	4	5	6	7	8	9	10

支付单位盖章　　年　　月　　日　　　　　　　　　　　接收单位盖章　　年　　月　　日

（5）建设项目交付使用资产明细表，见表3-7。该表反映交付使用的固定资产、流动资产、无形资产和其他资产及其价值的明细情况，是办理资产交接和接收单位登记资产账目的依据，是使用单位建立资产明细账和登记新增资产价值的依据。大、中型和小型建设项目均需编制此表。编制时要做到齐全完整、数字准确，各栏目价值应与会计账目中相应科目的数据保持一致。

表 3-7　建设项目交付使用资产明细表

单位工程项目名称	建筑工程			设备、工具、器具、家具					流动资产		无形资产		其他资产	
	结构	面积/m²	价值/元	规格型号	单位	数量	价值/元	设备安装费/元	名称	价值/元	名称	价值/元	名称	价值/元
合计														

支付单位盖章　　年　月　日　　　　　　　　　　　　接收单位盖章　　年　月　日

（6）小型建设项目竣工财务决算总表，见表3-8。由于小型建设项目内容比较简单，因此可将工程概况与财务情况合并，编制一张"竣工财务决算总表"，该表主要反映小型建设项目的全部工程和财务情况。

表 3-8　小型建设项目竣工财务决算总表

建设项目名称			建设地址			资金来源		资金运用	
初步设计概算批准文号						项目	金额/元	项目	金额/元
占地面积	计划	实际	总投资/万元	计划		实际		一、基建拨款 其中：预算拨款		一、交付使用资产	
				固定资产	流动资金	固定资产	流动资金	二、待核销基建支出	
								二、项目资本		三、非经营项目转出投资	
								三、项目资本公积金	
新增生产能力	能力（效益）名称	设计		实际				四、基建借款		四、应收生产单位投资借款	
								五、上级拨入借款	
建设起止时间	计划	从　年　月开工 至　年　月竣工						六、企业债券资金		五、拨付所属投资借款	
	实际	从　年　月开工 至　年　月竣工						七、待冲基建支出		六、器材	

项 目	概算/元	实际/元	八、应付款		七、货币资金	
建筑安装工程			九、未付款 其中：未交基建收入		八、预付及应收款	
设备、工具、器具					九、有价证券	
基建支出　待摊投资 其中：建设单位管理费			未交包干收入		十、原有固定资产	
其他投资			十、上级拨入资金			
待核销基建支出			十一、留成收入			
非经营性项目转出投资						
合　计			合　计		合　计	

三、竣工决算的编制

1. 竣工决算的编制依据

(1)经批准的可行性研究报告及其投资估算。

(2)经批准的初步设计或扩大初步设计及其概算或修正概算。

(3)经批准的施工图设计及其施工图预算。

(4)设计交底或图纸会审纪要。

(5)招标控制价(标底)、承包合同、工程结算资料。

(6)施工记录或施工签证单，以及其他施工中发生的费用记录，如索赔报告与记录、停(交)工报告等。

(7)竣工图及各种竣工验收资料。

(8)历年基建资料、历年财务决算及批复文件。

(9)设备、材料调价文件和调价记录。

(10)有关财务核算制度、办法和其他有关资料、文件等。

2. 竣工决算的编制步骤

(1)收集、整理、分析原始资料。从建设工程开始就按编制依据的要求，收集、清点、整理有关资料，主要包括建设工程档案资料，如设计文件、施工记录、上级批文、概(预)算文件、工程结算的归集整理，财务处理、财产物资的盘点核实及债权债务的清偿，做到账账、账证、账实、账表相符。对各种设备、材料、工具、器具等要逐项盘点核实并填列清单，妥善保管，或按照国家有关规定处理，不准任意侵占和挪用。

(2)对照、核实工程变动情况，重新核实各单位工程、单项工程造价。将竣工资料与原设计图纸进行查对、核实，必要时可实地测量，确认实际变更情况；根据经审定的施工单位竣工结算等原始资料，按照有关规定对原概(预)算进行增减调整，重新核定工程造价。

(3)将审定后的待摊投资、设备及工器具投资、建筑安装工程投资、工程建设其他投资严格划分和核定后，分别计入相应的建设成本栏目内。

(4)编制竣工财务决算说明书，力求内容全面、简明扼要、文字流畅。

(5)填报竣工财务决算报表。

(6)做好工程造价对比分析。

(7)清理、装订好竣工图。

(8)按国家规定上报、审批、存档。

第四章　建设工程工程量清单与计价

第一节　工程量清单

一、工程量清单的概念

工程量清单是载明建设工程分部分项工程项目、措施项目、其他项目的名称和相应数量以及规费、税金项目等内容的明细清单。

工程量清单体现了招标人要求投标人完成的工程及相应的工程数量，全面反映了投标报价的要求，是投标人进行报价的依据，也是招标文件不可分割的一部分。工程量清单的内容应完整、准确，合理的清单项目设置和准确的工程数量是清单计价的前提和基础。对于招标人来讲，工程量清单是进行投资控制的前提和基础，工程量清单编制的质量直接关系和影响到工程建设的最终结果。

二、工程量清单的编制依据

招标工程量清单的内容体现了招标人要求投标人完成的工程项目、工程内容及相应的工程数量。工程量清单的编制依据包括以下几个方面：

（1）《房屋建筑与装饰工程工程量计算规范》(GB 50854—2013)(以下简称"13 计算规范")和《建设工程工程量清单计价规范》(GB 50500—2013)(以下简称"13 计价规范")。

（2）国家或省级、行业建设主管部门颁发的计价依据和办法。

（3）建设工程设计文件。

（4）与建设工程项目有关的标准、规范、技术资料。

（5）拟定招标文件。

（6）施工现场情况、工程特点及常规施工方案。

（7）其他相关资料。

三、工程量清单的编制

1. 分部分项工程项目编制的相关内容

（1）分部分项工程量清单应包括项目编码、项目名称、项目特征、计量单位和工程量。这是构成分部分项工程量清单的 5 个要件，在分部分项工程量清单的组成中缺一不可。

（2）分部分项工程量清单应根据相关工程国家工程量计算规范中附录规定的项目编码、项目名称、项目特征、计量单位和工程量计算规则进行编制。

（3）分部分项工程量清单项目编码栏应根据相关工程国家工程量计算规范项目编码栏内规定的 9 位数字另加 3 位顺序码共 12 位阿拉伯数字填写。各位数字的含义为：一、二位为专业工程代码，房屋建筑与装饰工程为 01，仿古建筑为 02，通用安装工程为 03，市政工程为 04，园林绿化工程为 05，矿山工程为 06，构筑物工程为 07，城市轨道交通工程为 08，爆破工程为 09；三、四位为专业工程附录分类顺序码；五、六位为分部工程顺序码；七、八、九位为分项工程项目名称顺序码；十至十二位为清单项目名称顺序码。

在编制工程量清单时，应注意对项目编码的设置不得有重码，特别是当同一标段

（或合同段）的一份工程量清单中含有多个单项或单位工程且工程量清单是以单项或单位工程为编制对象时，应注意项目编码中的十至十二位的设置不得重码。例如，一个标段（或合同段）的工程量清单中含有三个单项或单位工程，每一单项或单位工程中都有项目特征相同的现浇混凝土矩形梁，在工程量清单中又需反映三个不同单项或单位工程的现浇混凝土矩形梁工程量时，此时工程量清单应以单项或单位工程为编制对象，第一个单项或单位工程的现浇混凝土矩形梁的项目编码为010503002001，第二个单项或单位工程的现浇混凝土矩形梁的项目编码为010503002002，第三个单项或单位工程的现浇混凝土矩形梁的项目编码为010503002003，并分别列出各单项或单位工程现浇混凝土矩形梁的工程量。

（4）分部分项工程量清单项目名称栏应按相关工程国家工程量计算规范的规定，根据拟建工程实际填写。在实际填写过程中，"项目名称"有两种填写方法：一是完全保持相关工程国家工程量计算规范的项目名称不变；二是根据工程实际在工程量计算规范的项目名称下另行确定详细名称。

（5）分部分项工程量清单项目特征栏应按相关工程国家工程量计算规范的规定，根据拟建工程实际进行描述。在对分部分项工程项目清单的项目特征描述时，可按下列要点进行：

1）必须描述的内容。

①涉及正确计量的内容必须描述。如对于门窗若采用"樘"计量，则1樘门或窗有多大，直接关系到门窗的价格，对门窗洞口或框外围尺寸进行描述是十分必要的。

②涉及结构要求的内容必须描述。如混凝土构件的混凝土强度等级，其因混凝土强度等级不同，价格也不同，故必须描述。

③涉及材质要求的内容必须描述。如油漆的品种，是调和漆还是硝基清漆等；管材的材质，是钢管还是塑料管等；还需要对管材的规格、型号进行描述。

④涉及安装方式的内容必须描述。如管道工程中的管道的连接方式就必须描述。

2）可不描述的内容。

①对计量计价没有实质影响的内容可以不描述。如对现浇混凝土柱的高度、断面大小等的特征规定可以不描述，因为混凝土构件是按"m^3"计量，对此描述的实质意义不大。

②应由投标人根据施工方案确定的可以不描述。

③应由投标人根据当地材料和施工要求确定的可以不描述。如对混凝土构件中的混凝土拌合料使用的石子种类及粒径、砂的种类特征规定可以不描述。因为混凝土拌合料使用砾石还是碎石，使用粗砂还是中砂、细砂或特细砂，除构件本身有特殊要求需要指定外，主要取决于工程所在地砂、石子材料的供应情况，至于石子的粒径大小主要取决于钢筋配筋的密度。

④应由施工措施解决的可以不描述。如对现浇混凝土板、梁的标高的特征规定可以不描述。因为同样的板或梁，都可以将其归并在同一个清单项目中，但由于标高的不同，将会导致因楼层的变化对同一项目提出多个清单项目，不同楼层的工效是不一样的，但这样的差异可以由投标人在报价中考虑，或在施工措施中去解决。

3）可不详细描述的内容。

①无法准确描述的可不详细描述。如土壤类别，由于我国幅员辽阔，南北东西差异较大，特别是对于南方来说，在同一地点，由于表层土与表层土以下的土壤，其类别是不相同的，要求清单编制人准确判定某类土壤的所占比例是困难的，在这种情况下，

可考虑将土壤类别描述为合格，注明由投标人根据地勘资料自行确定土壤类别，再决定报价。

②施工图纸、标准图集标注明确的，可不再详细描述。对这些项目可采取详见××图集或××图号的方式，对不能满足项目特征描述要求的部分，仍应用文字描述。由于施工图纸、标准图集是发承包双方都应遵守的技术文件，这样描述可以有效减少在施工过程中对项目理解的不一致。

③有一些项目可不详细描述，但清单编制人在项目特征描述中应注明由投标人自定。如土方工程中的"取土运距""弃土运距"等。首先要求清单编制人决定在多远处取土或取、弃土运往多远是困难的；其次，由投标人根据在建工程施工情况统筹安排，自主决定取、弃土方的运距，可以充分体现竞争的要求。

④如清单项目的项目特征与现行定额中某些项目的规定是一致的，也可采用见×定额项目的方式进行描述。

4)项目特征的描述方式。描述清单项目特征的方式大致可分为"问答式"和"简化式"两种。其中，"问答式"是指清单编写人按照工程计价软件上提供的规范，在要求描述的项目特征上采用答题的方式进行描述，如描述砖基础清单项目特征时，可采用"1. 砖品种、规格、强度等级：页岩标准砖 MU15 240 mm×115 mm×53 mm；2. 砂浆强度等级：M10 水泥砂浆；3. 防潮层种类及厚度：20 mm 厚 1∶2 水泥砂浆(防水粉 5%)。"；"简化式"是对需要描述的项目特征内容根据当地的用语习惯，采用口语化的方式直接表述，省略了规范上的描述要求，如同样在描述砖基础清单项目特征时，可采用"M10 水泥砂浆、MU15 页岩标准砖砌条形基础，20 mm 厚 1∶2 水泥砂浆(防水粉 5%)防潮层"。

(6)分部分项工程量清单的计量单位应按相关工程国家工程量计算规范规定的计量单位填写。有些项目工程量计算规范中有两个或两个以上计量单位，应根据拟建工程项目的实际，选择最适宜表现该项目特征并方便计量的单位。如泥浆护壁成孔灌注桩项目，工程量计算规范以 m³、m 和根三个计量单位表示，此时就应根据工程项目的特点，选择其中一个即可。

(7)"工程量"应按相关工程国家工程量计算规范规定的工程量计算规则计算填写。工程量的有效位数应遵守下列规定：

1)以"t"为单位，应保留小数点后三位小数，第四位小数四舍五入。

2)以"m""m²""m³""kg"为单位，应保留小数点后两位小数，第三位小数四舍五入。

3)以"个""件""根""组""系统"为单位，应取整数。

(8)分部分项工程量清单编制应注意的问题。

1)不能随意设置项目名称，清单项目名称一定要按"13 计算规范"附录的规定设置。

2)正确对项目进行描述，一定要将完成该项目的全部内容完整地体现在清单上，不能有遗漏，以便投标人报价。

2. 措施项目编制的相关内容

措施项目清单是指为完成工程项目施工，发生于该工程施工准备和施工过程中的技术、生活、安全、环境保护等方面的项目。"13 计算规范"中有关措施项目的规定和具体条文比较少。投标人可根据施工组织设计中采取的措施增加项目。

措施项目清单的设置，首先要参考拟建工程的施工组织设计，以确定安全文明施工、材料的二次搬运等项目。其次应参阅施工技术方案，以确定夜间施工增加费、大型机械进出场及安拆费、脚手架工程费等项目。参阅相关的工程施工规范及工程验收规范，可以确定施工技术方案没有表达的，但是为了实现施工规范及工程验收规范的要求而必须发生的技术措施。

(1)措施项目清单应根据拟建工程的实际情况列项。

(2)措施项目中可以计算工程量的项目清单宜采用分部分项工程量清单的方式编制，列出项目编码、项目名称、项目特征、计量单位和工程量计算规则；不能计算工程量的项目清单，以"项"为计量单位。

(3)"13计算规范"将实体性项目划分为分部分项工程量清单，非实体性项目划分为措施项目。所谓非实体性项目，一般来说，其费用的发生和金额的大小与使用时间、施工方法或者两个以上工序相关，与实际完成实体工程量的多少关系不大，典型的是大中型施工机械、文明施工和安全防护、临时设施等。但有的非实体性项目，则是可以计算工程量的项目，典型的建筑工程是混凝土浇筑的模板工程，用分部分项工程量清单的方式采用综合单价，且利于措施费的确定和调整，且利于合同管理。

3. 其他项目编制的相关内容

其他项目清单是指分部分项工程量清单、措施项目清单所包含的内容以外，因招标人的特殊要求而发生的与拟建工程有关的其他费用项目和相应数量的清单。工程建设标准的高低、工程的复杂程度、工程的工期长短、工程的组成内容、发包人对工程的管理要求等都直接影响其他项目清单的具体内容。其他项目清单包括暂列金额、暂估价（包括材料暂估单价、工程设备暂估单价、专业工程暂估价）、计日工、总承包服务费。

(1)暂列金额。暂列金额是招标人在工程量清单中暂定并包括在合同价款中的一笔款项。"13计价规范"中明确规定，暂列金额用于施工合同签订时尚未确定或者不可预见的所需材料、设备、服务的采购，施工中可能发生的工程变更、合同约定调整因素出现时的工程价款调整以及发生的索赔、现场签证确认等的费用。

无论采用何种合同形式，工程造价理想的标准是，一份合同的价格就是其最终的竣工结算价格，或者至少两者应尽可能接近。我国规定对政府投资工程实行概算管理，经项目审批部门批复的设计概算是工程投资控制的刚性指标，即使商业性开发项目也有成本的预先控制问题；否则，无法相对准确预测投资的收益和科学合理地进行投资控制。但由于工程建设自身的特性，决定了工程的设计需要根据工程进展不断地进行优化和调整，业主需求可能会随工程建设进展出现变化，工程建设过程还会存在一些不能预见、不能确定的因素。消化这些因素必然会影响合同价格的调整，暂列金额正是为这类不可避免的价格调整而设立，以便达到合理确定和有效控制工程造价的目标。

(2)暂估价。暂估价是指招标阶段直至签订合同协议时，招标人在招标文件中提供的用于支付必然发生但暂时不能确定价格的材料以及专业工程的金额。暂估价包括材料暂估单价、工程设备暂估单价和专业工程暂估价。暂估价类似于FIDIC合同条款中的Prime Cost Items，在招标阶段预见肯定要发生，只是因为标准不明确或者需要由专业承包人完成，暂时无法确定价格。暂估价数量和拟用项目应当结合工程量清单中的"暂估价表"予以补充说明。

为方便合同管理，需要纳入分部分项工程项目清单综合单价中的暂估价应只是材料费、工程设备费，以方便投标人组价。

专业工程的暂估价一般应是综合暂估价，应当包括除规费和税金外的管理费、利润等取费。当总承包招标时，专业工程的设计深度往往不够，一般需要交由专业设计人设计，出于提高可建造性考虑，国际上一般由专业承包人负责设计，以发挥其专业技能和专业施工经验的优势。这类专业工程交由专业分包人完成是国际工程的良好实践，目前在我国工程建设领域也已经比较普遍。公开透明地合理确定这类暂估价的实际开支金额的最佳途径，就是通过施工总承包人与工程建设项目招标人共同组织的招标。

（3）计日工。计日工是为解决现场发生的零星工作的计价而设立的，其为额外工作和变更的计价提供了一个方便快捷的途径。计日工适用的所谓零星工作一般是指除合同约定外的或者因变更而产生的、工程量清单中没有相应项目的额外工作，尤其是那些时间不允许事先商定价格的额外工作。计日工是以完成零星工作所消耗的人工工时、材料数量、机械台班进行计量，并按照计日工表中填报的适用项目的单价进行计价支付。

（4）总承包服务费。总承包服务费是为了解决招标人在法律、法规允许的条件下进行专业工程发包，以及自行供应材料、设备，并需要总承包人对发包的专业工程提供协调和配合服务，对供应的材料和设备提供收、发和保管服务以及进行施工现场管理时发生，并向总承包人支付的费用。招标人应预计该项费用并按投标人的投标报价向投标人支付该项费用。

4. 规费项目清单的内容

规费是根据省级政府或省级有关权力部门规定必须缴纳的，应计入建筑安装工程造价的费用。根据住房和城乡建设部、财政部"关于印发《建筑安装工程费用项目组成》的通知"（建标〔2013〕44号）的规定，规费作为政府和有关权力部门规定必须缴纳的费用，政府和有关权力部门可根据形势发展的需要，对规费项目进行调整，因此，清单编制人对《建筑安装工程费用项目组成》中未包括的规费项目，在编制规费项目清单时应根据省级政府或省级有关权力部门的规定列项。

规费项目清单应包括以下内容：

（1）社会保险费：养老保险费、失业保险费、医疗保险费、工伤保险费、生育保险费。

（2）住房公积金。

（3）工程排污费。

5. 税金

根据住房和城乡建设部、财政部"关于印发《建筑安装工程费用项目组成》的通知"（建标〔2013〕44号）的规定，如国家税法发生变化，税务部门依据职权增加了税种，应对税金项目清单进行补充。

税金项目清单应按下列内容列项：

（1）增值税。

（2）城市维护建设税。

（3）教育费附加。

（4）地方教育附加。

第二节 工程量清单计价

一、工程量清单计价的一般规定

1. 工程量清单的计价方式

(1)使用国有资金投资的建设工程发承包，必须采用工程量清单计价。

(2)非国有资金投资的建设工程，宜采用工程量清单计价。

(3)不采用工程量清单计价的建设工程，应执行"13 计价规范"中除工程量清单等特有规定外的其他规定。

(4)工程量清单应采用综合单价计价。

(5)措施项目中的安全文明施工费必须按国家或省级、行业住房城乡建设主管部门的规定计算，不得作为竞争性费用。

(6)规费和税金必须按国家或省级、行业住房城乡建设主管部门的规定计算，不得作为竞争性费用。

2. 工程量清单的计价风险

(1)建设工程发承包，必须在招标文件、合同中明确计价的风险内容及其范围，不得采用无限风险、所有风险或类似语句规定计价中的风险内容及范围。

(2)由于下列因素出现而影响合同价款调整的，应由发包人承担：

1)国家法律、法规、规章和政策发生变化。

2)省级或行业建设主管部门发布的人工费调整，但承包人对人工费或人工单价的报价高于发布的除外。

3)由政府定价或政府指导价管理的原材料等价格进行了调整。

(3)招标工程以投标截止日前 28 天、非招标工程以合同签订前 28 天为基准日，其后因国家的法律、法规、规章和政策发生变化引起工程造价增减变化的，应在合同工程原定竣工时间之后，合同价款调增的不予调整，合同价款调减的予以调整。

(4)因非承包人原因导致工期延误的，计划进度日期后续工程的价格，应采用计划进度日期与实际进度日期两者中的较高者。

(5)因承包人原因导致工期延误的，计划进度日期后续工程的价格，应采用计划进度日期与实际进度日期两者中的较低者。

(6)由于市场物价波动影响合同价款的，应由发承包双方合理分摊；当合同中没有约定，发承包双方发生争议时，应按相关规定调整合同价款。

(7)由于承包人使用机械设备、施工技术以及组织管理水平等自身原因造成施工费用增加的，应由承包人全部承担。

(8)当不可抗力发生且影响合同价款时，应按相关规定执行。

招标控制价是招标人根据国家或省级、行业住房城乡建设主管部门颁发的有关计价依据和办法，以及拟定的招标文件和招标工程量清单，结合工程具体情况编制的工程最高投标限价。

二、招标控制价

1. 招标控制价的作用

(1)我国对国有资金投资项目的投资控制实行的是投资概算审批制度,国有资金投资的工程原则上不能超过批准的投资概算。因此,在工程招标发包时,当编制的招标控制价超过批准的概算时,招标人应当将其原概算报审批部门重新审核。

(2)国有资金投资的工程进行招标,根据《招标投标法》的规定,招标人可以设标底。当招标人不设标底时,为有利于客观、合理地评审投标报价及避免哄抬标价和国有资产流失,招标人应编制招标控制价。

(3)国有资金投资的工程,招标人编制并公布的招标控制价相当于招标人的采购预算,同时要求其不能超过批准的概算。因此,招标控制价是招标人在工程招标时能接受投标人报价的最高限价。

2. 招标控制价的编制人员

招标控制价应由具有编制能力的招标人编制或受其委托具有相应资质的工程造价咨询人编制,当招标人不具有编制招标控制价的能力时,可委托具有相应资质的工程造价咨询人编制。工程造价咨询人不得同时接受招标人和投标人对同一工程的招标控制价和投标报价进行编制。

所谓具有相应工程造价咨询资质的工程造价咨询人是指根据《工程造价咨询企业管理办法》的规定,依法取得工程造价咨询企业资质,并在其资质许可的范围内接受招标人的委托,编制招标控制价的工程造价咨询企业,即取得甲级工程造价咨询资质的咨询人可承担各类建设项目的招标控制价编制,取得乙级(包括乙级暂定)工程造价咨询资质的咨询人,则只能承担 5 000 万元以下的招标控制价的编制。

3. 招标控制价的编制依据

招标控制价的编制应根据下列依据进行:

(1)"13 计价规范""13 计算规范"。

(2)国家或省级、行业住房城乡建设主管部门颁发的计价定额和计价办法。

(3)建设工程设计文件及相关资料。

(4)拟定的招标文件及招标工程量清单。

(5)与建设项目相关的标准、规范、技术资料。

(6)施工现场情况、工程特点及常规施工方案。

(7)工程造价管理机构发布的工程造价信息,当工程造价信息没有发布时,参照市场价。

(8)其他的相关资料。

按上述依据进行招标控制价编制,应注意以下事项:

(1)使用的计价标准、计价政策应是国家或省级、行业住房城乡建设主管部门颁布的计价定额和相关政策规定。

(2)采用的材料价格应是工程造价管理机构通过工程造价信息发布的材料单价,工程造价信息未发布材料单价的材料,其材料价格应通过市场调查确定。

(3)国家或省级、行业住房城乡建设主管部门对工程造价计价中费用或费用标准有规定的,应按规定执行。

4. 招标控制价的编制

(1)综合单价中应包括招标文件中划分的、应由投标人承担的风险范围及其费用。招标文件中没有明确的，如是工程造价咨询人编制，应提请招标人明确；如是招标人编制，应予以明确。

(2)分部分项工程和措施项目中的单价项目，应根据拟定的招标文件和招标工程量清单项目中的特征描述及有关要求确定综合单价计算。招标文件中提供了暂估单价的材料，按暂估的单价计入综合单价。

(3)措施项目中的总价项目应根据拟定的招标文件和常规施工方案采用综合单价计价。措施项目中的安全文明施工费必须按国家或省级、行业住房城乡建设主管部门的规定计算，不得作为竞争性费用。

(4)其他项目费应按下列规定计价：

1)暂列金额。暂列金额应按招标工程量清单中列出的金额填写。

2)暂估价。暂估价包括材料暂估单价、工程设备暂估单价和专业工程暂估价。暂估价中的材料、工程设备单价应根据招标工程量清单列出的单价计入综合单价。

3)计日工。计日工包括计日工人工、材料和施工机械。在编制招标控制价时，对计日工中的人工单价和施工机械台班单价应按省级、行业住房城乡建设主管部门或其授权的工程造价管理机构公布的单价计算；材料应按工程造价管理机构发布的工程造价信息中的材料单价计算，工程造价信息未发布材料单价的材料，其价格应按市场调查确定的单价计算。

4)总承包服务费。招标人编制招标控制价时，总承包服务费应根据招标文件中列出的内容和向总承包人提出的要求，按照省级或行业住房城乡建设主管部门的规定或参照下列标准计算：

①招标人仅要求对分包的专业工程进行总承包管理和协调时，按分包的专业工程估算造价的1.5%计算；

②招标人要求对分包的专业工程进行总承包管理和协调，并同时要求提供配合服务时，根据招标文件中列出的配合服务内容和提出的要求，按分包的专业工程估算造价的3%～5%计算；

③招标人自行供应材料的，按招标人供应材料价值的1%计算。

(5)招标控制价的规费和税金必须按国家或省级、行业住房城乡建设主管部门的规定计算。

5. 投诉与处理

(1)投标人经复核认为招标人公布的招标控制价未按照"13 计价规范"的规定进行编制的，应在招标控制价公布后的 5 天内向招标投标监督机构和工程造价管理机构投诉。

(2)投诉人投诉时，应当提交由单位盖章和法定代表人或其委托人签名或盖章的书面投诉书。投诉书应包括下列内容：

1)投诉人与被投诉人的名称、地址及有效联系方式；

2)投诉的招标工程名称、具体事项及理由；

3)投诉依据及有关证明材料；

4)相关的请求及主张。

(3)投诉人不得进行虚假、恶意投诉，阻碍招投标活动的正常进行。

(4)工程造价管理机构在接到投诉书后应在 2 个工作日内进行审查,对有下列情况之一的,不予受理:

1)投诉人不是所投诉招标工程招标文件的收受人;

2)投诉书提交的时间不符合上述第(1)条规定的;

3)投诉书不符合上述第(2)条规定的;

4)投诉事项已进入行政复议或行政诉讼程序的。

(5)工程造价管理机构应在不迟于结束审查的次日将是否受理投诉的决定书面通知投诉人、被投诉人以及负责该工程招标投标监督的招标投标管理机构。

(6)工程造价管理机构受理投诉后,应立即对招标控制价进行复查,组织投诉人、被投诉人或其委托的招标控制价编制人等单位人员对投诉问题逐一进行核对,有关当事人应当予以配合,并应保证所提供资料的真实性。

(7)工程造价管理机构应当在受理投诉的 10 天内完成复查,特殊情况下可适当延长,并作出书面结论通知投诉人、被投诉人及负责该工程招标投标监督的招标投标管理机构。

(8)当招标控制价复查结论与原公布的招标控制价误差大于 $\pm 3\%$ 时,应当责成招标人改正。

(9)招标人根据招标控制价复查结论需要重新公布招标控制价的,其最终公布的时间至招标文件要求提交投标文件截止时间不足 15 天的,应相应延长投标文件的截止时间。

三、投标报价

1. 投标报价编制的一般规定

(1)投标报价应由投标人或受其委托具有相应资质的工程造价咨询人编制。

(2)投标报价中除"13 计价规范"中规定的规费、税金及措施项目清单中的安全文明施工费应按国家或省级、行业住房城乡建设主管部门的规定计价,且不得作为竞争性费用外,其他项目的投标报价应由投标人自主决定。

(3)投标报价不得低于工程成本。《中华人民共和国反不正当竞争法》第十一条规定:"经营者不得以排挤竞争对手为目的,以低于成本的价格销售商品。"《中华人民共和国招标投标法》第四十一条规定:"中标人的投标应当符合下列条件……(二)能够满足招标文件的实质性要求,并且经评审的投标价格最低;但是投标价格低于成本的除外。"《评标委员会和评标方法暂行规定》(国家计委等七部委第 12 号令)第二十一条规定:"在评标过程中,评标委员会发现投标人的报价明显低于其他投标报价或者在设有标底时明显低于标底的,使得其投标报价可能低于其个别成本的,应当要求该投标人作出书面说明并提供相关证明材料。投标人不能合理说明或者不能提供相关证明材料的,由评标委员会认定该投标人以低于成本报价竞标,其投标应作废标处理。"

(4)实行工程量清单招标,招标人在招标文件中提供工程量清单,其目的是使各投标人在投标报价中具有共同的竞争平台。因此,要求投标人在投标报价中填写的工程量清单的项目编码、项目名称、项目特征、计量单位、工程数量必须与招标工程量清单一致。

(5)投标人的投标报价高于招标控制价的应予废标。

2. 投标报价编制的依据

(1)"13 计价规范"。

(2)国家或省级、行业住房城乡建设主管部门颁发的计价办法。

（3）企业定额，国家或省级、行业住房城乡建设主管部门颁发的计价定额和计价方法。

（4）招标文件、招标工程量清单及其补充通知、答疑纪要。

（5）建设工程设计文件及相关资料。

（6）施工现场情况、工程特点及投标时拟定的施工组织设计或施工方案。

（7）与建设项目相关的标准、规范等技术资料。

（8）市场价格信息或工程造价管理机构发布的工程造价的信息。

（9）其他的相关资料。

3. 投标报价的编制

（1）分部分项工程和措施项目中的单价项目，应根据招标文件和招标工程量清单项目中的特征描述确定综合单价计算。分部分项工程和措施项目中的单价项目最主要的是确定综合单价，包括以下几项：

1）确定依据。确定分部分项工程和措施项目中的单价项目综合单价的最重要依据之一是该清单项目的特征描述，投标人投标报价时应依据招标工程量清单项目的特征描述确定清单项目的综合单价。在招标投标过程中，当出现招标工程量清单特征描述与设计图纸不符的情况时，投标人应以招标工程量清单的项目特征描述为准，确定投标报价的综合单价。当施工中施工图纸或设计变更与招标工程量清单项目特征描述不一致时，发承包双方应按实际施工的项目特征依据合同约定重新确定综合单价。

2）材料、工程设备暂估价。招标工程量清单中提供了暂估单价的材料、工程设备，按暂估的单价计入综合单价。

3）风险费用。招标文件中要求投标人承担的风险内容和范围，投标人应考虑计入综合单价。在施工过程中，当出现的风险内容及其范围（幅度）在招标文件规定的范围内时，合同价款不做调整。

（2）由于各投标人拥有的施工装备、技术水平和采用的施工方法有所差异，招标人提出的措施项目清单是根据一般情况确定的，没有考虑不同投标人的"个性"，投标人投标时应根据自身编制的投标施工组织设计或施工方案确定措施项目，对招标人提供的措施项目进行调整。投标人根据投标施工组织设计或施工方案调整和确定的措施项目应通过评标委员会的评审。

1）措施项目中的总价项目应采用综合单价方式报价，包括除规费、税金外的全部费用。

2）措施项目中的安全文明施工费应按照国家或省级、行业住房城乡建设主管部门的规定计算确定。

（3）其他项目费。投标人对其他项目费投标报价应按以下原则进行：

1）暂列金额应按照其他项目清单中列出的金额填写，不得变动；

2）暂估价不得变动和更改。暂估价中的材料必须按照其他项目清单中列出的暂估单价计入综合单价；专业工程暂估价必须按照其他项目清单中列出的金额填写；

3）计日工应按照其他项目清单列出的项目和估算的数量，自主确定各项综合单价并计算费用；

4）总承包服务费应依据招标人在招标文件中列出的分包专业工程内容和供应材料、设备情况，按照招标人提出协调、配合与服务要求和施工现场的管理需要自主确定。

（4）规费和税金。规费和税金应按国家或省级、行业住房城乡建设主管部门的规定计算，不得作为竞争性费用。规费和税金的计取标准是依据有关法律、法规和政策规定制定的，具有强制性。投标人是法律、法规和政策的执行者，不能改变，更不能制定，必须按照法律、法规、政策的有关规定执行。

(5)招标工程量清单与计价表中列明的所有需要填写单价和合价的项目，投标人均应填写且只允许有一个报价。未填写单价和合价的项目，可视为此项费用已包含在已标价工程量清单其他项目的单价和合价之中。当竣工结算时，此项目不得重新组价予以调整。

(6)投标总价。实行工程量清单招标，投标人的投标总价应当与组成工程量清单的分部分项工程费、措施项目费、其他项目费和规费、税金的合计金额相一致，即投标人在投标报价时，不能进行投标总价优惠(或降价、让利)，投标人对招标人的任何优惠(或降价、让利)均应反映在相应清单项目的综合单价中。

四、合同价款约定

1. 合同价款约定的一般规定

(1)实行招标的工程合同价款应在中标通知书发出之日起 30 天内，由发承包双方依据招标文件和中标人的投标文件在书面合同中约定。

合同约定不得违背招标、投标文件中关于工期、造价、质量等方面的实质性内容。招标文件与中标人的投票文件中不一致的地方，应以投标文件为准。

工程合同价款的约定是建设工程合同的主要内容，根据上述有关法律条款的规定，招标工程合同价款的约定应满足以下几个方面的要求：

1)约定的依据要求：招标人为中标的投标人发出的中标通知书；

2)约定的时限要求：自招标人发出中标通知书之日起 30 天内；

3)约定的内容要求：招标文件和中标人的投标文件；

4)合同的形式要求：书面合同。

(2)不实行招标的工程合同价款，应在发承包双方认可的工程价款基础上，由发承包双方在合同中约定。

(3)实行工程量清单计价的工程，应采用单价合同；建设规模较小，技术难度较低，工期较短，且施工图设计已审查批准的建设工程可采用总价合同；紧急抢险、救灾以及施工技术特别复杂的建设工程可采用成本加酬金合同。

2. 合同价款约定的内容

发承包双方应在合同条款中对下列事项进行约定：

(1)预付工程款的数额、支付时间及抵扣方式。

(2)安全文明施工费的支付计划、使用要求等。

(3)工程计量与支付工程进度款的方式、数额及时间。

(4)工程价款的调整因素、方法、程序、支付及时间。

(5)施工索赔与现场签证的程序、金额确认与支付时间。

(6)承担计价风险的内容、范围以及超出约定内容、范围的调整办法。

(7)工程竣工价款结算编制与核对、支付及时间。

(8)工程质量保证金的数额、预留方式及时间。

(9)违约责任以及发生合同价款争议的解决方法及时间。

(10)与履行合同、支付价款有关的其他事项等。

《中华人民共和国建筑法》第十八条规定：建筑工程造价应按照国家有关规定，由发包单位与承包单位在合同中约定。公开招标发包的，其造价的约定，须遵守招标投标法律的规定。依据财政部、住房和城乡建设部印发的《建设工程价款结算暂行办法》（财建〔2004〕369号）第七条的规定，本条规定了发承包双方应在合同中对工程价款进行约定的基本事项。

（1）预付工程款。预付工程款是发包人为解决承包人在施工准备阶段资金周转问题提供的协助。如使用的水泥、钢材等大宗材料，可根据工程具体情况设置工程材料预付款。应在合同中约定预付款数额：可以是绝对数，如 50 万元、100 万元，也可以是额度，如合同金额的 10％、15％等；约定支付时间：如合同签订后一个月支付、开工日前 7 天支付等；约定抵扣方式：如在工程进度款中按比例抵扣；约定违约责任：如不按合同约定支付预付款的利息计算，违约责任等。

（2）安全文明施工费。约定支付计划、使用要求等。

（3）工程计量与进度款支付。应在合同中约定计量时间和方式：可按月计量，如每月 30 日，可按工程形象部位（目标）划分分段计量，如±0.000 以下基础及地下室，主体结构 1～3 层、4～6 层等。进度款支付周期与计量周期保持一致，约定支付时间：如计量后 7 天、10 天支付；约定支付数额：如已完工作量的 70％、80％等；约定违约责任：如不按合同约定支付进度款的利率，违约责任等。

（4）合同价款的调整。约定调整因素：如工程变更后综合单价调整，钢材价格上涨超过投标报价时的 3％，工程造价管理机构发布的人工费调整等；约定调整方法：如结算时一次调整、材料采购时报发包人调整等；约定调整程序：承包人提交调整报告交发包人，由发包人现场代表审核签字等；约定支付时间与工程进度款支付同时进行等。

（5）索赔与现场签证。约定索赔与现场签证的程序：如由承包人提出、发包人现场代表或授权的监理工程师核对等；约定索赔提出时间：如知道索赔事件发生后的 28 天内等；约定核对时间：收到索赔报告后 7 天以内、10 天以内等；约定支付时间：原则上与工程进度款同期支付等。

（6）承担风险。约定风险的内容范围：如全部材料、主要材料等；约定物价变化调整幅度：如铜材、水泥价格涨幅超过投标报价的 3％，其他材料超过投标报价的 5％等。

（7）工程竣工结算。约定承包人在什么时间提交竣工结算书，发包人或其委托的工程造价咨询企业，在什么时间内核对，核对完毕后什么时间内支付等。

（8）工程质量保证金。在合同中约定数额：如合同价款的 3％等；约定预付方式：如竣工结算一次扣清等；约定归还时间：如质量缺陷期退还等。

（9）合同价款争议。约定解决价款争议的办法：是协商还是调解，如调解由哪个机构调解；如在合同中约定仲裁，应标明具体的仲裁机关名称，以免仲裁条款无效、约定诉讼等。

（10）其他事项。需要说明的是，合同中涉及价款的事项较多，能够详细约定的事项应尽可能具体约定，约定的用词应尽可能唯一，如有几种解释，最好对用词进行定义，尽量避免因理解上的歧义造成合同纠纷。

五、工程计量

1. 一般规定

（1）正确的计量是发包人向承包人支付合同价款的前提和依据，无论采用何种计价方式，其工程量必须按照相关工程现行国家计量规范规定的工程量计算规则计算。采用全国统一的工程量计算规则，对于规范工程建设各方的计量计价行为，对有效减少计量争议具有十分重要的意义。

（2）工程计量可选择按月或按工程形象进度分段计量，具体计量周期应在合同中约定。工程量的正确计算是合同价款支付的前提和依据，而选择恰当的计量方式对于正确计量也十分必要。由于工程建设具有投资大、周期长等特点，因此，工程计量以及价款支付是通过"阶段小结、最终结清"来体现的。所谓阶段小结可以时间节点来划分，即按月计量；也可以形象节点来划分，即按工程形象进度分段计量。

按工程形象进度分段计量与按月计量相比，其计量结果更具稳定性，可以简化竣工结算。但应注意工程形象进度分段的时间应与按月计量保持一定关系，不应过长。

（3）因承包人原因造成的超出合同工程范围施工或返工的工程量，发包人不予计量。

（4）成本加酬金合同应按下述"2. 单价合同的计量"的规定计量。

2. 单价合同的计量

（1）工程量必须以承包人完成合同工程应予计量的工程量确定。

（2）招标人提供的招标工程量清单，应当被认为是准确的、完整的。但在实际工程中，难免会出现疏漏，工程建设的特点也决定了难免会出现变更。因此，施工中进行工程计量，当发现招标工程量清单中出现缺项、工程量偏差，或因工程变更引起工程量增减时，应按承包人在履行合同义务中完成的工程量计算。

（3）承包人应当按照合同约定的计量周期和时间向发包人提交当期已完工程量报告。发包人应在收到报告后的 7 天内核实，并将核实计量结果通知承包人。发包人未在约定时间内进行核实的，承包人提交的计量报告中所列的工程量应视为承包人实际完成的工程量。

（4）发包人认为需要进行现场计量核实时，应在计量前 24 小时通知承包人，承包人应为计量提供便利条件并派人参加。当双方均同意核实结果时，双方应在上述记录上签字确认。承包人收到通知后不派人参加计量，视为认可发包人的计量核实结果。发包人不按照约定时间通知承包人，致使承包人未能派人参加计量，则计量核实结果无效。

（5）当承包人认为发包人核实后的计量结果有误时，应在收到计量结果通知后的 7 天内向发包人提出书面意见，并应附上其认为正确的计量结果和详细的计算资料。发包人收到书面意见后，应在 7 天内对承包人的计量结果进行复核后通知承包人。承包人对复核计量结果仍有异议的，按照合同约定的争议解决办法处理。

（6）承包人完成已标价工程量清单中每个项目的工程量并经发包人核实无误后，发承包双方应对每个项目的历次计量报表进行汇总，以核实最终结算工程量，并应在汇总表上签字确认。

3. 总价合同的计量

（1）采用工程量清单方式招标形成的总价合同，其工程量应按照上述"2. 单价合同的计量"的规定计算。

（2）采用经审定批准的施工图纸及其预算方式发包形成的总价合同，除按照工程变更规定的工程量增减外，总价合同各项目的工程量应为承包人用于结算的最终工程量。

（3）总价合同约定的项目计量应以合同工程经审定批准的施工图纸为依据，发承包双方应在合同中约定工程计量的形象目标或时间节点并进行计量。

（4）承包人应在合同约定的每个计量周期内对已完成的工程进行计量，并向发包人提交达到工程形象目标完成的工程量和有关计量资料的报告。

（5）发包人应在收到报告后 7 天内对承包人提交的上述资料进行复核，以确定实际完成的工程量和工程形象目标。对其有异议的，应通知承包人进行共同复核。

六、合同价款调整

1. 一般规定

（1）下列事项（但不限于）发生，发承包双方应当按照合同约定调整合同价款：

1）法律法规变化；

2）工程变更；

3）项目特征不符；

4）工程量清单缺项；

5）工程量偏差；

6）计日工；

7）物价变化；

8）暂估价；

9）不可抗力；

10）提前竣工（赶工补偿）；

11）误期赔偿；

12）索赔；

13）现场签证；

14）暂列金额；

15）发承包双方约定的其他调整事项。

（2）出现合同价款调增事项（不含工程量偏差、计日工、现场签证、索赔）后的 14 天内，承包人应向发包人提交合同价款调增报告并附上相关资料；承包人在 14 天内未提交合同价款调增报告的，应视为承包人对该事项不存在调整价款请求。

（3）出现合同价款调减事项（不含工程量偏差、索赔）后的 14 天内，发包人应向承包人提交合同价款调减报告并附相关资料；发包人在 14 天内未提交合同价款调减报告的，应视为发包人对该事项不存在调整价款请求。

（4）发（承）包人应在收到承（发）包人合同价款调增（减）报告及相关资料之日起 14 天内对其核实，予以确认的应书面通知承（发）包人。当有疑问时，应向承（发）包人提出协商意见。发（承）包人在收到合同价款调增（减）报告之日起 14 天内未确认也未提出协商意见的，应视为承（发）包人提交的合同价款调增（减）报告已被发（承）包人认可。发（承）包人提出协商意见的，承（发）包人应在收到协商意见后的 14 天内对其核实，予以确认的应书面通知发（承）包人。承（发）包人在收到发（承）包人的协商意见后 14 天内既不确认也未提出不同意见的，应视为发（承）包人提出的意见已被承（发）包人认可。

（5）发包人与承包人对合同价款调整的不同意见不能达成一致的，只要对发承包双方履约不产生实质影响，双方应继续履行合同义务，直到其按照合同约定的争议解决方式得到处理。

（6）经发承包双方确认调整的合同价款，作为追加（减）合同价款，应与工程进度款或结算款同期支付。

按照财政部、住房和城乡建设部印发的《建设工程价款结算暂行办法》（财建〔2004〕369 号）第十五条的规定："发包人和承包人要加强施工现场的造价控制，及时对工程合同外的事项如实记录。凡由发承包双方授权的现场代表签字的现场签证以及发承包双方协商确定的索赔等费用，应在工程竣工结算中如实办理，不得因发承包双方现场代表的中途变更而改变其有效性"。

2. 法律法规变化

(1)招标工程以投标截止日前 28 天、非招标工程以合同签订前 28 天为基准日，其后因国家的法律、法规、规章和政策发生变化引起工程造价增减变化的，发承包双方应按照省级或行业住房城乡建设主管部门或其授权的工程造价管理机构据此发布的规定调整合同价款。

在工程建设过程中，发承包双方都是国家法律、法规、规章及政策的执行者。因此，在发承包双方履行合同的过程中，当国家的法律、法规、规章及政策发生变化时，国家或省级、行业住房城乡建设主管部门或其授权的工程造价管理机构据此发布的工程造价调整文件、合同价款应进行相应调整。

(2)因承包人的原因导致工期延误的，按上述第(1)条规定的调整时间，在合同工程原定竣工时间之后，合同价款调增的不予调整，合同价款调减的予以调整。

3. 工程变更

(1)因工程变更引起已标价工程量清单项目或其工程数量发生变化时，应按照下列规定调整：

1)已标价工程量清单中有适用于变更工程项目的，应采用该项目的单价；但当工程变更导致该清单项目的工程数量发生变化，且工程量偏差超过 15% 时，该项目单价应按下述"6. 工程量偏差"中"(2)"的规定调整。

2)已标价工程量清单中没有适用但有类似于变更工程项目的，可在合理范围内参照类似项目的单价。

3)已标价工程量清单中没有适用也没有类似于变更工程项目的，应由承包人根据变更工程资料、计量规则和计价办法、工程造价管理机构发布的信息价格和承包人报价浮动率提出变更工程项目的单价，并应报发包人确认后调整。承包人报价浮动率可按下列公式计算：

招标工程

$$承包人报价浮动率 L=(1-中标价/招标控制价)\times 100\%$$

非招标工程

$$承包人报价浮动率 L=(1-报价/施工图预算)\times 100\%$$

4)已标价工程量清单中没有适用也没有类似于变更工程项目，且工程造价管理机构发布的信息价格缺价的，应由承包人根据变更工程资料、计量规则、计价办法和通过市场调查等取得有合法依据的市场价格提出变更工程项目的单价，并应报发包人确认后调整。

(2)工程变更引起施工方案改变并使措施项目发生变化时，承包人提出调整措施项目费的，应事先将拟实施的方案提交发包人确认，并应详细说明与原方案措施项目相比的变化情况。拟实施的方案经发承包双方确认后执行，并应按照下列规定调整措施项目费：

1)安全文明施工费应按照措施项目实际发生变化的规定计算。

2)采用单价计算的措施项目费应按照实际发生变化的措施项目确定单价。

3)按总价(或系数)计算的措施项目费，按照实际发生变化的措施项目调整，但应考虑承包人报价浮动因素，即调整金额按照实际调整金额乘以承包人报价浮动率计算。

如果承包人未事先将拟实施的方案提交给发包人确认，则应视为工程变更不引起措施项目费的调整或承包人放弃调整措施项目费的权利。

(3)当发包人提出的工程变更因非承包人原因删减了合同中的某项原定工作或工程，致使承包人发生的费用或（和）得到的收益不能被包括在其他已支付或应支付的项目中，也未被包含在任何替代的工作或工程中时，承包人有权提出并应得到合理的费用及利润补偿。

4. 项目特征不符

(1)项目特征是构成清单项目价值的本质特征，单价的高低与其具有必然联系。因此，发包人在招标工程量清单中对项目特征的描述，应被认为是准确和全面的，并且与实际施工要求相符合。承包人应按照发包人提供的招标工程量清单，根据项目特征描述的内容及有关要求实施合同工程，直到项目被改变为止。

(2)承包人应按照发包人提供的设计图纸实施合同工程，若在合同履行期间出现设计图纸（含设计变更）与招标工程量清单任一项目的特征描述不符，且该变化引起该项目工程造价增减变化的情况，应按照实际施工的项目特征，按上述"3. 工程变更"相关内容的规定重新确定相应工程量清单项目的综合单价，并调整合同价款。

5. 工程量清单缺项

(1)合同履行期间，由于招标工程量清单中缺项，新增分部分项工程清单项目的，应按照上述"3. 工程变更"中"(1)"的规定确定单价，并调整合同价款。

(2)新增分部分项工程清单项目后，引起措施项目发生变化的，应按照上述"3. 工程变更"中"(2)"的规定，在承包人提交的实施方案被发包人批准后调整合同价款。

(3)由于招标工程量清单中措施项目缺项，承包人应将新增措施项目实施方案提交发包人批准后，按照上述"3. 工程变更"中"(1)、(2)"的规定调整合同价款。

6. 工程量偏差

施工过程中，由于施工条件、地质水文、工程变更等变化以及招标工程量清单编制人专业水平的差异，往往在合同履行期间，应予计算的工程量与招标工程量清单出现偏差，工程量偏差过大，对综合成本的分摊带来影响，如突然增加太多，仍按原综合单价计价，则对发包人不公平；而突然减少太多，仍按原综合单价计价，则对承包人不公平。并且，这给有经验的承包人的不平衡报价打开了方便之门。因此，为维护合同的公平，对工程量偏差的价款调整作了如下规定：

(1)合同履行期间，当应予计算的实际工程量与招标工程量清单出现偏差，且符合下面(2)、(3)条规定时，发承包双方应调整合同价款。

(2)对于任一招标工程量清单项目，当因规定的工程量偏差和本节规定的工程变更等原因导致工程量偏差超过15％时，可进行调整。当工程量增加15％以上时，增加部分的工程量的综合单价应予调低；当工程量减少15％以上时，减少后剩余部分的工程量的综合单价应予调高。

(3)当工程量出现变化，且该变化引起相关措施项目相应发生变化时，按系数或单一总价方式计价的，工程量增加的措施项目费调增，工程量减少的措施项目费调减。

调整可参考以下公式：

1)当 $Q_1 > 1.15Q_0$ 时：

$$S = 1.15Q_0 \times P_0 + (Q_1 \sim 1.15Q_0) \times P_1$$

2)当 $Q_1 < 0.85Q_0$ 时：

$$S = Q_1 \times P_1$$

式中　S——调整后的某一分部分项工程费结算价；

　　　　Q_1——最终完成的工程量；

　　　　Q_0——招标工程量清单中列出的工程量；

　　　　P_1——按照最终完成工程量重新调整后的综合单价；

　　　　P_0——承包人在工程量清单中填报的综合单价。

采用上述两式的关键是确定新的综合单价，即 P_1。确定的方法有两种：一是发承包双方协商确定；二是与招标控制价相联系，当工程量偏差项目出现承包人在工程量清单中填报的综合单价与发包人招标控制价相应清单项目的综合单价偏差超过 15% 时，工程量偏差项目综合单价的调整可参考以下公式：

当 $P_0 < P_2 \times (1-L) \times (1-15\%)$ 时，该类项目的综合单价 P_1 按照 $P_2 \times (1-L) \times (1-15\%)$ 进行调整。

当 $P_0 > P_2 \times (1+15\%)$ 时，该类项目的综合单价 P_1 按照 $P_2 \times (1+15\%)$ 进行调整。

以上各式中　P_0——承包人在工程量清单中填报的综合单价；

　　　　　　P_2——发包人招标控制价相应项目的综合单价；

　　　　　　L——承包人报价浮动率。

7. 计日工

(1)发包人通知承包人以计日工方式实施的零星工作，承包人应予执行。

(2)采用计日工计价的任何一项变更工作，在该项变更的实施过程中，承包人应按合同约定提交下列报表和有关凭证送发包人复核：

1)工作名称、内容和数量；

2)投入该工作所有人员的姓名、工种、级别和耗用工时；

3)投入该工作的材料名称、类别和数量；

4)投入该工作的施工设备型号、台数和耗用台时；

5)发包人要求提交的其他资料和凭证。

(3)任一计日工项目持续进行时，承包人应在该项工作实施结束后的 24 小时内向发包人提交有计日工记录汇总的现场签证报告一式三份。发包人在收到承包人提交现场签证报告后的 2 天内予以确认并将其中一份返还给承包人，作为计日工计价和支付的依据。发包人逾期未确认也未提出修改意见的，应视为承包人提交的现场签证报告已被发包人认可。

(4)任一计日工项目实施结束后，承包人应按照确认的计日工现场签证报告核实该类项目的工程数量，并应根据核实的工程数量和承包人已标价工程量清单中的计日工单价计算，提出应付价款；已标价工程量清单中没有该类计日工单价的，由发承包双方按上述"3. 工程变更"所规定的商定计日工单价计算。

(5)每个支付期期末，承包人应按照"13 计价规范"中"合同价款期中支付"中的规定向发包人提交本期间所有计日工记录的签证汇总表，并应说明本期间自己认为有权得到的计日工金额，调整合同价款，列入进度款支付。

8. 物价变化

(1)合同履行期间，因人工、材料、工程设备、机械台班价格波动影响合同价款时，应根据合同约定，按"13 计价规范"附录 A 的方法之一调整合同价款。

(2)承包人采购材料和工程设备的，应在合同中约定主要材料、工程设备价格变化的范围或幅度；当没有约定，且材料、工程设备单价变化超过 5%时，超过部分的价格应按照"13 计价规范"附录 A 的方法计算调整材料、工程设备费。

（3）发生合同工程工期延误的，应按照下列规定，确定合同履行期的价格调整：

1）因非承包人原因导致工期延误的，计划进度日期后续工程的价格，应采用计划进度日期与实际进度日期两者的较高者。

2）因承包人原因导致工期延误的，计划进度日期后续工程的价格，应采用计划进度日期与实际进度日期两者中的较低者。

（4）发包人供应材料和工程设备的，不适用上述第（1）、（2）条规定，应由发包人按照实际变化调整，列入合同工程的工程造价内。

9. 暂估价

（1）发包人在招标工程量清单中给定暂估价的材料、工程设备属于依法必须招标的，应由发承包双方以招标的方式选择供应商，确定价格，并应以此为依据取代暂估价，调整合同价款。

（2）发包人在招标工程量清单中给定暂估价的材料、工程设备不属于依法必须招标的，应由承包人按照合同约定采购，经发包人确认单价后取代暂估价，调整合同价款。

（3）发包人在工程量清单中给定暂估价的专业工程不属于依法必须招标的，应按照上述"3. 工程变更"相应内容的规定确定专业工程价款，并应以此为依据取代专业工程暂估价，调整合同价款。

（4）发包人在招标工程量清单中给定暂估价的专业工程，依法必须招标的，应当由发承包双方依法组织招标选择专业分包人，并接受有管辖权的建设工程招投标管理机构的监督，还应符合下列要求：

1）除合同另有约定外，承包人不参加投标的专业工程发包招标，应由承包人作为招标人，但拟定的招标文件、评标工作、评标结果应报送发包人批准。与组织招标工作有关的费用应当被认为已经包括在承包人的签约合同价（投标总报价）中。

2）承包人参加投标的专业工程发包招标，应由发包人作为招标人，与组织招标工作有关的费用由发包人承担。在同等条件下，应优先选择承包人中标。

3）应以专业工程发包中标价为依据取代专业工程暂估价，调整合同价款。

10. 不可抗力

（1）因不可抗力事件导致的人员伤亡、财产损失及费用增加，发承包双方应按下列原则分别承担并调整合同价款和工期：

1）合同工程本身的损害、因工程损害导致第三方人员伤亡和财产损失以及运至施工场地用于施工的材料和待安装的设备的损害，应由发包人承担；

2）发包人、承包人人员伤亡应由其所在单位负责，并应承担相应费用；

3）承包人的施工机械设备损坏及停工损失，应由承包人承担；

4）停工期间，承包人应发包人要求留在施工场地的必要的管理人员及保卫人员的费用应由发包人承担；

5）工程所需清理、修复费用，应由发包人承担。

（2）不可抗力解除后复工的，若不能按期竣工，应合理延长工期。发包人要求赶工的，赶工费用应由发包人承担。

11. 提前竣工(赶工补偿)

(1)招标人应依据相关工程的工期定额合理计算工期，压缩的工期天数不得超过定额工期的 20%，超过者应在招标文件中明示所增加的赶工费用。

(2)发包人要求合同工程提前竣工的，应征得承包人同意后与承包人商定采取加快工程进度的措施，并应修订合同工程进度计划。发包人应承担承包人由此增加的提前竣工(赶工补偿)费用。

(3)发承包双方应在合同中约定提前竣工每日历天应补偿额度，此项费用应作为增加合同价款列入竣工结算文件中，与结算款一并支付。

(4)赶工费用主要包括：①人工费的增加，例如，新增加投入人工的报酬、不经济使用人工的补贴等；②材料费的增加，例如，可能造成不经济使用材料而损耗过大及材料提前交货可能增加的费用、材料运输费的增加等；③机械费的增加，例如，可能增加机械设备投入及不经济的使用机械等。

12. 误期赔偿

(1)承包人未按照合同约定施工，导致实际进度迟于计划进度的，承包人应加快进度，实现合同工期。

合同工程发生误期，承包人应赔偿发包人由此造成的损失，并应按照合同约定向发包人支付误期赔偿费。即使承包人支付误期赔偿费，也不能免除承包人按照合同约定应承担的任何责任和应履行的任何义务。

(2)发承包双方应在合同中约定误期赔偿费，并应明确每日历天应赔额度。误期赔偿费应列入竣工结算文件中，并应在结算款中扣除。

(3)在工程竣工之前，合同工程内的某单项(位)工程已通过了竣工验收，且该单项(位)工程接收证书中表明的竣工日期并未延误，而是合同工程的其他部分产生了工期延误时，误期赔偿费应按照已颁发工程接收证书的单项(位)工程造价占合同价款的比例幅度予以扣减。

为了保证工程质量，承包人除根据标准规范、施工图纸进行施工外，还应当按照科学合理的施工组织设计，按部就班地进行施工作业。因为有些施工流程必须有一定的时间间隔，例如，现浇混凝土必须有一定时间的养护才能进行下一个工序、刷油漆必须等上道工序所刮腻子干燥后方可进行等。所以，《建设工程质量管理条例》第十条规定："建设工程发包单位不得迫使承包方以低于成本的价格竞标，不得任意压缩合理工期"。

13. 索赔

(1)建设工程施工中的索赔是发承包双方行使正当权利的行为，承包人可向发包人索赔，发包人也可向承包人索赔。规定索赔的三要素：一是正当的索赔理由；二是有效的索赔证据；三是在合同约定的时间内提出。

任何索赔事件确立的前提条件是必须有正当的索赔理由。对正当索赔理由的说明必须具有证据。因为进行索赔主要是靠证据说话，没有证据或证据不足，索赔是难以成功的。当合同一方向另一方提出索赔时，要有正当的索赔理由，且有索赔事件发生时的有效证据，并应在合同约定的时限内提出。

1)对索赔证据的要求。

①真实性。索赔证据必须是在实施合同过程中确定存在和发生的，必须完全反映实际情

况，且能经得住推敲。

②全面性。所提供的证据应能说明事件的全过程。索赔报告中涉及的索赔理由、事件过程、影响、索赔数额等都应有相应证据，不能零乱和支离破碎。

③关联性。索赔的证据应当能够互相说明，相互具有关联性，不能互相矛盾。

④及时性。索赔证据的取得及提出应当及时。

⑤具有法律证明效力。一般要求证据必须是书面文件，有关记录、协议、纪要必须是双方签署的；工程中重大事件、特殊情况的记录、统计必须由合同约定的发包人现场代表或监理工程师签证认可。

2）索赔证据的种类。

①招标文件、工程合同、发包人认可的施工组织设计、工程图纸、技术规范等。

②工程各项有关的设计交底记录、变更图纸、变更施工指令等。

③工程各项经发包人或合同中约定的发包人现场代表或监理工程师签认的签证。

④工程各项往来信件、指令、信函、通知和答复等。

⑤工程各项会议纪要。

⑥施工计划及现场实施情况记录。

⑦施工日报及工长工作日志、备忘录。

⑧工程送电、送水、道路开通、封闭的日期及数量记录。

⑨工程停电、停水和干扰事件影响的日期及恢复施工的日期。

⑩工程预付款、进度款拨付的数额及日期记录。

⑪工程图纸、图纸变更、交底记录的送达份数及日期记录。

⑫工程有关施工部位的照片及录像等。

⑬工程现场气候记录，有关天气的温度、风力、雨雪等。

⑭工程验收报告及各项技术鉴定报告等。

⑮工程材料采购、订货、运输、进场、验收、使用等方面的凭据。

⑯国家和省级或行业住房城乡建设主管部门有关影响工程造价、工期的文件、规定等。

3）索赔时效的功能。索赔时效是指合同履行过程中，索赔方在索赔事件发生后的约定期限内不行使索赔权即视为放弃索赔权利，其索赔权归于消灭的制度。其功能主要有以下两点：

①促使索赔权利人行使权利。"法律不保护躺在权利上睡觉的人"，索赔时效是时效制度中的一种，类似于民法中的诉讼时效，即超过法定时间，权利人不主张自己的权利，则诉讼权消灭，人民法院不再对该实体权利进行强制保护。

②平衡发包人与承包人的利益。有的索赔事件持续时间短暂，事后难以复原（如异常的地下水位、隐蔽工程等），发包人在时过境迁后难以查找到有力证据来确认责任归属或准确评估所需金额。如果不对时效加以限制，允许承包人隐瞒索赔意图，将置发包人于不利状况；而索赔时效则平衡了发承包双方的利益。一方面，索赔时效届满，即视为承包人放弃索赔权利，发包人可以此作为证据的代用，避免举证的困难；另一方面，只有促使承包人及时提出索赔要求，才能警示发包人充分履行合同义务，避免类似索赔事件的再次发生。

（2）根据合同约定，承包人认为非承包人原因发生的事件造成了承包人的损失，应按下列程序向发包人提出索赔：

1）承包人应在知道或应当知道索赔事件发生后28天内，向发包人提交索赔意向通知书，说明发生索赔事件的事由。承包人逾期未发出索赔意向通知书的，丧失索赔的权利。

2）承包人应在发出索赔意向通知书后28天内，向发包人正式提交索赔通知书。索赔通知书应详细说明索赔理由和要求，并应附必要的记录和证明材料。

3）索赔事件具有连续影响的，承包人应继续提交延续索赔通知，说明连续影响的实际情况和记录。

4）在索赔事件影响结束后的28天内，承包人应向发包人提交最终索赔通知书，说明最终索赔要求，并应附必要的记录和证明材料。

（3）承包人索赔应按下列程序处理：

1）发包人收到承包人的索赔通知书后，应及时查验承包人的记录和证明材料。

2）发包人应在收到索赔通知书或有关索赔的进一步证明材料后的28天内，将索赔处理结果答复承包人，如果发包人逾期未作出答复，视为承包人索赔要求已被发包人认可。

3）承包人接受索赔处理结果的，索赔款项应作为增加合同价款，在当期进度款中进行支付；承包人不接受索赔处理结果的，应按合同约定的争议解决方式办理。

（4）承包人要求赔偿时，可以选择下列一项或几项方式获得赔偿：

1）延长工期；

2）要求发包人支付实际发生的额外费用；

3）要求发包人支付合理的预期利润；

4）要求发包人按合同的约定支付违约金。

（5）当承包人的费用索赔与工期索赔要求相关联时，发包人在做出费用索赔的批准决定时，应结合工程延期，综合做出费用赔偿和工程延期的决定。

（6）发承包双方在按合同约定办理了竣工结算后，应被认为承包人已无权再提出竣工结算前所发生的任何索赔。承包人在提交的最终结清申请中，只限于提出竣工结算后的索赔，提出索赔的期限应自发承包双方最终结清时终止。

（7）根据合同约定，发包人认为由于承包人的原因造成发包人的损失，宜按承包人索赔的程序进行索赔。

（8）发包人要求赔偿时，可以选择下列一项或几项方式获得赔偿：

1）延长质量缺陷修复期限；

2）要求承包人支付实际发生的额外费用；

3）要求承包人按合同的约定支付违约金。

（9）承包人应付给发包人的索赔金额可从拟支付给承包人的合同价款中扣除，或由承包人以其他方式支付给发包人。

14. 现场签证

（1）承包人应发包人要求完成合同以外的零星项目、非承包人责任事件等工作的，发包人应及时以书面形式向承包人发出指令，并应提供所需的相关资料；承包人在收到指令后，应及时向发包人提出现场签证要求。

（2）承包人应在收到发包人指令后的 7 天内向发包人提交现场签证报告，发包人应在收到现场签证报告后的 48 小时内对报告内容进行核实，予以确认或提出修改意见。发包人在收到承包人现场签证报告后的 48 小时内未确认也未提出修改意见的，应视为承包人提交的现场签证报告已被发包人认可。

（3）现场签证的工作如已有相应的计日工单价，在现场签证中，应列明完成该类项目所需的人工、材料、工程设备和施工机械台班的数量。

若现场签证的工作没有相应的计日工单价，应在现场签证报告中列明完成该签证工作所需的人工、材料设备和施工机械台班的数量及单价。

（4）合同工程发生现场签证事项，未经发包人签证确认，承包人便擅自施工的，除非征得发包人书面同意，否则发生的费用应由承包人承担。

（5）现场签证工作完成后的 7 天内，承包人应按照现场签证内容计算价款，报送发包人确认后，作为增加合同价款，与进度款同期支付。

（6）在施工过程中，当发现合同工程内容因因地条件、地质水文、发包人要求等不一致时，承包人应提供所需的相关资料，并提交发包人签证认可，作为合同价款调整的依据。

15. 暂列金额

（1）已签约合同价中的暂列金额应由发包人掌握使用。

（2）暂列金额虽然列入合同价款，但并不属于承包人所有，也并不必然发生。只有按照合同约定实际发生后，才能成为承包人的应得金额，纳入工程合同结算价款中，发包人按照前述相关规定与要求进行支付后，暂列金额余额仍归发包人所有。

七、竣工结算与支付

1. 竣工结算

（1）在合同工程完工后，承包人应在经发承包双方确认的合同工程期中价款结算的基础上汇总编制完成竣工结算文件，并在提交竣工验收申请的同时向发包人提交竣工结算文件。

承包人未在合同约定的时间内提交竣工结算文件，经发包人催告后 14 天内仍未提交或没有明确答复的，发包人有权根据已有资料编制竣工结算文件，作为办理竣工结算和支付结算款的依据，承包人应予以认可。

（2）发包人应在收到承包人提交的竣工结算文件后的 28 天内核对。发包人经核实，认为承包人还应进一步补充资料和修改结算文件，应在上述时限内向承包人提出核实意见，承包人在收到核实意见后的 28 天内应按照发包人提出的合理要求补充资料，修改竣工结算文件，并应再次提交给发包人复核后批准。

（3）发包人应在收到承包人再次提交的竣工结算文件后的 28 天内予以复核，将复核结果通知承包人，并应遵守下列规定：

1）发包人、承包人对复核结果无异议的，应在 7 天内在竣工结算文件上签字确认，竣工结算办理完毕；

2）发包人或承包人认为复核结果有误的，无异议部分按照本条第 1）款规定办理不完全竣工结算；有异议部分由发承包双方协商解决，协商不成的，应按照合同约定的争议解决方式处理。

（4）发包人在收到承包人竣工结算文件后的 28 天内，不核对竣工结算或未提出核对意见的，应视为承包人提交的竣工结算文件已被发包人认可，竣工结算办理完毕。

（5）承包人在收到发包人提出的核实意见后的 28 天内，不确认也未提出异议的，应视为发包人提出的核实意见已被承包人认可，竣工结算办理完毕。

（6）发包人委托工程造价咨询人核对竣工结算的，工程造价咨询人应在 28 天内核对完毕，核对结论与承包人竣工结算文件不一致的，应提交给承包人复核；承包人应在 14 天内将同意核对结论或不同意见的说明提交工程造价咨询人。工程造价咨询人收到承包人提出的异议后，应再次复核，复核无异议的，应按上述（3）中第 1）款的规定办理；复核后仍有异议的，按上述（3）中第 2）款的规定办理。

承包人逾期未提出书面异议的，应视为工程造价咨询人核对的竣工结算文件已经承包人认可。

（7）对发包人或发包人委托的工程造价咨询人指派的专业人员与承包人指派的专业人员经核对后无异议并签名确认的竣工结算文件，除非发承包人能提出具体、详细的不同意见，否则发承包人都应在竣工结算文件上签名确认，如其中一方拒不签认的，则按下列规定办理：

1）若发包人拒不签认的，承包人可不提供竣工验收备案资料，并有权拒绝与发包人或其上级部门委托的工程造价咨询人重新核对竣工结算文件。

2）若承包人拒不签认的，发包人要求办理竣工验收备案的，承包人不得拒绝提供竣工验收资料，否则由此造成的损失，承包人承担相应责任。

（8）合同工程竣工结算核对完成，发承包双方签字确认后，发包人不得要求承包人与另一个或多个工程造价咨询人重复核对竣工结算。

（9）发包人对工程质量有异议，拒绝办理工程竣工结算的，按照财政部、建设部印发的《建设工程价款结算暂行办法》（财建〔2004〕369 号）第十九条的规定办理，本条作了如下规定：

1）已竣工验收或已竣工未验收但实际投入使用的工程，其质量争议按该工程保修合同执行，竣工结算按合同约定办理。

2）已竣工未验收且未实际投入使用的工程以及停工、停建工程的质量争议，应当就有争议部分竣工结算暂缓办理，并就有争议的工程部分委托有资质的检测鉴定机构进行检测，根据检测结果确定解决方案，或按工程质量监督机构的处理决定执行后办理竣工结算。此处有两层含义，一是经检测质量合格，竣工结算继续办理；二是经检测，质量确有问题，应经修复处理，质量验收合格后，竣工结算继续办理。无争议部分的竣工结算按合同约定办理。

2. 结算款支付

（1）承包人应根据办理的竣工结算文件向发包人提交竣工结算款支付申请。申请应包括以下内容：

1）竣工结算合同价款总额；

2）累计已实际支付的合同价款；

3）应预留的质量保证金；

4）实际应支付的竣工结算款金额。

(2)发包人应在收到承包人提交竣工结算款支付申请后7天内予以核实，向承包人签发竣工结算支付证书。

(3)发包人签发竣工结算支付证书后的14天内，应按照竣工结算支付证书列明的金额向承包人支付结算款。

(4)发包人在收到承包人提交的竣工结算款支付申请后7天内不予核实，不向承包人签发竣工结算支付证书的，视为承包人的竣工结算款支付申请已被发包人认可；发包人应在收到承包人提交的竣工结算款支付申请7天后的14天内，按照承包人提交的竣工结算款支付申请列明的金额向承包人支付结算款。

(5)发包人未按照上述第(3)、(4)条规定支付竣工结算款的，承包人可催告发包人支付，并有权获得延迟支付的利息。发包人在竣工结算支付证书签发后或者在收到承包人提交的竣工结算款支付申请7天后的56天内仍未支付的，除法律另有规定外，承包人可与发包人协商将该工程折价，也可直接向人民法院申请将该工程依法拍卖。承包人应就该工程折价或拍卖的价款优先受偿。

3. 质量保证金

(1)质量保证金用于承包人按照合同约定履行属于自身责任的工程缺陷修复义务，为发包人有效监督承包人完成缺陷修复提供资金保证。

(2)承包人未按照合同约定履行属于自身责任的工程缺陷修复义务的，发包人有权从质量保证金中扣除用于缺陷修复的各项支出。经查验，工程缺陷属于发包人原因造成的，应由发包人承担查验和缺陷修复的费用。

(3)缺陷责任期终止后，发包人应将剩余的质量保证金返还给承包人。

4. 最终结清

(1)缺陷责任期终止后，承包人应按照合同约定向发包人提交最终结清支付申请。发包人对最终结清支付申请有异议的，有权要求承包人进行修正和提供补充资料。承包人修正后，应再次向发包人提交修正后的最终结清支付申请。

(2)发包人应在收到最终结清支付申请后的14天内予以核实，并应向承包人签发最终结清支付证书。

(3)发包人应在签发最终结清支付证书后的14天内，按照最终结清支付证书列明的金额向承包人支付最终结清款。

(4)发包人未在约定的时间内核实，又未提出具体意见的，应视为承包人提交的最终结清支付申请已被发包人认可。

(5)发包人未按期最终结清支付的，承包人可催告发包人支付，并有权获得延迟支付的利息。

(6)最终结清时，承包人被预留的质量保证金不足以抵减发包人工程缺陷修复费用的，承包人应承担不足部分的补偿责任。

(7)承包人对发包人支付的最终结清款有异议的，应按照合同约定的争议解决方式处理。

第三节　工程量清单计价常用表格

一、封面

1."招标工程量清单"封面(封-1)

_____工程

招标工程量清单

招　标　人：_____
　　　　　　　　　(单位盖章)

造价咨询人：_____
　　　　　　　　　(单位盖章)

年　　月　　日

封-1

"招标工程量清单"封面(封-1)填写要点：

　　"招标工程量清单"封面应填写招标工程项目的具体名称，招标人应盖单位公章，如委托工程造价咨询人编制，还应加盖工程造价咨询人所在单位公章。

2.“招标控制价”封面(封－2)

_____工程

招标控制价

招　标　人：_____
（单位盖章）

造价咨询人：_____
（单位盖章）

年　　月　　日

“招标控制价”封面(封－2)填写要点：

“招标控制价”封面应填写招标工程项目的具体名称，招标人应盖单位公章，如委托工程造价咨询人编制，还应加盖工程造价咨询人所在单位公章。

3. "投标总价"封面(封-3)

_____工程

投标总价

投 标 人：_____
（单位盖章）

年　月　日

"投标总价"封面(封-3)填写要点：
"投标总价"封面应填写投标工程项目的具体名称，投标人应盖单位公章。

4.“竣工结算书”封面(封一4)

————————————————工程

竣工结算书

发 包 人：————————————
　　　　　　　　(单位盖章)

承 包 人：————————————
　　　　　　　　(单位盖章)

造价咨询人：————————————
　　　　　　　　(单位盖章)

年 　 月 　 日

“竣工结算书”封面(封一4)填写要点：

　　“竣工结算书”封面应填写竣工工程的具体名称，发承包双方应盖单位公章，如委托工程造价咨询人办理，还应加盖工程造价咨询人所在单位公章。

5.“工程造价鉴定意见书”封面(封—5)

_____工程

编号：××〔2×××〕××号

工程造价鉴定意见书

造价咨询人：_____

（单位盖章）

年　　月　　日

“工程造价鉴定意见书”封面(封—5)填写要点：

　　“工程造价鉴定意见书”封面应填写鉴定工程项目的具体名称，填写意见书文号，工程造价咨询人盖所在单位公章。

二、总说明

总说明(表—01)。

总　说　明

工程名称：　　　　　　　　　　　　　　　　　　　　　　　　　　　　　第　页共　页

表—01

工程计价"总说明"(表—01)填写要点：

本表适用于工程计价的各个阶段。对工程计价的不同阶段，"总说明"(表—01)中说明的内容是有差别的，要求也有所不同。

(1)工程量清单编制阶段。工程量清单中总说明应包括的内容有：①工程概况，如建设地址、建设规模、工程特征、交通状况、环保要求等；②工程招标和专业工程发包范围；③工程量清单编制依据；④工程质量、材料、施工等的特殊要求；⑤其他需要说明的问题等。

(2)招标控制价编制阶段。招标控制价中总说明应包括的内容有：①采用的计价依据；②采用的施工组织设计；③采用的材料价格来源；④综合单价中包含的风险因素、风险范围(幅度)；⑤其他需要说明的问题等。

(3)投标报价编制阶段。投标报价中总说明应包括的内容有：①采用的计价依据；②采用的施工组织设计；③综合单价中包含的风险因素、风险范围(幅度)；④措施项目的依据；⑤其他有关内容的说明等。

(4)竣工结算编制阶段。竣工结算中总说明应包括的内容有：①工程概况；②编制依据；③工程变更；④工程价款调整；⑤索赔；⑥其他需要说明的问题等。

(5)工程造价鉴定阶段。工程造价鉴定书中总说明应包括的内容有：①鉴定项目委托人名称、委托鉴定的内容；②委托鉴定的证据材料；③鉴定的依据及使用的专业技术手段；④对鉴定过程的说明；⑤明确的鉴定结论；⑥其他需说明的事宜等。

三、汇总表

1. 建设项目招标控制价/投标报价汇总表(表—02)

建设项目招标控制价/投标报价汇总表

工程名称：   第 页 共 页

序号	单项工程名称	金额/元	其中：/元		
			暂估价	安全文明施工费	规费
	合　计				
注：本表适用于建筑项目招标控制价或投标报价的汇总。					

表—02

建设项目招标控制价/投标报价汇总表(表—02)填写要点：

(1)由于编制招标控制价和投标价包含的内容相同，只是对价格的处理不同，因此，招标控制价和投标报价汇总表使用同一表格。实践中，对招标控制价或投标报价可分别印制本表格。

(2)使用本表格编制投标报价时，汇总表中的投标总价与投标中标函中投标报价金额应当一致。不一致时以投标中标函中填写的大写金额为准。

2. 单项工程招标控制价/投标报价汇总表(表—03)

单项工程招标控制价/投标报价汇总表

工程名称：   第 页 共 页

序号	单项工程名称	金额/元	其中：/元		
			暂估价	安全文明施工费	规费
	合　计				
注：本表适用于单项工程招标控制价或投标报价的汇总。暂估价包括分部分项工程中的暂估价和专业工程暂估价。					

表—03

3. 单位工程招标控制价/投标报价汇总表(表—04)

单位工程招标控制价/投标报价汇总表

工程名称： 标段：

序号	汇 总 内 容	金额/元	其中：暂估价/元
1	分部分项工程		
1.1			
1.2			
1.3			
1.4			
1.5			
2	措施项目		
2.1	其中：安全文明施工费		
3	其他项目		
3.1	其中：暂列金额		
3.2	其中：专业工程暂估价		
3.3	其中：计日工		
3.4	其中：总承包服务费		
4	规费		
5	税金		
招标控制价合计＝1＋2＋3＋4＋5			
注：本表适用于单位工程招标控制价或投标报价的汇总，如无单位工程划分，单项工程也使用本表汇总。			

表—04

4. 建设项目竣工结算汇总表(表—05)

建设项目竣工结算汇总表

工程名称：

序号	单项工程名称	金额/元	其中：/元	
			安全文明施工费	规费
	合 计			

表—05

5. 单项工程竣工结算汇总表(表—06)

单项工程竣工结算汇总表

工程名称：　　　　　　　　　　　　　　　　　　　　　　　　　　　　　　　　　第 页共 页

序号	单位工程名称	金额/元	其中：/元	
			安全文明施工费	规费
合　计				

表—06

6. 单位工程竣工结算汇总表(表—07)

单位工程竣工结算汇总表

工程名称：　　　　　　　　　　　　标段：　　　　　　　　　　第 页共 页

序号	汇　总　内　容	金　　额/元
1	分部分项工程	
1.1		
1.2		
1.3		
1.4		
1.5		
2	措施项目	
2.1	其中：安全文明施工费	
3	其他项目	
3.1	其中：专业工程结算价	
3.2	其中：计日工	
3.3	其中：总承包服务费	
3.4	其中：索赔与现场签证	
4	规费	
5	税金	
竣工结算总价合计＝1＋2＋3＋4＋5		
注：如无单位工程划分，单项工程也使用本表汇总。		

表—07

四、分部分项工程和单价措施项目计价表

1. 分部分项工程和单价措施项目清单与计价表(表—08)

分部分项工程和单价措施项目清单与计价表

工程名称:　　　　　　　　　　标段:　　　　　　　　　　第　页共　页

序号	项目编码	项目名称	项目特征描述	计量单位	工程量	金　额/元		
						综合单价	合价	其中:暂估价
本页小计								
合　计								
注:为计取规费等使用,可在表中增设其中:"定额人工费"。								

表—08

分部分项工程和单价措施项目清单与计价表(表—08)填写要点:

(1)单价措施项目和分部分项工程项目清单编制与计价均使用本表。

(2)本表不只是编制招标工程量清单的表式,也是编制招标控制价、投标价和竣工结算的最基本用表。

(3)编制工程量清单时使用本表,在"工程名称"栏应填写详细具体的工程称谓;对于房屋建筑而言,习惯上并无标段划分,可不填写"标段"栏,但相对于管道敷设、道路施工,则往往以标段划分。此时,应填写"标段"栏,其他各表涉及此类设置,道理相同。

(4)"项目编码"栏应根据相关国家工程量计算规范项目编码栏内规定的9位数字另加3位顺序码,共12位阿拉伯数字填写。

(5)"项目名称"栏应按相关工程国家工程量计算规范的规定,根据拟建工程实际填写。在实际填写过程中,"项目名称"有两种填写方法:一是完全保持相关工程国家工程量计算规范的项目名称不变;二是根据工程实际在工程量计算规范项目名称下另行确定详细名称。

(6)"项目特征"栏应按相关工程国家工程量计算规范的规定,根据拟建工程实际进行描述。

(7)"计量单位"应按相关工程国家工程量计算规范规定的计量单位填写。

(8)"工程量"应按相关工程国家工程量计算规范规定的工程量计算规则计算填写。

(9)由于各省、自治区、直辖市以及行业住房城乡建设主管部门对规费计取基础的不同设置,为了计取规费等的使用,使用本表时可在表中增设其中:"定额人工费"。

(10)编制招标控制价时,使用本表"综合单价""合计"以及"其中:暂估价"按"13计价规范"的规定填写。

(11)编制投标报价时,投标人对表中的"项目编码""项目名称""项目特征""计量单位""工程量"均不应作改动。"综合单价""合价"自主决定填写,对"其中:暂估价"栏,投标人应

将招标文件中提供了暂估材料单价的暂估价计入综合单价，并应计算出暂估单价的材料在"综合单价"及其"合价"中的具体数额，因此，为更详细反映暂估价情况，也可在表中增设一栏"综合单价"—其中："暂估价"。

(12)编制竣工结算时，使用本表可取消"暂估价"。

2. 综合单价分析表(表—09)

综合单价分析表

工程名称：　　　　　　　　　　　　标段：　　　　　　　　　　　　第　页共　页

项目编码				项目名称			计量单位			
清单综合单价组成明细										
定额编号	定额名称	定额单位	数量	单　价				合　价		
				人工费	材料费	机械费	管理费和利润	人工费	材料费	机械费	管理费和利润
人工单价			小　计							
元/工日			未计价材料费							
清单项目综合单价										

材料费明细	主要材料名称、规格、型号	单位	数量	单价/元	合价/元	暂估单价/元	暂估合价/元
	其他材料费			—		—	
	材料费小计			—		—	

注：1. 如不使用省级或行业住房城乡建设主管部门发布的计价依据，可不填定额项目、编号等。
　　2. 招标文件提供了暂估单价的材料，按暂估的单价填入表内"暂估单价"栏及"暂估合价"栏。

表—09

综合单价分析表(表—09)填写要点：

(1)工程量清单综合单价分析表是评标委员会评审和判别综合单价组成和价格完整性、合理性的主要基础，对因工程变更、工程量偏差等原因调整综合单价也是必不可少的基础价格数据来源。采用经评审的最低投标价法评标时，本表的重要性更为突出。

(2)本表集中反映了构成每一个清单项目综合单价的各个价格要素的价格及主要的"工、料、机"消耗量。投标人在投标报价时，需要对每一个清单项目进行组价，为了使组价工作具有可追溯性(回复评标质疑时尤其需要)，需要表明每一个数据的来源。

(3)本表一般随投标文件一同提交，作为竞标价的工程量清单的组成部分，以便中标后，作为合同文件的附属文件。投标人须知中需要就分析表提交的方式做出规定，该规定需要考虑是否有必要对分析表的合同地位给予定义。

(4)编制综合单价分析表时，对辅助性材料不必细列，可归并到其他材料费中以金额表示。

(5)编制招标控制价时，使用本表应填写使用的省级或行业住房城乡建设主管部门发布的计价定额名称。

(6)编制投标报价时，使用本表可填写使用的企业定额名称，也可填写省级或行业建设主管部门发布的计价定额，如不使用则不填写。

(7)编制工程结算时，应在已标价工程量清单中的综合单价分析表中将确定的调整过后的人工单价、材料单价等进行置换，形成调整后的综合单价。

3. 综合单价调整表(表－10)

综合单价调整表

工程名称：　　　　　　　　　　　　　　标段：　　　　　　　　　　　第　页　共　页

序号	项目编码	项目名称	已标价清单综合单价/元					调整后综合单价/元				
			综合单价	其中				综合单价	其中			
				人工费	材料费	机械费	管理费和利润		人工费	材料费	机械费	管理费和利润
造价工程师(签章)：　　发包人代表(签章)： 日期：							造价人员(签章)：　　承包人代表(签章)： 日期：					
注：综合单价调整应附调整依据。												

表－10

综合单价调整表(表－10)填写要点：

综合单价调整表适用于各种合同约定调整因素出现时调整综合单价，各种调整依据应附于表后。填写时应注意，项目编码和项目名称必须与已标价工程量清单保持一致，不得发生错漏，以免发生争议。

4. 总价措施项目清单与计价表(表－11)

总价措施项目清单与计价表

工程名称：　　　　　　　　　　　　　　标段：　　　　　　　　　　　第　页　共　页

序号	项目编码	项目名称	计算基础	费率/%	金额/元	调整费率/%	调整后金额/元	备注
		安全文明施工费						
		夜间施工增加费						
		二次搬运费						
		冬、雨期施工增加费						
		已完工程及设备保护费						

序号	项目编码	项目名称	计算基础	费率/%	金额/元	调整费率/%	调整后金额/元	备注
合计								

编制人(造价人员)：　　　　　　　　　　　　　复核人(造价工程师)：

注：1. "计算基础"中安全文明施工费可为"定额基价""定额人工费"或"定额人工费＋定额机械费"，其他项目可为"定额人工费"或"定额人工费＋定额机械费"。

2. 按施工方案计算的措施费，若无"计算基础"和"费率"的数值，也可只填"金额"数值，但应在备注栏说明施工方案出处或计算方法。

表－11

总价措施项目清单与计价表(表－11)填写要点：

(1)编制招标工程量清单时，表中的项目可根据工程实际情况进行增减。

(2)编制招标控制价时，"计费基础""费率"应按省级或行业住房城乡建设主管部门的规定计取。

(3)编制投标报价时，除"安全文明施工费"必须按"13 计价规范"的强制性规定，按省级、行业住房城乡建设主管部门的规定计取外，其他措施项目均可根据投标施工组织设计自主报价。

五、其他项目计价表

1. 其他项目清单与计价汇总表(表－12)

其他项目清单与计价汇总表

工程名称：　　　　　　　　　　标段：　　　　　　　　第 页 共 页

序号	项目名称	金额/元	结算金额/元	备注
1	暂列金额			明细详见表－12－1
2	暂估价			明细详见表－12－2
2.1	材料(工程设备)暂估价/结算价	—		明细详见表－12－2
2.2	专业工程暂估价/结算价			明细详见表－12－3
3	计日工			明细详见表－12－4
4	总承包服务费			明细详见表－12－5
5	索赔与现场签证	—		明细详见表－12－6
	合计			

注：材料(工程设备)暂估单价计入清单项目综合单价，此处不汇总。

表－12

其他项目清单与计价汇总表(表—12)填写要点:

(1)编制招标工程量清单时,应汇总"暂列金额"和"专业工程暂估价",以提供给投标人报价。

(2)编制招标控制价时,应按有关计价规定估算"计日工"和"总承包服务费"。如招标工程量清单中未列"暂列金额",应按有关规定编列。

(3)编制投标报价时,应按招标文件工程量清单提供的"暂列金额"和"专业工程暂估价"填写金额,不得变动。"计日工""总承包服务费"自主确定报价。

(4)编制或核对竣工结算时,"专业工程暂估价"按实际分包结算价填写,"计日工""总承包服务费"则按双方认可的费用填写,如发生"索赔"或"现场签证"费用,则按双方认可的金额计入本表。

2.暂列金额明细表(表—12—1)

暂列金额明细表

工程名称:　　　　　　　　　　　　标段:　　　　　　　　　　第　页　共　页

序号	项 目 名 称	计量单位	暂定金额/元	备　注
1				
2				
3				
4				
5				
6				
7				
8				
9				
10				
11				
合　　　计				—

注:此表由招标人填写,如不能详列,也可只列暂定金额总额,投标人应将上述暂列金额计入投标总价中。

表—12—1

暂列金额明细表(表—12—1)填写要点:

暂列金额在实际履约的过程中可能发生,也可能不发生。本表要求招标人能将暂列金额与拟用项目列出明细,但如确实不能详列也可只列暂列金额总额,投标人应将上述暂列金额计入投标总价中。

3. 材料(工程设备)暂估单价及调整表(表—12—2)

材料(工程设备)暂估单价及调整表

工程名称：　　　　　　　　　　　标段：　　　　　　　第　页　共　页

序号	材料(工程设备)名称、规格、型号	计量单位	数量		暂估/元		确认/元		差额±/元		备注
			暂估	确认	单价	合价	单价	合价	单价	合价	
合　计											

注：此表由招标人填写"暂估单价"，并在备注栏说明暂估单价的材料、工程设备拟用在哪些清单项目上，投标人应将上述材料、工程设备暂估单价计入工程量清单综合单价报价中。

表—12—2

4. 专业工程暂估价及结算价表(表—12—3)

专业工程暂估价及结算价表

工程名称：　　　　　　　　　　　标段：　　　　　　　第　页　共　页

序号	工程名称	工程内容	暂估金额/元	结算金额/元	差额±/元	备注
合　计						

注：此表"暂估金额"由招标人填写，招标人应将"暂估金额"计入投标总价中。结算时按合同约定结算金额填写。

表—12—3

专业工程暂估价及结算价表(表—12—3)填写要点：

专业工程暂估价应在表内填写工程名称、工程内容、暂估金额，投标人应将上述金额计入投标总价中。专业工程暂估价项目及其表中列明的专业工程暂估价，是指分包人实施专业工程的含税金后的完整价，除了合同约定的发包人应承担的总包管理、协调、配合和服务责任所对应的总承包服务费以外，承包人为履行其总包管理、配合、协调和服务所需产生的费用应该包括在投标报价中。

5. 计日工表（表－12－4）

计日工表

工程名称：　　　　　　　　　　　　标段：　　　　　　　　　　　　第 页 共 页

编号	项目名称	单位	暂定数量	实际数量	综合单价/元	合价/元 暂定	合价/元 实际
一	人工						
1							
2							
3							
4							
		人工小计					
二	材料						
1							
2							
3							
4							
5							
		材料小计					
三	施工机械						
1							
2							
3							
4							
		施工机械小计					
四、企业管理费和利润							
		总　计					

注：此表"项目名称""暂定数量"由招标人填写，编制招标控制价时，单价由招标人按有关规定确定；投标时，单价由投标人自主确定，按暂定数量计算合价并计入投标总价中；结算时，按发承包双方确定的实际数量计算合价。

表－12－4

计日工表（表－12－4）填写要点：

(1)编制工程量清单时，"项目名称""单位""暂估数量"由招标人填写。

(2)编制招标控制价时，"人工""材料""施工机械"由招标人按有关计价规定填写并计算合价。

(3)编制投标报价时，"人工""材料""施工机械"由投标人自主确定，按已给暂估数量计算合价计入投标总价中。

6. 总承包服务费计价表(表－12－5)

总承包服务费计价表

工程名称：　　　　　　　　　　　　　　　　　标段：　　　　　　　　　　　　　　第 页 共 页

序号	项目名称	项目价值/元	服务内容	计算基础	费率/%	金额/元
1	发包人发包专业工程					
2	发包人提供材料					
	合　计		—	—	—	
注：此表"项目名称""服务内容"由招标人填写，编制招标控制价时，费率及金额由招标人按有关计价规定确定；投标时，费率及金额由投标人自主报价，计入投标总价中。							

表－12－5

总承包服务费计价表(表－12－5)填写要点：

(1)编制招标工程量清单时，招标人应将拟定进行专业分包的专业工程、自行采购的材料设备等决定清楚，填写"项目名称""服务内容"，以便投标人决定报价。

(2)编制招标控制价时，招标人按有关计价规定计价。

(3)编制投标报价时，由投标人根据工程量清单中的总承包服务内容，自主决定报价。

(4)办理竣工结算时，发承包双方应按承包人已标价工程量清单中的报价计算。如发承包双方确定调整的，按调整后的金额计算。

7. 索赔与现场签证计价汇总表(表－12－6)

索赔与现场签证计价汇总表

工程名称：　　　　　　　　　　　　　　　　　标段：　　　　　　　　　　　　　　第 页 共 页

序号	签证及索赔项目名称	计量单位	数量	单价/元	合价/元	索赔及签证依据
—	本页小计			—		—
—	合　计			—		—
注：签证及索赔依据是指经双方认可的签证单和索赔依据的编号。						

表－12－6

索赔与现场签证计价汇总表(表－12－6)填写要点:

本表是对发承包双方签证认可的"费用索赔申请(核准)表"和"现场签证表"的汇总。

8. 费用索赔申请(核准)表(表－12－7)

费用索赔申请(核准)表

工程名称:　　　　　　　　　　　　　标段:　　　　　　　　　　第　页共　页

致:　　　　　　　　　　　　　　　　　　　　　　　(发包人全称) 　　根据施工合同条款第＿＿＿条的约定,由于＿＿＿＿＿原因,我方要求索赔金额(大写)＿＿＿＿＿元,(小写) ＿＿＿＿＿元,请予核准。 附:1.费用索赔的详细理由和依据: 　　2.索赔金额的计算: 　　3.证明材料: 　　　　　　　　　　　　　　　　　　　　　　　　　承包人(章) 　　造价人员＿＿＿＿＿　　　　承包人代表＿＿＿＿＿　　　日　期＿＿＿＿＿

复核意见: 　　根据施工合同条款第＿＿＿条的约定,你方提出的费用索赔申请经复核: 　　□不同意此项索赔,具体意见见附件。 　　□同意此项索赔,索赔金额的计算,由造价工程师复核。 　　　　　　　　　　监理工程师＿＿＿＿＿ 　　　　　　　　　　日　期＿＿＿＿＿	复核意见: 　　根据施工合同条款第＿＿＿条的约定,你方提出的费用索赔申请经复核,索赔金额为(大写)＿＿＿元,(小写)＿＿＿元。 　　　　　　　　　　造价工程师＿＿＿＿＿ 　　　　　　　　　　日　　期＿＿＿＿＿

审核意见: 　　□不同意此项索赔。 　　□同意此项索赔,与本期进度款同期支付。 　　　　　　　　　　　　　　　　　　　　　　　发包人(章) 　　　　　　　　　　　　　　　　　　　　　　　发包人代表＿＿＿＿＿ 　　　　　　　　　　　　　　　　　　　　　　　日　　期＿＿＿＿＿

注:1. 在选择栏中的"□"内做标识"√"。 　　　2. 本表一式四份,由承包人填报,发包人、监理人、造价咨询人、承包人各存一份。

表－12－7

费用索赔申请(核准)表(表－12－7)填写要点:

填写本表时,承包人代表应按合同条款的约定,阐述原因,附上索赔证据、费用计算报发包人,经监理工程师复核(按照发包人的授权不论是监理工程师或发包人现场代表均可),经造价工程师(此处造价工程师可以是发包人现场管理人员,也可以是发包人委托的工程造价咨询企业的人员)复核具体费用,经发包人审核后生效,该表以在选择栏中"□"内作标识"√"表示。

9. 现场签证表(表－12－8)

现场签证表

工程名称：   标段：   第 页共 页

施工部位		日期	

致：_____（发包人全称）

    根据_____（指令人姓名） 年 月 日的口头指令或你方_____（或监理人） 年 月 日的书面通知，我方要求完成此项工作应支付价款金额为（大写）____元，（小写）____元，请予核准。

附：1. 签证事由及原因：

    2. 附图及计算式：

承包人（章）

    造价人员_____   承包人代表_____   日 期_____

复核意见：	复核意见：

你方提出的此项签证申请经复核：
□不同意此项签证，具体意见见附件。
□同意此项签证，签证金额的计算，由造价工程师复核。
 	
              监理工程师_____
              日 期_____
	□此项签证按承包人中标的计日工单价计算，金额为（大写）____元，（小写）____元。
	    □此项签证因无计日工单价，金额为（大写）____元，（小写）____。
	
	              造价工程师_____
	              日 期_____

审核意见：

□不同意此项签证。

□同意此项签证，价款与本期进度款同期支付。

发包人（章）
发包人代表_____
日 期_____

注：1. 在选择栏中的"□"内作标识"√"。

    2. 本表一式四份，由承包人在收到发包人（监理人）的口头或书面通知后填写，发包人、监理人、造价咨询人、承包人各存一份。

表－12－8

现场签证表(表－12－8)填写要点：

本表是对"计日工"的具体化，考虑到招标时，招标人对计日工项目的预估难免会有遗漏，带来实际施工发生后，无相应的计日工单价时，现场签证只能包括单价一并处理。因此，在汇总时，有计日工单价的，可归并于计日工；如无计日工单价，则归并于现场签证，以示区别。

六、规费、税金项目计价表

规费、税金项目计价表(表－13)。

规费、税金项目计价表

工程名称：　　　　　　　　　　　标段：　　　　　　　　　第　页　共　页

序号	项目名称	计算基础	计算基数	计算费率/%	金额/元
1	规费	定额人工费			
1.1	社会保险费	定额人工费			
(1)	养老保险费	定额人工费			
(2)	失业保险费	定额人工费			
(3)	医疗保险费	定额人工费			
(4)	工伤保险费	定额人工费			
(5)	生育保险费	定额人工费			
1.2	住房公积金	定额人工费			
1.3	工程排污费	按工程所在地环境保护部门收取标准，按实计入			
2	税金	分部分项工程费＋措施项目费＋其他项目费＋规费－按规定不计税的工程设备金额			
合　计					

编制人：　　　　　　　　　　　复核人(造价工程师)：

表－13

规费、税金项目计价表(表－13)填写要点：

本表按住房和城乡建设部、财政部印发的《建筑安装工程费用项目组成》(建标〔2013〕44号)列举的规费项目列项，在施工实践中，有的规费项目，如工程排污费就并非每个工程所在地都要征收，实践中可作为按实计算的费用处理。

七、工程计量申请(核准)表

工程计量申请(核准)表(表－14)。

工程计量申请(核准)表

工程名称：　　　　　　　　　　　标段：　　　　　　　　　第　页　共　页

序号	项目编码	项目名称	计量单位	承包人申请数量	发包人核实数量	发承包人确认数量	备注

序号	项目编码	项目名称	计量单位	承包人申请数量	发包人核实数量	发承包人确认数量	备注

承包人代表：	监理工程师：	造价工程师：	发包人代表：
日期：	日期：	日期：	日期：

表—14

工程计量申请(核准)表(表—14)填写要点：

本表填写的"项目编码""项目名称""计量单位"应与已标价工程量清单中一致，承包人应在合同约定的计量周期结束时，将申报数量填写在申报数量栏，发包人核对后如与承包人填写的数量不一致，则在核实数量栏填上核实数量，经发承包双方共同核对确认的计量结果填在确认数量栏。

第五章　建筑工程工程量计算规则

第一节　概　述

一、工程量计算的一般原则

1. 计算规则要一致

工程量计算必须与定额中规定的工程量计算规则（或计算方法）相一致，符合定额的要求。预算定额中对分项工程的工程量计算规则和计算方法都做了具体规定，计算时必须严格按规定执行。例如，在墙体工程量计算中，外墙长度按外墙中心线长度计算，内墙长度按内墙净长线计算；又如楼梯面层及台阶面层的工程量按水平投影面积计算。

按施工图纸计算工程量采用的计算规则，必须与本地区现行预算定额计算规则相一致。

各省、自治区、直辖市预算定额的工程量计算规则，其主要内容基本相同，差异不大。在计算工程量时，应按工程所在地预算定额规定的工程量计算规则进行计算。

2. 计算口径要一致

计算工程量时，根据施工图纸列出的工程子目的口径（指工程子目所包括的工作内容），必须与土建基础定额中相应的工程子目的口径相一致。不能将定额子目中已包含了的工作内容拿出来另列子目计算。

3. 计算单位要一致

计算工程量时，所计算工程子目的工程量单位必须与土建基础定额中相应子目的单位相一致。

在土建预算定额中，工程量的计算单位规定为：

(1)以体积计算的为立方米(m^3)。

(2)以面积计算的为平方米(m^2)。

(3)以长度计算的为米(m)。

(4)以质量计算的为吨或千克(t 或 kg)。

(5)以件(个或组)计算的为件(个或组)。

例如，在预算定额中，钢筋混凝土现浇整体楼梯的计量单位为 m^2，而钢筋混凝土预制楼梯段的计量单位为 m^3，在计算工程量时应注意分清，使所列项目的计量单位与之一致。

4. 计算尺寸的取定要准确

计算工程量时，首先要对施工图尺寸进行核对，对各子目计算尺寸的取定要准确。

5. 计算顺序要统一

要遵循一定的顺序进行计算。计算工程量时要遵循一定的计算顺序，依次进行计算，这是避免发生漏算或重算的重要措施。

6. 计算精确度要统一

工程量的数字计算要准确，一般应精确到小数点后三位，汇总时其准确度取值要达到以下几项：

（1）立方米（m³）、平方米（m²）及米（m）以下取两位小数。

（2）吨（t）以下取三位小数。

（3）千克（kg）、件等取整数。

（4）建筑面积一般取整数。

二、正确计算工程量的意义

工程量是以规定的物理计量单位或自然计量单位所表示的各个具体分项工程或构配体的数量。

物理计量单位是指法定计量单位，如长度单位 m、面积单位 m²、体积单位 m³、质量单位 kg 等。

自然计量单位，一般是以物体的自然形态表示的计量单位，如套、组、台、件、个等。

工程量计算是编制施工图预算的重要环节。施工图预算是否正确，主要取决于分项工程或构件、配件数量和预算定额基价，因为分项工程或构件、配件定额直接费就是这两者相乘的结果。因此，工程量计算是否正确，直接影响工程预算造价的准确，而且在编制施工图预算工作中，工程量计算所消耗的劳动量占整个预算工作量的70％左右。在编制施工图预算时，必须充分重视工程量计算这个重要环节。

工程量还是施工企业编制施工计划，组织劳动力和供应材料、机具的重要依据。因此，正确计算工程量对工程建设各单位加强管理，正确确定工程造价具有重要的现实意义。

工程量计算一般采取表格的形式，表格中一般应包括所计算工程量的项目名称、工程量计算式、单位和工程量数量等内容（表5-1），表中工程量计算式应注明轴线或部位，且应简明扼要，以便进行审核。

表5-1　工程量计算表

工程名称：　　　　　　　　　　　　　　　　　　　　　　　　　　第　页　共　页

序号	项目名称	工程量计算式	单　位	工程量

计算：　　　　　　　　校核：　　　　　　　审查：　　　　　　年　月　日

第二节　建筑面积计算规则

《建筑工程建筑面积计算规范》（GB/T 50353—2013）对建筑工程建筑面积的计算做出了具体的规定和要求，其主要内容包括以下几项：

（1）单层建筑物的建筑面积，应按其外墙勒脚以上结构外围水平面积计算，并应符合下列规定：

1）单层建筑物高度在 2.20 m 及以上者应计算全面积；高度不足 2.20 m 者应计算 1/2 面积。

2）利用坡屋顶内空间时，净高超过 2.10 m 的部位应计算全面积；净高在 1.20～2.10 m 的部位应计算 1/2 面积；净高不足 1.20 m 的部位不应计算面积。

注：建筑面积的计算是以勒脚以上外墙结构外边线计算，勒脚是墙根部很矮的一部分墙体加厚，不能代表整个外墙结构，因此要扣除勒脚墙体加厚的部分。

（2）单层建筑物内设有局部楼层者，局部楼层的二层及以上楼层，有围护结构的应按其围护结构外围水平面积计算，无围护结构的应按其结构底板水平面积计算。层高在 2.20 m 及以上者应计算全面积；层高不足 2.20 m 者应计算 1/2 面积。

注：1. 单层建筑物应按不同的高度确定其面积的计算。其高度指室内地面标高至屋面板板面结构标高之间的垂直距离。遇有以屋面板找坡的平屋顶单层建筑物，其高度指室内地面标高至屋面板最低处板面结构标高之间的垂直距离。

2. 坡屋顶内空间建筑面积计算，可参照《住宅设计规范》(GB 50096—2011)的有关规定，将坡屋顶的建筑按不同净高确定其面积的计算。净高指楼面或地面至上部楼板底面或吊顶底面之间的垂直距离。

（3）多层建筑物首层应按其外墙勒脚以上结构外围水平面积计算；二层及以上楼层应按其外墙结构外围水平面积计算。层高在 2.20 m 及以上者应计算全面积；层高不足 2.20 m 者应计算 1/2 面积。

注：多层建筑物的建筑面积应按不同的层高分别计算。层高是指上下两层楼面结构标高之间的垂直距离。建筑物最底层的层高，有基础底板的指基础底板上表面结构标高至上层楼面的结构标高之间的垂直距离；没有基础底板的指地面标高至上层楼面结构标高之间的垂直距离。最上一层的层高是指楼面结构标高至屋面板板面结构标高之间的垂直距离，遇有以屋面板找坡的屋面，层高指楼面结构标高至屋面板最低处板面结构标高之间的垂直距离。

（4）多层建筑坡屋顶内和场馆看台下，当设计加以利用时，净高超过 2.10 m 的部位应计算全面积；净高在 1.20～2.10 m 的部位应计算 1/2 面积；当设计不利用或室内净高不足 1.20 m 时不应计算面积。

注：多层建筑坡屋顶内和场馆看台下的空间应视为坡屋顶内的空间，设计加以利用时，应按其净高确定其面积的计算。设计不利用的空间，不应计算建筑面积。

（5）地下室、半地下室（车间、商店、车站、车库、仓库等），包括相应的有永久性顶盖的出入口，应按其外墙上口（不包括采光井、外墙防潮层及其保护墙）外边线所围水平面积计算。层高在 2.20 m 及以上者应计算全面积；层高不足 2.20 m 者应计算 1/2 面积。

注：地下室、半地下室应以其外墙上口外边线所围水平面积计算。原计算规则按地下室、半地下室上口外墙外围水平面积计算，文字上不甚严密，"上口外墙"容易理解为地下室、半地下室的上一层建筑的外墙。上一层建筑外墙与地下室墙的中心线不一定完全重叠，多数情况是凸出或凹进地下室外墙中心线。

（6）坡地的建筑物吊脚架空层（图 5-1）、深基础架空层，设计加以利用并有围护结构的，层高在 2.20 m 及以上的部位应计算全面积；层高不足 2.20 m 的部位应计算 1/2 面积。设计加以利用、无围护结构的建筑吊脚架空层，应按其利用部位水平面积的 1/2 计算；设计未利用的深基础架空层、坡地吊脚架空层、多层建筑坡屋顶内、场馆看台下的空间不应计算面积。

（7）建筑物的门厅、大厅按一层计算建筑面积。门厅、大厅内设有回廊时，应按其结构底板水平面积计算。层高在 2.20 m 及以上者应计算全面积；层高不足 2.20 m 者应计算 1/2 面积。

(8)建筑物间有围护结构的架空走廊,应按其围护结构外围水平面积计算。层高在2.20 m及以上者应计算全面积;层高不足2.20 m者应计算1/2面积。有永久性顶盖而无围护结构的应按其结构底板水平面积的1/2计算。

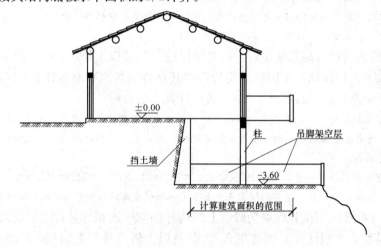

图5-1 坡地建筑吊脚架空层

(9)立体书库、立体仓库、立体车库,无结构层的应按一层计算,有结构层的应按其结构层面积分别计算。层高在2.20 m及以上者应计算全面积;层高不足2.20 m者应计算1/2面积。

注:立体车库、立体仓库、立体书库不规定是否有围护结构,均按是否有结构层,应区分不同的层高确定建筑面积计算的范围,改变过去按书架层和货架层计算面积的规定。

(10)有围护结构的舞台灯光控制室,应按其围护结构外围水平面积计算。层高在2.20 m及以上者应计算全面积;层高不足2.20 m者应计算1/2面积。

(11)建筑物外有围护结构的落地橱窗、门斗、挑廊、走廊、檐廊,应按其围护结构外围水平面积计算。层高在2.20 m及以上者应计算全面积;层高不足2.20 m者应计算1/2面积。有永久性顶盖而无围护结构的应按其结构底板水平面积的1/2计算。

(12)有永久性顶盖无围护结构的场馆看台应按其顶盖水平投影面积的1/2计算。

注:"场馆"实质上是指"场"(如:足球场、网球场等)看台上有永久性顶盖部分。"馆"应是有永久性顶盖和围护结构的,应按单层或多层建筑相关规定计算面积。

(13)建筑物顶部有围护结构的楼梯间、水箱间、电梯机房等,层高在2.20 m及以上者应计算全面积;层高不足2.20 m者应计算1/2面积。

注:如遇建筑物屋顶的楼梯间是坡屋顶,应按坡屋顶的相关规定计算面积。

(14)设有围护结构不垂直于水平面而超出底板外沿的建筑物,应按其底板面的外围水平面积计算。层高在2.20 m及以上者应计算全面积;层高不足2.20 m者应计算1/2面积。

注:设有围护结构不垂直于水平面而超出底板外沿的建筑物是指向建筑物外倾斜的墙体,若遇有向建筑物内倾斜的墙体,应视为坡屋顶,应按坡屋顶有关规定计算面积。

(15)建筑物内的室内楼梯间、电梯井、观光电梯井、提物井、管道井、通风排气竖井、垃圾道、附墙烟囱应按建筑物的自然层计算。

注:室内楼梯间的面积计算,应按楼梯依附的建筑物的自然层数计算并在建筑物面积内。遇跃层建筑,

其共用的室内楼梯应按自然层计算面积；上下两错层户室共用的室内楼梯，应选上一层的自然层计算面积(图5-2)。

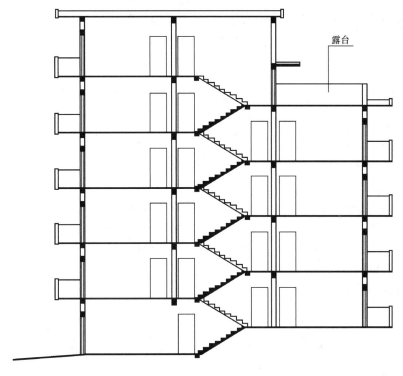

图5-2 户室错层剖面示意

(16)雨篷结构的外边线至外墙结构外边线的宽度超过2.10 m者，应按雨篷结构板的水平投影面积的1/2计算。

注：雨篷均以其宽度超过2.10 m或不超过2.10 m衡量，超过2.10 m者应按雨篷的结构板水平投影面积的1/2计算。有柱雨篷和无柱雨篷计算应一致。

(17)有永久性顶盖的室外楼梯，应按建筑物自然层水平投影面积的1/2计算。

注：室外楼梯，最上层楼梯无永久性顶盖，或不能完全遮盖楼梯的雨篷，上层楼梯不计算面积，上层楼梯可视为下层楼梯的永久性顶盖，下层楼梯应计算面积。

(18)建筑物的阳台均应按其水平投影面积的1/2计算。

注：建筑物的阳台，不论是凹阳台、挑阳台还是封闭阳台、不封闭阳台，均按其水平投影面积的一半计算。

(19)有永久性顶盖无围护结构的车棚、货棚、站台、加油站、收费站等，应按其顶盖水平投影面积的1/2计算。

注：车棚、货棚、站台、加油站、收费站等的面积计算。由于建筑技术的发展，出现许多新型结构，如柱不再是单纯的直立的柱，而出现正V形、倒Λ形柱等不同类型的柱，给面积计算带来许多争议，为此，《建筑工程建筑面积计算规范》(GB/T 50353—2013)中不以柱来确定面积的计算，而依据顶盖的水平投影面积计算。在车棚、货棚、站台、加油站、收费站内设有有围护结构的管理室、休息室等，另按相关规定计算面积。

(20)高低联跨的建筑物，应以高跨结构外边线为界分别计算建筑面积；当高低跨内部连通时，其变形缝应计算在低跨面积内。

(21)以幕墙作为围护结构的建筑物，应按幕墙外边线计算建筑面积。

(22)建筑物外墙外侧有保温隔热层的，应按保温隔热层外边线计算建筑面积。

(23)建筑物内的变形缝，应按其自然层合并在建筑物面积内计算。

注：此处所指建筑物内的变形缝是与建筑物相连通的变形缝，即暴露在建筑物内，在建筑物内可以看见的变形缝。

(24)下列项目不应计算面积：

1)建筑物通道(骑楼、过街楼的底层)。

2)建筑物内的设备管道夹层。

3)建筑物内分隔的单层房间，舞台及后台悬挂的幕布、布景的天桥、挑台等。

4)屋顶水箱、花架、凉棚、露台、露天游泳池。

5)建筑物内的操作平台、上料平台、安装箱和罐体的平台。

6)勒脚、附墙柱、垛、台阶、墙面抹灰、装饰面、镶贴块料面层、装饰性幕墙、空调室外机搁板(箱)、飘窗、构件、配件、宽度在2.10 m及以内的雨篷以及与建筑物内不相连通的装饰性阳台、挑廊。

注：凸出墙外的勒脚、附墙柱垛、台阶、墙面抹灰、装饰面、镶贴块料面层、装饰性幕墙、空调室外机搁板(箱)、飘窗、构件、配件、宽度在2.10 m及以内的雨篷以及与建筑物内不相连通的装饰性阳台、挑廊等均不属于建筑结构，不应计算建筑面积。

7)无永久性顶盖的架空走廊、室外楼梯和用于检修、消防等的室外钢楼梯、爬梯。

8)自动扶梯、自动人行道。

注：自动扶梯(斜步道滚梯)，除两端固定在楼层板或梁之外，扶梯本身属于设备，为此扶梯不宜计算建筑面积。水平步道(滚梯)属于安装在楼板上的设备，不应单独计算建筑面积。

9)独立烟囱、烟道、地沟、油(水)罐、气柜、水塔、贮油(水)池、贮仓、栈桥、地下人防通道、地铁隧道。

第三节 土(石)方工程

一、相关知识

土石方工程主要包括平整场地、人工(机械)挖地槽、挖地坑、挖土方、原土打夯、各种材料和类型的基础及垫层、回填土及运土等工程项目。

(1)平整场地。平整场地是指场地挖、填土方厚度在±30 cm以内的挖填找平。

(2)挖沟槽。挖沟槽是指底宽在3 m以内，且槽长大于槽宽三倍以上的土方。

(3)挖基坑。挖基坑是指底面积在20 m² 以内的土方。

(4)挖土方。挖土方是指沟槽底宽3 m以上，坑底面积20 m² 以上，平整场地挖土方厚度在±30 cm以上的土方。

(5)原土打夯。要在原来较松软的土质上做地坪、道路、球场等，需要对松软的土质进行夯实，这种施工过程叫作原土打夯。其工作内容包括碎土、平土、找平、洒水、机械打夯。

(6)基础及垫层。

1)基础。常见的基础有砖基础、毛石混凝土基础、钢筋混凝土基础、桩基础等。各种基础均以图示尺寸按立方米计算体积。砖石基础、混凝土基础的长度，外墙墙基按外墙中心线长度计算，内墙墙基按内墙净长计算。

嵌入基础的钢筋、铁件、管子、防潮层、单个面积在 0.3 m² 以内的孔洞以及砖石基础放大脚的 T 形接头重叠部分，均不扣除。但靠墙暖气沟的挑砖、洞口上的砖平碹也不另算。

2)垫层。垫层一般为素混凝土，有时也用砂石或碎砖等做垫层。混凝土垫层又分为基础混凝土垫层和地面混凝土垫层、路面混凝土垫层，垫层的工程量以图示尺寸按立方米计算。

(7)回填土及运土。

1)回填土。回填土分为基础回填土、房心回填土两部分。

2)运土。运土分余土外运和取土回填两种情况。

二、定额①说明与工程量计算规则

(一)定额说明

(1)干土、湿土、淤泥的划分。干土、湿土的划分，以地质勘测资料的地下常水位为准。地下常水位以上为干土，以下为湿土。地表水排出后，土壤含水率>25%时为湿土。含水率超过液限，土和水的混合物呈现流动状态时为淤泥。温度在 0 ℃ 及以下，并夹含有冰的土壤为冻土。本章定额中的冻土，是指短时冻土和季节冻土。

(2)沟槽、基坑、一般土石方的划分。底宽(设计图示垫层或基础的底宽，下同)≤7 m，且底长>3 倍底宽为沟槽；底长≤3 倍底宽，且底面积≤150 m² 为基坑。超出上述范围，又非平整场地的，为一般土石方。

(3)挖掘机(含小型挖掘机)挖土方项目，已综合了挖掘机挖土方和挖掘机挖土后，基底和边坡遗留厚度≤0.3 m 的人工清理和修整。使用时不得调整，人工基底清理和边坡修整不另行计算。

(4)小型挖掘机是指斗容量≤0.30 m² 的挖掘机，适用于基础(含垫层)底宽 1.20 m 的沟槽土方工程或底面积≤8 m² 的基坑土方工程。

(5)下列土石方工程，执行相应项目时乘以规定的系数:

1)土方项目按干土编制。人工挖、运湿土时，相应项目人工乘以系数 1.18；机械挖、运湿土时，相应项目人工、机械乘以系数 1.15。采取降水措施后，人工挖、运土相应项目人工乘以系数 1.09，机械挖、运土不再乘以系数。

2)人工挖一般土方、沟槽、基坑深度超过 6 m 时，6 m<深度≤7 m，按深度≤6 m 相应项目人工乘以系数 1.25；7 m<深度≤8 m，按深度≤6 m 相应项目人工乘以系数 1.25^2；以此类推。

3)挡土板内人工挖槽坑时，相应项目人工乘以系数 1.43。

4)桩间挖土不扣除桩体和空孔所占体积，相应项目人工、机械乘以系数 1.50。

5)满堂基础垫层底以下局部加深的槽坑，按槽坑相应规则计算工程量，相应项目人工、机械乘以系数 1.25。

6)推土机推土，当土层平均厚度≤0.30 m 时，相应项目人工、机械乘以系数 1.25。

7)挖掘机在垫板上作业时，相应项目人工、机械乘以系数 1.25。挖掘机下铺设垫板、

---

① 定额指《房屋建筑与装饰工程消耗量定额》(TY 01—31—2015)，后同。

汽车运输道路上铺设材料时，其费用另行计算。

8)场区(含地下室顶板以上)回填，相应项目人工、机械乘以系数0.90。

(6)土石方运输。

1)本章土石方运输按施工现场范围内运输编制。弃土外运以及弃土处理等其他费用，按各地的有关规定执行。

2)土石方运距，按挖土区重心至填方区(或堆放区)重心间的最短距离计算。

3)人工、人力车、汽车的负载上坡(坡度≤15%)降效因素，已综合在相应运输项目中，不另行计算。推土机、装载机负载上坡时，其降效因素按坡道斜长乘以表5-2中相应系数计算。

表5-2 重车上坡降效系数表

坡度/%	5～10	≤15	≤20	≤25
系数	1.75	2.00	2.25	2.50

(7)平整场地，是指建筑物所在现场厚度≤±30 cm的就地挖、填及平整。

(8)挖填土方厚度＞±30 cm时，全部厚度按一般土方相应规定另行计算，但仍应计算平整场地。

(9)基础(地下室)周边回填材料时，执行"地基处理与边坡支护工程"中"地基处理"相应项目，人工、机械乘以系数0.90。

(10)本章未包括现场障碍物清除、地下常水位以下的施工降水、土石方开挖过程中的地表水排除与边坡支护。实际发生时，另按其他章节相应规定计算。

(二)定额工程量计算规则

(1)土石方的开挖、运输均按开挖前的天然密实体积计算。土方回填，按回填后的竣工体积计算。不同状态的土石方体积按表5-3换算系数计算。

表5-3 土石方体积换算系数

名称	虚方	松填	天然密实	夯填
土方	1.00	0.83	0.77	0.67
	1.20	1.00	0.92	0.80
	1.30	1.08	1.00	0.87
	1.50	1.25	1.15	1.00
石方	1.00	0.85	0.65	
	1.18	1.00	0.76	
	1.54	1.31	1.00	
块石	1.75	1.43	1.00	(码方)1.67
砂夹石	1.07	0.94	1.00	

(2)基础土石方的开挖深度，应按基础(含垫层)底标高至设计室外地坪标高确定。交付施工场地标高与设计室外地坪标高不同时，应按交付施工场地标高确定。

(3)基础施工的工作面宽度，按施工组织设计(经过批准，下同)计算；施工组织设计无规定时，按下列规定计算：

1)当组成基础的材料不同或施工方式不同时，基础施工的工作面宽度按表5-4计算。

表5-4 基础施工单面工作面宽度计算

基础材料	每面增加工作面宽度/mm
砖基础	200
毛石、方整石基础	250
混凝土基础(支模板)	400
混凝土基础垫层(支模板)	150
基础垂直面做砂浆防潮层	400(自防潮层面)
基础垂直面做防水层或防腐层	1 000(自防水层或防腐层面)
支挡土板	100(另加)

2)基础施工需要搭设脚手架时，基础施工的工作面宽度，若为条形基础则按1.50 m计算(只计算一面)；为独立基础则按0.45 m计算(四面均计算)。

3)基坑土方大开挖需做边坡支护时，基础施工的工作面宽度按2.00 m计算。

4)基坑内施工各种桩时，基础施工的工作面宽度按2.00 m计算。

5)管道施工的工作面宽度，按表5-5计算。

表5-5 管道施工的工作面宽度计算表

管道材质	管道基础外沿宽度(无基础时管道外径)/mm			
	≤ 500	≤ 1 000	≤ 2 500	> 2 500
混凝土管、水泥管	400	500	600	700
其他管道	300	400	500	600

(4)基础土方的放坡。

1)土方放坡的起点深度和放坡坡度，按施工组织设计计算；施工组织设计无规定时，按表5-6计算。

表5-6 土方放坡起点深度和放坡坡度表

土壤类别	起点深度 > m	放坡坡度			
		人工挖土	机械挖土		
			基坑内作业	基坑上作业	沟槽上作业
一、二类土	1.20	1:0.50	1:0.33	1:0.75	1:0.50
三类土	1.50	1:0.33	1:0.25	1:0.67	1:0.33
四类土	2.00	1:0.25	1:0.10	1:0.33	1:0.25

2)基础土方放坡，自基础(含垫层)底标高算起。

3)混合土质的基础土方，其放坡的起点深度和放坡坡度，按不同土类厚度加权平均计算。

4)计算基础土方放坡时，不扣除放坡交叉处的重复工程量。

5)基础土方支挡土板时，土方放坡不另行计算。

(5)爆破岩石的允许超挖量分别为：极软岩、软岩为0.20 m，较软岩、较硬岩、坚硬岩为0.15 m。

(6)沟槽土石方，按设计图示沟槽长度乘以沟槽断面面积，以体积计算。

1)条形基础的沟槽长度，按设计规定计算；设计无规定时，按下列规定计算：

①外墙沟槽，按外墙中心线长度计算。凸出墙面的墙垛，按墙垛凸出墙面的中心线长度，并入相应工程量内计算。

②内墙沟槽、框架间墙沟槽，按基础(含垫层)之间垫层(或基础底)的净长度计算。

2)管道的沟槽长度，按设计规定计算；设计无规定时，以设计图示管道中心线长度(不扣除下口直径或边长≤1.5 m的井池计算。下口直径或边长>1.5 m的井池的土石方，另按基坑的相应规定计算。

3)沟槽的断面面积，应包括工作面宽度、放坡宽度或石方允许超挖量的面积。

(7)基坑土石方，按设计图示基础(含垫层)尺寸，另加工作面宽度、土方放坡宽度或石方允许超挖量乘以开挖深度，以体积计算。

(8)一般土石方，按设计图示基础(含垫层)尺寸，另加工作面宽度、土方放坡宽度或石方允许超挖量乘以开挖深度，以体积计算。机械施工坡道的土石方工程量，并入相应工程量内计算。

(9)挖淤泥流砂，以实际挖方体积计算。

(10)人工挖(含爆破后挖)冻土，按设计图示尺寸，另加工作面宽度，以体积计算。

(11)岩石爆破后人工清理基底与修整边坡，按岩石爆破的规定尺寸(含工作面宽度和允许超挖量)以面积计算。

(12)回填及其他。

1)平整场地，按设计图示尺寸，以建筑物首层建筑面积计算。建筑物地下室结构外边线凸出首层结构外边线时，其凸出部分的建筑面积合并计算。

2)基地钎探，以垫层(或基础)底面积计算。

3)原土夯实与碾压，按施工组织设计计算的尺寸，以面积计算。

4)回填，按下列规定以体积计算：

①沟槽、基坑回填，按挖方体积减去设计室外地坪以下建筑物、基础(含垫层)的体积计算。

②管道沟槽回填，按挖方体积减去管道基础和表5-7管道折合回填体积计算。

表5-7　管道折合回填体积表　　　　　　　　　　　　　　　　m³/m

管道	公称直径(mm 以内)					
	500	600	800	1 000	1 200	1 500
混凝土管及钢筋混凝土管道		0.33	0.60	0.92	1.15	1.45
其他材质管道		0.22	0.46	0.74		

③房心(含地下室内)回填，按主墙间净面积(扣除连续底面积2 m²以上的设备基础等面积)乘以回填厚度以体积计算。

④场区(含地下室顶板以上)回填，按回填面积乘以平均回填厚度以体积计算。

(13)土方运输，以天然密实体积计算。挖土总体积减去回填土(折合天然密实体积)，总体积为正，则为余土外运；总体积为负，则为取土内运。

三、清单计价工程量计算规则

土石方工程共分 3 节 13 个清单项目，其中包括土方工程、石方工程、回填，适用于建筑物和构筑物的土(石)方开挖及回填工程。

(一)土方工程

1. 清单计价规范说明

(1)挖土方平均厚度应按自然地面测量标高至设计地坪标高间的平均厚度确定。基础土方开挖深度应按基础垫层底表面标高至交付施工场地标高确定，无交付施工场地标高时，应按自然地面标高确定。

(2)建筑物场地厚度≤±300 mm 的挖、填、运、找平，应按表 5-13 中平整场地项目编码列项。厚度>±300 mm 的竖向布置挖土或山坡切土应按表 5-13 中挖一般土方项目编码列项。

(3)沟槽、基坑、一般土方的划分为：底宽≤7 m 且底长>3 倍底宽为沟槽；底长≤3 倍底宽且底面积≤150 m² 为基坑；超出上述范围则为一般土方。

(4)挖土方如需截桩头时，应按桩基工程相关项目列项。

(5)桩间挖土不扣除桩的体积，并在项目特征中加以描述。

(6)弃、取土运距可以不描述，但应注明由投标人根据施工现场实际情况自行考虑，决定报价。

(7)土壤的分类应按表 5-8 确定，如土壤类别不能准确划分时，招标人可注明为综合，由投标人根据地勘报告决定报价。

表 5-8　土壤分类表

土壤分类	土壤名称	开挖方法
一、二类土	粉土、砂土(粉砂、细砂、中砂、粗砂、砾砂)、粉质黏土、弱中盐渍土、软土(淤泥质土、泥炭、泥炭质土)、软塑红黏土、冲填土	用锹，少许用镐、条锄开挖。机械能全部直接铲挖满载者
三类土	黏土、碎石土(圆砾、角砾)、混合土、可塑红黏土、硬塑红黏土、强盐渍土、素填土、压实填土	主要用镐、条锄，少许用锹开挖。机械需部分刨松方能铲挖满载者或可直接铲挖但不能满载者
四类土	碎石土(卵石、碎石、漂石、块石)、坚硬红黏土、超盐渍土、杂填土	全部用镐、条锄挖掘，少许用撬棍挖掘。机械需普遍刨松方能铲挖满载者

(8)土方体积应按挖掘前的天然密实体积计算。非天然密实土方应按表 5-9 折算。

表 5-9　土方体积折算系数表

天然密实度体积	虚方体积	夯实后体积	松填体积
0.77	1.00	0.67	0.83
1.00	1.30	0.87	1.08
1.15	1.50	1.00	1.25
0.92	1.20	0.80	1.00

注：1. 虚方指未经碾压、堆积时间≤1 年的土壤。

2. 设计密实度超过规定的，填方体积按工程设计要求执行；无设计要求按各省、自治区、直辖市或行业住房城乡建设主管部门规定的系数执行。

(9)挖沟槽、基坑、一般土方因工作面和放坡增加的工程量(管沟工作面增加的工程量)是否并入各土方工程量中,应按各省、自治区、直辖市或行业住房城乡建设主管部门的规定实施,如并入各土方工程量中,办理工程结算时,按经发包人认可的施工组织设计规定计算,编制工程量清单时,可按表5-10~表5-12的规定计算。

表5-10 放坡系数表

土壤类别	放坡起点/m	人工挖土	机械挖土		
			在坑内作业	在坑上作业	顺沟槽在坑上作业
一、二类土	1.20	1:0.5	1:0.33	1:0.75	1:0.5
三类土	1.50	1:0.33	1:0.25	1:0.67	1:0.33
四类土	2.00	1:0.25	1:0.10	1:0.33	1:0.25

注:1. 沟槽、基坑中土壤类别不同时,分别按其放坡起点、放坡系数,依不同土壤类别厚度加权平均计算。
2. 计算放坡时,在交接处的重复工程量不予扣除,原槽、坑做基础垫层时,放坡自垫层上表面开始计算。

表5-11 基础施工所需工作面宽度计算表

基础材料	每边各增加工作面宽度/mm
砖基础	200
浆砌毛石、条石基础	150
混凝土基础垫层支模板	300
混凝土基础支模板	300
基础垂直面做防水层	1 000(防水层面)

表5-12 管沟施工每侧所需工作面宽度计算表

管沟材料 \ 管道结构宽/mm	≤500	≤1 000	≤2 500	>2 500
混凝土及钢筋混凝土管道/mm	400	500	600	700
其他材质管道/mm	300	400	500	600

注:1. 本表按《全国统一建筑工程预算工程量计算规则》(GJD GZ—101—95)整理。
2. 管道结构:有管座的按基础外缘,无管座的按管道外径。

(10)挖方出现流砂、淤泥时,如设计未明确,在编制工程量清单时,其工程数量可为暂估量,结算时应根据实际情况由发包人与承包人双方现场签证确认工程量。

(11)管沟土方项目适用于管道(给水排水、工业、电力、通信)、光(电)缆沟[包括:人(手)孔、接口坑]及连接井(检查井)等。

2. 工程量清单项目设置及工程量计算规则

土方工程工程量清单项目设置及工程量计算规则见表5-13。

表 5-13　土方工程(编码：010101)

项目编码	项目名称	项目特征	计量单位	工程量计算规则	工作内容
010101001	平整场地	1. 土壤类别 2. 弃土运距 3. 取土运距	m²	按设计图示尺寸以建筑物首层建筑面积计算	1. 土方挖填 2. 场地找平 3. 运输
010101002	挖一般土方	1. 土壤类别 2. 挖土深度 3. 弃土运距	m³	按设计图示尺寸以体积计算	1. 排地表水 2. 土方开挖 3. 围护(挡土板)及拆除 4. 基底钎探 5. 运输
010101003	挖沟槽土方			按设计图示尺寸以基础垫层底面积乘以挖土深度计算	
010101004	挖基坑土方				
010101005	冻土开挖	1. 冻土厚度 2. 弃土运距		按设计图示尺寸开挖面积乘以厚度以体积计算	1. 爆破 2. 开挖 3. 清理 4. 运输
010101006	挖淤泥、流砂	1. 挖掘深度 2. 弃淤泥、流砂距离		按设计图示位置、界限以体积计算	1. 开挖 2. 运输
010101007	管沟土方	1. 土壤类别 2. 管外径 3. 挖沟深度 4. 回填要求	1. m 2. m³	1. 以米计量，按设计图示以管道中心线长度计算 2. 以立方米计量，按设计图示管底垫层面积乘以挖土深度计算；无管底垫层按管外径的水平投影面积乘以挖土深度计算。不扣除各类井的长度，井的土方并入	1. 排地表水 2. 土方开挖 3. 围护(挡土板)支撑 4. 运输 5. 回填

3. 工程量计算示例

【例 5-1】 某沟槽开挖如图 5-3 所示，不放坡，不设工作面，土壤类别为二类土。试计算其工程量。

【解】外墙沟槽工程量＝1.05×1.4×(21.6＋7.2)×2＝84.67(m³)

内墙沟槽工程量＝0.9×1.4×(7.2−1.05)×3＝23.25(m³)

附垛沟槽工程量＝0.125×1.4×1.2×6＝1.26(m³)

合计：84.67＋23.25＋1.26＝109.18(m³)

(二)石方工程

1. 清单计价规范说明

(1)挖石应按自然地面测量标高至设计地坪标高的平均厚度确定。基础石方开挖深度应按基础垫层底表面标高至交付施工场地标高确定，无交付施工场地标高时，应按自然地面标

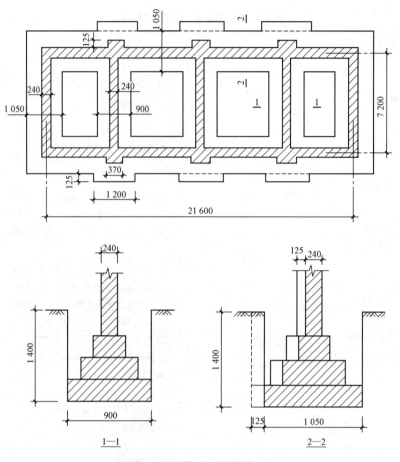

图 5-3　挖沟槽工程量计算示意

高确定。

（2）厚度＞±300 mm 的竖向布置挖石或山坡凿石应按表 5-16 中挖一般石方项目编码列项。

（3）沟槽、基坑、一般石方的划分为：底宽≤7 m 且底长＞3 倍底宽为沟槽；底长≤3 倍底宽且底面积≤150 m² 为基坑；超出上述范围则为一般石方。

（4）弃碴运距可以不描述，但应注明由投标人根据施工现场实际情况自行考虑，决定报价。

（5）岩石的分类应按表 5-14 确定。

表 5-14　岩石分类表

岩石分类	代表性岩石	开挖方法
极软岩	1. 全风化的各种岩石 2. 各种半成岩	部分用手凿工具、部分用爆破法开挖

岩石分类		代表性岩石	开挖方法
软质岩	软岩	1. 强风化的坚硬岩或较硬岩 2. 中等风化～强风化的较软岩 3. 未风化～微风化的页岩、泥岩、泥质砂岩等	用风镐和爆破法开挖
	较软岩	1. 中等风化～强风化的坚硬岩或较硬岩 2. 未风化～微风化的凝灰岩、千枚岩、泥灰岩、砂质泥岩等	用爆破法开挖
硬质岩	较硬岩	1. 微风化的坚硬岩 2. 未风化～微风化的大理岩、板岩、石灰岩、白云岩、钙质砂岩等	用爆破法开挖
	坚硬岩	未风化～微风化的花岗岩、闪长岩、辉绿岩、玄武岩、安山岩、片麻岩、石英岩、石英砂岩、硅质砾岩、硅质石灰岩等	用爆破法开挖

注：本表依据现行国家标准《工程岩体分级标准》(GB/T 50218—2014)和《岩土工程勘察规范(2009 年版)》(GB 50021—2001)整理。

(6)石方体积应按挖掘前的天然密实体积计算。非天然密实石方应按表 5-15 折算。

表 5-15　石方体积折算系数表

石方类别	天然密实度体积	虚方体积	松填体积	码方
石方	1.0	1.54	1.31	
块石	1.0	1.75	1.43	1.67
砂夹石	1.0	1.07	0.94	

2. 工程量清单项目设置及工程量计算规则

石方工程工程量清单项目设置及计算规则见表 5-16。

表 5-16　石方工程(编码：010102)

项目编码	项目名称	项目特征	计量单位	工程量计算规则	工作内容
010102001	挖一般石方	1. 岩石类别 2. 开凿深度 3. 弃碴运距	m³	按设计图示尺寸以体积计算	1. 排地表水 2. 凿石 3. 运输
010102002	挖沟槽石方			按设计图示尺寸沟槽底面积乘以挖石深度以体积计算	
010102003	挖基坑石方			按设计图示尺寸基坑底面积乘以挖石深度以体积计算	

项目编码	项目名称	项目特征	计量单位	工程量计算规则	工作内容
010102004	挖管沟石方	1. 岩石类别 2. 管外径 3. 挖沟深度	1. m 2. m³	1. 以米计量，按设计图示以管道中心线长度计算 2. 以立方米计量，按设计图示截面面积乘以长度计算	1. 排地表水 2. 凿石 3. 回填 4. 运输

3. 工程量计算示例

【例5-2】 某管沟基槽如图5-4所示，采用钢筋混凝土管，管道长度为12 m，试计算其工程量。

【解】 管沟石方工程量＝12 m

或 管沟石方工程量＝$(1.3+1.3+0.5\times2)\times\dfrac{1}{2}\times1\times12$

$=21.6(\text{m}^3)$

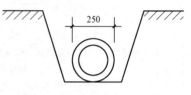

图5-4 管沟基槽示意

（三）回填

1. 清单计价规范说明

(1)填方密实度要求，在无特殊要求情况下，项目特征可描述为满足设计和规范的要求。

(2)填方材料品种可以不描述，但应注明由投标人根据设计要求验方后方可填入，并符合相关工程的质量规范要求。

(3)填方粒径要求，在无特殊要求情况下，项目特征可以不描述。

(4)如需买土回填，应在项目特征填方来源中描述，并注明买土方数量。

2. 工程量清单项目设置及工程量计算规则

回填工程量清单项目设置及工程量计算规则见表5-17。

表5-17 回填（编码：010103）

项目编码	项目名称	项目特征	计量单位	工程量计算规则	工作内容
010103001	回填方	1. 密实度要求 2. 填方材料品种 3. 填方粒径要求 4. 填方来源、运距	m³	按设计图示尺寸以体积计算 1. 场地回填：回填面积乘以平均回填厚度 2. 室内回填：主墙间面积乘以回填厚度，不扣除间隔墙 3. 基础回填：按挖方清单项目工程量减去自然地坪以下埋设的基础体积（包括基础垫层及其他构筑物）	1. 运输 2. 回填 3. 压实
010103002	余方弃置	1. 废弃料品种 2. 运距		按挖方清单项目工程量减去利用回填方体积（正数）计算	余方点装料运输至弃置点

3. 工程量计算示例

【例5-3】 某建筑物基础平面图和剖面图如图5-5所示，土壤类别为三类土。试计算该建筑物相关项目工程量。

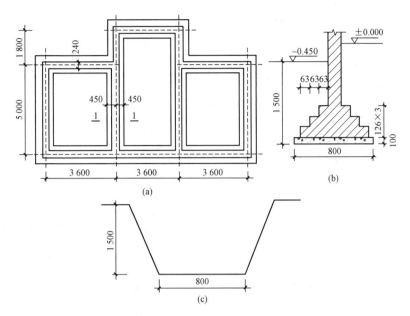

图 5-5　某建筑物基础平面图和剖面图

(a)基础平面图；(b)1—1 剖面图；(c)放坡示意

【解】　(1)沟槽长度=(5.0−0.45×2)×2+(3.6×3+5.0)×2+1.8×2=43.4(m)

挖沟槽工程量=$(a+2c+KH) \cdot KL$

$\qquad$=(0.8+0.33×1.5)×1.5×43.4

$\qquad$=84.30(m²)

(2)场地平整工程量=(5.0+0.24)×(3.6×3+0.24)+1.8×3.6=64.33(m²)

第四节　桩基工程

一、相关知识

1. 桩基础的构造

桩基础由桩身及承台组成。桩身全部或部分埋入土中，顶部由承台连成一体，在承台上修建上部建筑物，如图 5-6 所示。

(1)根据《建筑桩基技术规范》(JGJ 94—2008)的规定，混凝土预制桩的构造要求包括以下几项：

1)混凝土预制桩的截面边长不应小于 200 mm；预应力混凝土预制实心桩的截面边长不宜小于 350 mm。

2)混凝土预制桩的桩身配筋应按吊运、打桩及桩在建筑物中受力等条件计算确定。

3)采用锤击法沉桩时，混凝土预制桩的最小配筋率不宜小于 0.8%；如采用静压法沉桩时，其最小配筋率不宜小于 0.6%。

4)主筋直径不宜小于 $\phi14$，打入桩桩顶(4~5)d 长度范围内箍筋应加密，并应设置钢筋网片。

5）预制桩的混凝土强度等级不宜低于C30；预应力混凝土实心桩的混凝土强度等级不应低于C40；预制桩纵向钢筋的混凝土保护层厚度不宜小于30 mm。

6）预制桩的分节长度应根据施工条件及运输条件确定，每根桩的接头不宜超过3个。

7）预制桩的桩尖可将主筋合拢焊接在桩尖辅助钢筋上，如图5-7所示。在密实砂和碎石类土中，可在桩尖处包以钢板桩靴，加强桩尖。

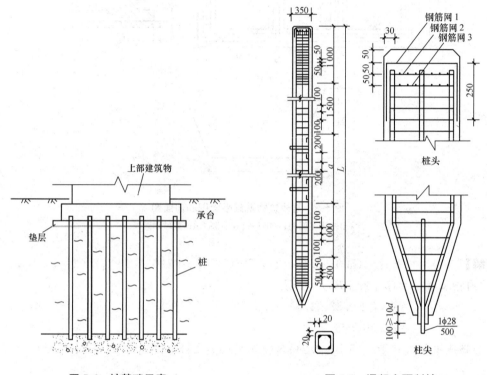

图5-6　桩基础示意　　　　　　　　图5-7　混凝土预制桩

（2）按照《建筑桩基技术规范》（JGJ 94—2008），灌注桩应按下列规定配筋：

1）配筋率。当桩身直径为300～2 000 mm时，正截面配筋率可取0.2%～0.65%（小直径桩取高值）；对受荷载特别大的桩、抗拔桩和嵌岩端承桩应根据计算确定配筋率，并不应小于上述值。

2）配筋长度。端承型桩和位于坡地、岸边的基桩应沿桩身等截面或变截面通长配筋；摩擦型灌注桩配筋的长度不应小于2/3桩长；当受水平荷载时，配筋长度还不宜小于$4.0/\alpha$（α为桩的水平变形系数）；对于受地震作用的基桩，桩身配筋长度应穿过可液化土层和软弱土层，进入稳定土层的深度应符合相关规定；受负摩阻力的桩、因先成桩后开挖基坑而随地基土回弹的桩，其配筋长度应穿过软弱土层并进入稳定土层，进入的深度不应小于（2～3）d；抗拔桩及因地震、冻胀或膨胀力作用而受拔力的桩，应等截面或变截面通长配筋。

3）对于受水平荷载的桩，主筋不应小于$8\phi12$；对于抗压桩和抗拔桩，主筋不应少于$6\phi10$；纵向主筋应沿桩身周边均匀布置，其净距不应小于60 mm。

4）箍筋应采用螺旋式，直径不应小于6 mm，间距宜为200～300 mm；受水平荷载较大的桩基、承受水平地震作用的桩基以及考虑主筋作用计算桩身受压承载力时，桩顶以下$5d$

范围内的箍筋应加密，间距不应大于 100 mm；当桩身位于液化土层范围内时箍筋应加密；当考虑箍筋受力作用时，箍筋配置应符合现行国家标准《混凝土结构设计规范(2015 年版)》(GB 50010—2010)的有关规定；当钢筋笼长度超过 4 m 时，应每隔 2 m 设一道直径不小于 12 mm 的焊接加劲箍筋。

2. 桩的作用

当地基土上部为软弱土层，且荷载很大，采用浅基础已不能满足地基变形与强度要求时，可利用地基下部较坚硬的土层作为基础。常用的深基础有桩基础、沉井及地下连续墙等。

二、定额说明与工程量计算规则

(一)地基处理与基坑支护工程

1. 定额说明

(1)填料加固。

1)填料加固项目适用于软弱地基挖土后的换填材料加固工程。

2)填料加固夯填灰土就地取土时，应扣除灰土配比中的黏土。

(2)强夯。

1)强夯项目中每单位面积夯点数，是指设计文件规定单位面积内的夯点数量。若设计文件中夯点数量与定额不同，则采用内插法计算消耗量。

2)强夯的夯击击数是指强夯机械就位后，夯锤在同一夯点上下起落的次数。

3)强夯工程量应区别不同夯击能量和夯点密度，按设计图示夯击范围及夯击遍数分别计算。

(3)填料桩。碎石桩与砂石桩的充盈系数为 1.3，损耗率为 2%。实测砂石配合比及充盈系数不同时可以调整。其中，灌注砂石桩除上述充盈系数和损耗率外，还包括级配密实系数 1.334。

(4)搅拌桩。

1)深层搅拌水泥桩项目按 1 喷 2 搅施工编制，实际施工为 2 喷 4 搅时，项目的人工、机械乘以系数 1.43；实际施工为 2 喷 2 搅、4 喷 4 搅时分别按 1 喷 2 搅、2 喷 4 搅计算。

2)水泥搅拌桩的水泥掺入量按加固土重(1 800 kg/m³)的 13% 考虑，如设计不同，则按每增减 1% 项目计算。

3)深层水泥搅拌桩项目已综合了正常施工工艺需要的重复喷浆(粉)和搅拌。空搅部分按相应项目的人工及搅拌桩机台班乘以系数 0.5 计算。

4)三轴水泥搅拌桩项目水泥掺入量按加固土重(1 800 kg/m³)的 18% 考虑，如设计不同，则按深层水泥搅拌桩每增减 1% 项目计算；按 2 搅 2 喷施工工艺考虑，设计不同时，每增(减)1 搅 1 喷按相应项目人工和机械费增(减)40% 计算。空搅部分按相应项目的人工及搅拌桩机台班乘以系数 0.5 计算。

5)三轴水泥搅拌桩设计要求全断面套打时，相应项目的人工及机械乘以系数 1.5，其余不变。

(5)注浆桩。高压旋喷桩项目已综合接头处的复喷工料；高压喷射注浆桩的水泥设计用量与定额不同时，应予以调整。

（6）注浆地基所用的浆体材料用量应按照设计含量调整。

（7）注浆项目中注浆管消耗量为摊销量，若为一次性使用，可进行调整。废浆处理及外运执行定额"土石方工程"相应项目。

（8）打桩工程按陆地打垂直桩编制。如设计要求打斜桩，斜度≤1：6时，相应项目的人工、机械乘以系数1.25；斜度＞1：6时，相应项目的人工、机械乘以系数1.43。

（9）桩间补桩或在地槽（坑）中及强夯后的地基上打桩时，相应项目的人工、机械乘以系数1.15。

（10）单独打试桩、锚桩，按相应项目的打桩人工及机械乘以系数1.5。

（11）若单位工程的碎石桩、砂石桩的工程量≤60 m³，其相应项目的人工、机械乘以系数1.25。

（12）本章凿桩头适用于深层水泥搅拌桩、三轴水泥搅拌桩、高压旋喷水泥桩等项目。

（13）基坑支护。

1）地下连续墙未包括导墙挖土方、泥浆处理及外运、钢筋加工。实际发生时，按相应规定另行计算。

2）钢制桩。

①打拔槽钢或钢轨，按钢板桩项目，其机械乘以系数0.77，其他不变。

②现场制作的型钢桩、钢板桩，其制作执行本定额"第六章金属结构工程"中钢柱制作相应项目。

③定额内未包括型钢桩、钢板桩的制作、除锈、刷油。

3）挡土板项目分为疏板和密板。疏板是指间隔支挡土板，且板间净空≤150 cm的情况；密板是指满堂支挡土板或板间净空≤30 cm的情况。

4）若单位工程的钢板桩的工程量≤50 t，则其人工、机械量按相应项目乘以系数1.25计算。

5）钢支撑仅适用于基坑开挖的大型支撑安装、拆除。

6）注浆项目中注浆管消耗量为摊销量，若为一次性使用，可进行调整。

2. 定额工程量计算规则

（1）地基处理。

1）填料加固，按设计图示尺寸以体积计算。

2）强夯，按设计图示强夯处理范围以面积计算。若设计无规定，则按建筑物外围轴线每边各加4 m计算。

3）灰土桩、砂石桩、碎石桩、水泥粉煤灰碎石桩均按设计桩长（包括桩尖）乘以设计桩外径截面面积，以体积计算。

4）搅拌桩。

①深层水泥搅拌桩、三轴水泥搅拌桩、高压旋喷水泥桩按设计桩长加50 cm乘以设计桩外径截面积，以体积计算。

②三轴水泥搅拌桩中的插、拔型钢工程量按设计图示型钢以质量计算。

5）高压喷射水泥桩成孔按设计图示尺寸以桩长计算。

6）分层注浆钻孔数量按设计图示以钻孔深度计算，注浆数量按设计图纸注明加固土体的体积计算。

7)压密注浆钻孔数量按设计图示以钻孔深度计算,注浆数量按下列规定计算:

①设计图纸明确加固土体体积的,按设计图纸注明的体积计算。

②设计图纸以布点形式图示土体加固范围的,则按两孔间距的一半作为扩散半径,以布点边线各加扩散半径,形成计算平面计算注浆体积。

③如果设计图纸注浆点在钻孔灌注桩之间,按两注浆孔的一半作为每孔的扩散半径,依此圆柱体积计算注浆体积。

8)凿桩头按凿桩长度乘桩断面以体积计算。

(2)基坑支护。

1)地下连续墙。

①现浇导墙混凝土按设计图示以体积计算。现浇导墙混凝土模板按混凝土与模板接触面的面积,以面积计算。

②成槽工程量按设计长度乘以墙厚及成槽深度(设计室外地坪至连续墙底),以体积计算。

③锁口管以"段"为单位(段指槽壁单元槽段),锁口管吊拔按连续墙段数计算,定额中已包括锁口管的摊销费用。

④清底置换以"段"为单位(段指槽壁单元槽段)。

⑤浇筑连续墙混凝土工程量按设计长度乘以墙厚及墙深加 0.5 m,以体积计算。

⑥凿地下连续墙超灌混凝土,若设计无规定,则其工程量按墙体断面面积乘以 0.5 m,以体积计算。

2)钢板桩。打拔钢板桩按设计桩体以质量计算。安、拆导向夹具按设计图示尺寸以长度计算。

3)砂浆土钉、砂浆锚杆的钻孔、灌浆,按设计文件或施工组织设计规定(设计图示尺寸)以钻孔深度,以长度计算。喷射混凝土护坡区分土层与岩层,按设计文件(或施工组织设计)规定尺寸,以面积计算。钢筋、钢管锚杆按设计图示以质量计算,锚头制作、安装、张拉、锁定按设计图示以"套"计算。

4)挡土板按设计文件(或施工组织设计)规定的支挡范围,以面积计算。

5)钢支撑按设计图示尺寸以质量计算,不扣除孔眼质量,焊条、铆钉、螺栓等也不另增加质量。

(二)桩基工程

1. 定额说明

(1)本章定额适用于陆地上桩基工程,所列打桩机械的规格、型号是按常规施工工艺和方法综合取定,施工场地的土质级别也进行了综合取定。

(2)桩基施工前场地平整、压实地表、地下障碍处理等定额均未考虑,发生时另行计算。

(3)探桩位已综合考虑在各类桩基定额内,不另行计算。

(4)单位工程的桩基工程量少于表 5-18 对应数量时,相应项目人工、机械应乘以系数 1.25。灌注桩单位工程的桩基工程量指灌注混凝土量。

表 5-18　单位工程的桩基工程量表

项目	单位工程的工程量	项目	单位工程的工程量
预制钢筋混凝土方桩	200 m³	钻孔、旋挖成孔灌注桩	150 m³
预应力钢筋混凝土管桩	1 000 m	沉管、冲孔成孔灌注桩	100 m³
预制钢筋混凝土板桩	100 m³	钢管桩	50 t

(5)打桩。

1)单独打试桩、锚桩，按相应定额的打桩人工及机械乘以系数1.5。

2)打桩工程按陆地打垂直桩编制。若设计要求打斜桩，斜度≤1∶6时，相应项目人工、机械乘以系数1.25；斜度>1∶6时，相应项目人工、机械乘以系数1.43。

3)打桩工程以平地(坡度≤15°)打桩为准，坡度>15°打桩时，按相应项目人工、机械乘以系数1.15。如在基坑内(基坑深度>1.5 m，基坑面积≤500 m²)打桩或在地坪上打坑槽内(坑槽深度>1 m)桩，则按相应项目人工、机械乘以系数1.11。

4)在桩间补桩或在强夯后的地基上打桩时，相应项目人工、机械应乘以系数1.15。

5)打桩工程，如遇送桩，则可按打桩相应项目人工、机械乘以表5-19中的系数。

表 5-19　送桩深度系数表

送桩深度/m	系数
≤2	1.25
≤4	1.43
>4	1.67

6)打、压预制钢筋混凝土桩、预应力钢筋混凝土管桩，定额按购入成品构件考虑，已包含桩位半径在15 m范围内的移动、起吊、就位；超过15 m时的场内运输，按定额"混凝土及钢筋混凝土工程"中构件运输1 km以内的相应项目计算。

7)本章定额内未包括预应力钢筋混凝土管桩钢桩尖制安项目，实际发生时按"混凝土及钢筋混凝土工程"中的预埋铁件项目执行。

8)预应力钢筋混凝土管桩桩头灌芯部分按人工挖孔桩灌桩芯项目执行。

(6)灌注桩。

1)钻孔、冲孔、旋挖成孔等灌注桩设计要求进入岩石层时执行入岩子目，入岩是指钻入中风化的坚硬岩。

2)旋挖成孔、冲孔桩机带冲抓锤成孔灌注桩项目按湿作业成孔考虑，如采用干作业成孔工艺时，则扣除定额项目中的黏土、水和机械中的泥浆泵。

3)定额各种灌注桩的材料用量中，均已包括了充盈系数和材料损耗，见表5-20。

表 5-20　灌注桩充盈系数和材料损耗率表

项目名称	充盈系数	损耗率/%
冲孔桩机成孔灌注桩混凝土桩	1.30	1
旋挖、冲击钻机成孔灌注桩混凝土桩	1.25	1
回旋、螺旋钻机钻孔灌注混凝土桩	1.20	1
沉管桩机成孔灌注混凝土桩	1.15	1

4)人工挖孔桩土石方子目中，已综合考虑了孔内照明、通风。人工挖孔桩，桩内垂直运输方式按人工考虑，深度超过 16 m 时，相应定额乘以系数 1.2 计算；深度超过 20 m 时，相应定额乘以系数 1.5 计算。

5)人工清桩孔石渣子目，适用于岩石被松动后的挖除和清理。

6)桩孔空钻部分回填应根据施工组织设计要求套用相应定额，填土者按定额"土石方工程"松填土方项目计算，填碎石按"地基处理与边坡支护工程"碎石垫层项目乘以系数 0.7 计算。

7)旋挖桩、螺旋桩、人工挖孔桩等干作业成孔桩的土石方场内、场外运输，执行定额"土石方工程"相应的土石方装车、运输项目。

8)本章定额内未包括泥浆池制作，实际发生时按本定额"砌筑工程"的相应项目执行。

9)本章定额内未包括泥浆场外运输，实际发生时执行本定额"土石方工程"泥浆罐车运淤泥、流砂相应项目。

10)本章定额内未包括桩钢筋笼、铁件制安项目，实际发生时按本定额"混凝土及钢筋混凝土工程"中的相应项目执行。

11)本章定额内未包括沉管灌注桩的预制桩尖制安项目，实际发生时按定额"混凝土及钢筋混凝土工程"中的小型构件项目执行。

12)灌注桩后压浆注浆管、声测管埋设，注浆管、声测管如遇材质、规格不同时可以换算，其余不变。

13)注浆管埋设定额按桩底注浆考虑，如设计采用侧向注浆，则人工、机械乘以系数 1.2。

2. 定额工程量计算规则

(1)打桩。

1)预制钢筋混凝土桩。打、压预制钢筋混凝土桩按设计桩长(包括桩尖)乘以桩截面面积，以体积计算。

2)预应力钢筋混凝土管桩。

①打、压预应力钢筋混凝土管桩按设计桩长(不包括桩尖)，以长度计算。

②预应力钢筋混凝土管桩钢桩尖按设计图示尺寸，以质量计算。

③预应力钢筋混凝土管桩，如设计要求加注填充材料时，填充部分另按本章钢管桩填芯相应项目执行。

④桩头灌芯按设计尺寸以灌注体积计算。

3)钢管桩。

①钢管桩按设计要求的桩体质量计算。

②钢管桩内切割、精割盖帽按设计要求的数量计算。

③钢管桩管内钻孔取土、填芯，按设计桩长(包括桩尖)乘以填芯截面面积，以体积计算。

4)打桩工程的送桩均按设计桩顶标高至打桩前的自然地坪标高另加 0.5 m，计算相应的送桩工程量。

5)预制混凝土桩、钢管桩电焊接桩，按设计要求接桩头的数量计算。

6)预制混凝土桩截桩按设计要求截桩的数量计算。截桩长度≤1 m时，不扣减相应桩的打桩工程量；截桩长度>1 m时，其超过部分按实扣减打桩工程量，但桩体的价格不扣除。

7)预制混凝土桩凿桩头按设计图示桩截面面积乘以凿桩头长度，以体积计算。凿桩头长度设计无规定时，桩头长度按桩体高 $40d$（d 为桩体主筋直径，主筋直径不同时取大者）计算；灌注混凝土桩凿桩头按设计超灌高度（设计有规定的按设计要求，设计无规定的按 0.5 m）乘以桩身设计截面面积，以体积计算。

8)桩头钢筋整理，按所整理的桩的数量计算。

（2）灌注桩。

1)钻孔桩、旋挖桩成孔工程量按打桩前自然地坪标高至设计桩底标高的成孔长度乘以设计桩径截面面积，以体积计算。入岩增加项目工程量按实际入岩深度乘以设计桩径截面面积，以体积计算。

2)冲孔桩基冲击（抓）锤冲孔工程量分别按进入土层、岩石层的成孔长度乘以设计桩径截面面积，以体积计算。

3)钻孔桩、旋挖桩、冲孔桩灌注混凝土工程量按设计桩径截面面积乘以设计桩长（包括桩尖）另加加灌长度，以体积计算。加灌长度设计有规定者，按设计要求计算；无规定者，按 0.5 m 计算。

4)沉管成孔工程量按打桩前自然地坪标高至设计桩底标高（不包括预制桩尖）的成孔长度乘以钢管外径截面面积，以体积计算。

5)沉管桩灌注混凝土工程量按钢管外径截面面积乘以设计桩长（不包括预制桩尖）另加加灌长度，以体积计算。加灌长度设计有规定者，按设计要求计算；无规定者，按 0.5 m 计算。

6)人工挖孔桩挖孔工程量分别按进入土层、岩石层的成孔长度乘以设计护壁外围截面面积，以体积计算。

7)人工挖孔桩模板工程量，按现浇混凝土护壁与模板的实际接触面面积计算。

8)人工挖孔桩灌注混凝土护壁和桩芯工程量分别按设计图示截面面积乘以设计桩长另加加灌长度，以体积计算。加灌长度设计有规定者，按设计要求计算，无规定者，按 0.25 m 计算。

9)钻（冲）孔灌注桩、人工挖孔桩，设计要求扩底时，其扩底工程量按设计尺寸以体积计算，并入相应的工程量内。

10)混凝土运输按成孔工程量，以体积计算。

11)桩孔回填工程量按打桩前自然地坪标高至桩加灌长度的顶面乘以桩孔截面面积，以体积计算。

12)钻孔压浆桩工程量按设计桩长，以长度计算。

13)注浆管、声测管埋设工程量按打桩前的自然地坪标高至设计底标高另加 0.5 m，以长度计算。

14)桩底（侧）后压浆工程量按设计注入水泥用量，以质量计算。如水泥用量差别大，允许换算。

三、清单计价工程量计算规则

（一）地基处理

地基处理与边坡支护工程分 2 节共 28 个清单项目，其中包括地基处理和基坑与边坡支护。

1. 清单计价规范说明

(1)地层情况按表 5-8 和表 5-14 的规定，并根据岩土工程勘察报告按单位工程各地层所占比例(包括范围值)进行描述。对于无法准确描述的地层情况，可注明由投标人根据岩土工程勘察报告自行决定报价。

(2)项目特征中的桩长包括桩尖，空桩长度＝孔深－桩长，孔深为自然地面至设计桩底的深度。

(3)高压喷射注浆类型包括旋喷、摆喷、定喷，高压喷射注浆方法包括单管法、双重管法、三重管法。

(4)如采用泥浆护壁成孔，工作内容包括土方、废泥浆外运；如采用沉管灌注成孔，工作内容包括桩尖制作、安装。

2. 工程量清单项目设置及工程量计算规则

地基处理工程量清单项目设置及工程量计算规则见表 5-21。

表 5-21　地基处理(编码：010201)

项目编码	项目名称	项目特征	计量单位	工程量计算规则	工作内容
010201001	换填垫层	1. 材料种类及配比 2. 压实系数 3. 掺加剂品种	m³	按设计图示尺寸以体积计算	1. 分层铺填 2. 碾压、振密或夯实 3. 材料运输
010201002	铺设土工合成材料	1. 部位 2. 品种 3. 规格		按设计图示尺寸以面积计算	1. 挖填锚固沟 2. 铺设 3. 固定 4. 运输
010201003	预压地基	1. 排水竖井种类、断面尺寸、排列方式、间距、深度 2. 预压方法 3. 预压荷载、时间 4. 砂垫层厚度	m²	按设计图示处理范围以面积计算	1. 设置排水竖井、盲沟、滤水管 2. 铺设砂垫层、密封膜 3. 堆载、卸载或抽气设备安拆、抽真空 4. 材料运输
010201004	强夯地基	1. 夯击能量 2. 夯击遍数 3. 夯击点布置形式、间距 4. 地耐力要求 5. 夯填材料种类			1. 铺设夯填材料 2. 强夯 3. 夯填材料运输
010201005	振冲密实(不填料)	1. 地层情况 2. 振密深度 3. 孔距			1. 振冲加密 2. 泥浆运输

项目编码	项目名称	项目特征	计量单位	工程量计算规则	工作内容
010201006	振冲桩 （填料）	1. 地层情况 2. 空桩长度、桩长 3. 桩径 4. 填充材料种类	1. m 2. m³	1. 以米计量，按设计图示尺寸以桩长计算 2. 以立方米计量，按设计桩截面乘以桩长以体积计算	1. 振冲成孔、填料、振实 2. 材料运输 3. 泥浆运输
010201007	砂石桩	1. 地层情况 2. 空桩长度、桩长 3. 桩径 4. 成孔方法 5. 材料种类、级配		1. 以米计量，按设计图示尺寸以桩长（包括桩尖）计算 2. 以立方米计量，按设计桩截面乘以桩长（包括桩尖）以体积计算	1. 成孔 2. 填充、振实 3. 材料运输
010201008	水泥粉煤灰碎石桩	1. 地层情况 2. 空桩长度、桩长 3. 桩径 4. 成孔方法 5. 混合料强度等级		按设计图示尺寸以桩长（包括桩尖）计算	1. 成孔 2. 混合料制作、灌注、养护 3. 材料运输
010201009	深层搅拌桩	1. 地层情况 2. 空桩长度、桩长 3. 桩截面尺寸 4. 水泥强度等级、掺量	m	按设计图示尺寸以桩长计算	1. 预搅下钻、水泥浆制作、喷浆搅拌提升成桩 2. 材料运输
010201010	粉喷桩	1. 地层情况 2. 空桩长度、桩长 3. 桩径 4. 粉体种类、掺量 5. 水泥强度等级、石灰粉要求			1. 预搅下钻、喷粉搅拌提升成桩 2. 材料运输
010201011	夯实水泥土桩	1. 地层情况 2. 空桩长度、桩长 3. 桩径 4. 成孔方法 5. 水泥强度等级 6. 混合料配比		按设计图示尺寸以桩长（包括桩尖）计算	1. 成孔、夯底 2. 水泥土拌和、填料、夯实 3. 材料运输

项目编码	项目名称	项目特征	计量单位	工程量计算规则	工作内容
010201012	高压喷射注浆桩	1. 地层情况 2. 空桩长度、桩长 3. 桩截面 4. 注浆类型、方法 5. 水泥强度等级		按设计图示尺寸以桩长计算	1. 成孔 2. 水泥浆制作、高压喷射注浆 3. 材料运输
010201013	石灰桩	1. 地层情况 2. 空桩长度、桩长 3. 桩径 4. 成孔方法 5. 掺合料种类、配合比	m	按设计图示尺寸以桩长(包括桩尖)计算	1. 成孔 2. 混合料制作、运输、夯填
010201014	灰土(土)挤密桩	1. 地层情况 2. 空桩长度、桩长 3. 桩径 4. 成孔方法 5. 灰土级配			1. 成孔 2. 灰土拌和、运输、填充、夯实
010201015	柱锤冲扩桩	1. 地层情况 2. 空桩长度、桩长 3. 桩径 4. 成孔方法 5. 桩体材料种类、配合比		按设计图示尺寸以桩长计算	1. 安、拔套管 2. 冲孔、填料、夯实 3. 桩体材料制作、运输
010201016	注浆地基	1. 地层情况 2. 空钻深度、注浆深度 3. 注浆间距 4. 浆液种类及配比 5. 注浆方法 6. 水泥强度等级	1. m 2. m³	1. 以米计量,按设计图示尺寸以钻孔深度计算 2. 以立方米计量,按设计图示尺寸以加固体积计算	1. 成孔 2. 注浆导管制作、安装 3. 浆液制作、压浆 4. 材料运输
010201017	褥垫层	1. 厚度 2. 材料品种及比例	1. m² 2. m³	1. 以平方米计量,按设计图示尺寸以铺设面积计算 2. 以立方米计量,按设计图示尺寸以体积计算	材料拌和、运输、铺设、压实

3. 工程量计算示例

【例5-4】 图5-8所示的实线范围为地基强夯范围。

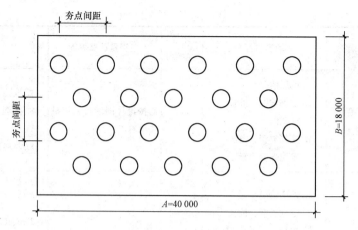

图 5-8　地基强夯示意

（1）设计要求：不间隔夯击，设计击数为 8 击，夯击能量为 500 t·m，一遍夯击，求其工程量。

（2）设计要求：不间隔夯击，设计击数为 10 击，分两遍夯击，第一遍 5 击，第二遍 5 击，第二遍要求低锤满拍，设计夯击能量为 400 t·m，求其工程量。

【解】　地基强夯的工程量计算如下：

（1）不间隔夯击，设计击数 8 击，夯击能量为 500 t·m，一遍夯击的强夯工程量为：
$40 \times 18 = 720(\text{m}^2)$。

（2）不间隔夯击，设计击数 10 击，分两遍夯击，第一遍 5 击，第二遍 5 击，第二遍要求低锤满拍，设计夯击能量为 400 t·m 的强夯工程量为：$40 \times 18 = 720(\text{m}^2)$。

（二）基坑与边坡支护

1. 清单计价规范说明

（1）地层情况按表 5-8 和表 5-14 的规定，并根据岩土工程勘察报告按单位工程各地层所占比例（包括范围值）进行描述。对无法准确描述的地层情况，可注明由投标人根据岩土工程勘察报告自行决定报价。

（2）土钉置入方法包括钻孔置入、打入或射入等。

（3）混凝土种类有清水混凝土、彩色混凝土等，如在同一地区既使用预拌（商品）混凝土，又允许现场搅拌混凝土时，也应注明（下同）。

（4）地下连续墙和喷射混凝土（砂浆）的钢筋网、咬合灌注桩的钢筋笼及钢筋混凝土支撑的钢筋制作、安装，按混凝土及钢筋混凝土工程相关项目列项。本分部未列的基坑与边坡支护的排桩按桩基工程相关项目列项。水泥土墙、坑内加固按地基处理中相关项目列项。砖、石挡土墙、护坡按砌筑工程中相关项目列项。混凝土挡土墙按混凝土及钢筋混凝土工程中的相关项目列项。

2. 工程量清单项目设置及工程量计算规则

基坑与边坡支护工程量清单项目设置及工程量计算规则见表 5-22。

表 5-22　基坑与边坡支护(编码：010202)

项目编码	项目名称	项目特征	计量单位	工程量计算规则	工作内容
010202001	地下连续墙	1. 地层情况 2. 导墙类型、截面 3. 墙体厚度 4. 成槽深度 5. 混凝土种类、强度等级 6. 接头形式	m³	按设计图示墙中心线长乘以厚度乘以槽深以体积计算	1. 导墙挖填、制作、安装、拆除 2. 挖土成槽、固壁、清底置换 3. 混凝土制作、运输、灌注、养护 4. 接头处理 5. 土方、废泥浆外运 6. 打桩场地硬化及泥浆池、泥浆沟
010202002	咬合灌注桩	1. 地层情况 2. 桩长 3. 桩径 4. 混凝土种类、强度等级 5. 部位	1. m 2. 根	1. 以米计量，按设计图示尺寸以桩长计算 2. 以根计量，按设计图示数量计算	1. 成孔、固壁 2. 混凝土制作、运输、灌注、养护 3. 套管压拔 4. 土方、废泥浆外运 5. 打桩场地硬化及泥浆池、泥浆沟
010202003	圆木桩	1. 地层情况 2. 桩长 3. 材质 4. 尾径 5. 桩倾斜度		1. 以米计量，按设计图示尺寸以桩长(包括桩尖)计算 2. 以根计量，按设计图示数量计算	1. 工作平台搭拆 2. 桩机移位 3. 桩靴安装 4. 沉桩
010202004	预制钢筋混凝土板桩	1. 地层情况 2. 送桩深度、桩长 3. 桩截面 4. 沉桩方法 5. 连接方式 6. 混凝土强度等级		1. 以米计量，按设计图示尺寸以桩长(包括桩尖)计算 2. 以根计量，按设计图示数量计算	1. 工作平台搭拆 2. 桩机移位 3. 沉桩 4. 板桩连接
010202005	型钢桩	1. 地层情况或部位 2. 送桩深度、桩长 3. 规格型号 4. 桩倾斜度 5. 防护材料种类 6. 是否拔出		1. 以吨计量，按设计图示尺寸以质量计算 2. 以根计量，按设计图示数量计算	1. 工作平台搭拆 2. 桩机移位 3. 打(拔)桩 4. 接桩 5. 刷防护材料

项目编码	项目名称	项目特征	计量单位	工程量计算规则	工作内容
010202006	钢板桩	1. 地层情况 2. 桩长 3. 板桩厚度	1. t 2. m²	1. 以吨计量，按设计图示尺寸以质量计算 2. 以平方米计量，按设计图示墙中心线长乘以桩长以面积计算	1. 工作平台搭拆 2. 桩机移位 3. 打拔钢板桩
010202007	锚杆（锚索）	1. 地层情况 2. 锚杆（索）类型、部位 3. 钻孔深度 4. 钻孔直径 5. 杆体材料品种、规格、数量 6. 预应力 7. 浆液种类、强度等级	1. m 2. 根	1. 以米计量，按设计图示尺寸以钻孔深度计算 2. 以根计量，按设计图示数量计算	1. 钻孔、浆液制作、运输、压浆 2. 锚杆（锚索）制作、安装 3. 张拉锚固 4. 锚杆（锚索）施工平台搭设、拆除
010202008	土钉	1. 地层情况 2. 钻孔深度 3. 钻孔直径 4. 置入方法 5. 杆体材料品种、规格、数量 6. 浆液种类、强度等级	1. m 2. 根	1. 以米计量，按设计图示尺寸以钻孔深度计算 2. 以根计量，按设计图示数量计算	1. 钻孔、浆液制作、运输、压浆 2. 土钉制作、安装 3. 土钉施工平台搭设、拆除
010202009	喷射混凝土、水泥砂浆	1. 部位 2. 厚度 3. 材料种类 4. 混凝土（砂浆）类别、强度等级	m²	按设计图示尺寸以面积计算	1. 修整边坡 2. 混凝土（砂浆）制作、运输、喷射、养护 3. 钻排水孔、安装排水管 4. 喷射施工平台搭设、拆除
010202010	钢筋混凝土支撑	1. 部位 2. 混凝土种类 3. 混凝土强度等级	m³	按设计图示尺寸以体积计算	1. 模板（支架或支撑）制作、安装、拆除、堆放、运输及清理模内杂物、刷隔离剂等 2. 混凝土制作、运输、浇筑、振捣、养护
010202011	钢支撑	1. 部位 2. 钢材品种、规格 3. 探伤要求	t	按设计图示尺寸以质量计算。不扣除孔眼质量，焊条、铆钉、螺栓等不另增加质量	1. 支撑、铁件制作（摊销、租赁） 2. 支撑、铁件安装 3. 探伤 4. 刷漆 5. 拆除 6. 运输

3．工程量计算示例

【例5-5】 如图5-9所示为地下连续墙示意，已知槽深为900 mm，墙厚为240 mm，混凝土强度等级为C30。试计算该地下连续墙工程量。

【解】 地下连续墙工程量＝(3.0×2×2＋6.0×2)×0.24×0.9＝5.18(m³)

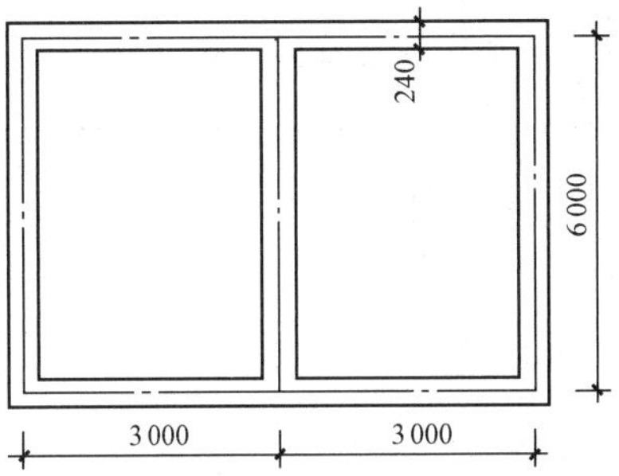

（二）桩基工程

桩基工程共分2节11个清单项目，其中包括打桩、灌注桩。

图5-9 地下连续墙示意

1．打桩

（1）清单计价规范说明。

1）地层情况按表5-8和表5-14的规定，并根据岩土工程勘察报告按单位工程各地层所占比例(包括范围值)进行描述。对无法准确描述的地层情况，可注明由投标人根据岩土工程勘察报告自行决定报价。

2）项目特征中的桩截面、混凝土强度等级、桩类型等可直接用标准图代号或设计桩型进行描述。

3）预制桩混凝土方桩、预制钢筋混凝土管桩项目以成品桩编制，应包括成品桩购置费，如果用现场预制，应包括现场预制桩的所有费用。

4）打试验桩和打斜桩应按相应项目单独列项，并应在项目特征中注明试验桩或斜桩(斜率)。

5）截(凿)桩头项目适用于土石方工程、地基处理与边防支护工程所列桩的桩头截(凿)。

6）预制钢筋混凝土管桩桩顶与承台的连接构造按混凝土及钢筋混凝土工程相关项目列项。

（2）打桩工程量清单项目设置及工程量计算规则见表5-23。

表5-23 打桩(编码：010301)

项目编码	项目名称	项目特征	计量单位	工程量计算规则	工作内容
010301001	预制钢筋混凝土方桩	1. 地层情况 2. 送桩深度、桩长 3. 桩截面 4. 桩倾斜度 5. 沉桩方法 6. 接桩方式 7. 混凝土强度等级	1. m 2. m³ 3. 根	1. 以米计量，按设计图示尺寸以桩长(包括桩尖)计算 2. 以立方米计量，按设计图示截面面积乘以桩长(包括桩尖)以实体积计算 3. 以根计量，按设计图示数量计算	1. 工作平台搭拆 2. 桩机竖拆、移位 3. 沉桩 4. 接桩 5. 送桩
010301002	预制钢筋混凝土管桩	1. 地层情况 2. 送桩深度、桩长 3. 桩外径、壁厚 4. 桩倾斜度 5. 沉桩方法 6. 桩尖类型 7. 混凝土强度等级 8. 填充材料种类 9. 防护材料种类			1. 工作平台搭拆 2. 桩机竖拆、移位 3. 沉桩 4. 接桩 5. 送桩 6. 桩尖制作安装 7. 填充材料、刷防护材料

项目编码	项目名称	项目特征	计量单位	工程量计算规则	工作内容
010301003	钢管桩	1. 地层情况 2. 送桩深度、桩长 3. 材质 4. 管径、壁厚 5. 桩倾斜度 6. 沉桩方法 7. 填充材料种类 8. 防护材料种类	1. t 2. 根	1. 以吨计量，按设计图示尺寸以质量计算 2. 以根计量，按设计图示数量计算	1. 工作平台搭拆 2. 桩机竖拆、移位 3. 沉桩 4. 接桩 5. 送桩 6. 切割钢管、精割盖帽 7. 管内取土 8. 填充材料、刷防护材料
010301004	截（凿）桩头	1. 桩类型 2. 桩头截面、高度 3. 混凝土强度等级 4. 有无钢筋	1. m³ 2. 根	1. 以立方米计量，按设计桩截面乘以桩头长度以体积计算 2. 以根计量，按设计图示数量计算	1. 截（切割）桩头 2. 凿平 3. 废料外运

（3）工程量计算示例。

【例 5-6】 某工程量共 80 根柱，每根柱下设 4 根桩，如图 5-10 所示，已知混凝土强度等级为 C40，土壤类别为四类土。试计算打预制钢筋混凝土管桩工程量。

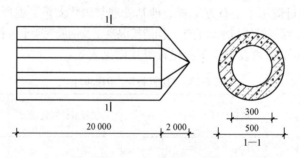

图 5-10 某工程预制桩示意

【解】 根据预制钢筋混凝土管桩工程量计算规则，得

$$工程量＝80×4＝320（根）$$

或

$$工程量＝80×4×（20＋2）＝7\ 040（m）$$

或

$$工程量＝7\ 040×π×（0.5^2－0.3^2）＝3\ 536.90（m^3）$$

2. 灌注桩

（1）清单计价规范说明。

1）地层情况按表 5-8 和表 5-14 的规定，并根据岩土工程勘察报告按单位工程各地层所占比例（包括范围值）进行描述。对无法准确描述的地层情况，可注明由投标人根据岩土工程勘察报告自行决定报价。

2）项目特征中的桩长应包括桩尖，空桩长度＝孔深－桩长，孔深为自然地面至设计桩底的深度。

3)项目特征中的桩截面(桩径)、混凝土强度等级、桩类型等可直接用标准图代号或设计桩型进行描述。

4)混凝土种类有清水混凝土、彩色混凝土、水下混凝土等,如在同一地区使用预拌(商品)混凝土,又允许现场搅拌混凝土时,也应注明(下同)。

5)混凝土灌注桩的钢筋笼制作、安装,按混凝土及钢筋混凝土工程相关项目编码列项。

(2)灌注桩工程量清单项目设置及工程量计算规则见表5-24。

表5-24 灌注桩(编码:010302)

项目编码	项目名称	项目特征	计量单位	工程量计算规则	工作内容
010302001	泥浆护壁成孔灌注桩	1. 地层情况 2. 空桩长度、桩长 3. 桩径 4. 成孔方法 5. 护筒类型、长度 6. 混凝土种类、强度等级	1. m 2. m³ 3. 根	1. 以米计量,按设计图示尺寸以桩长(包括桩尖)计算 2. 以立方米计量,按不同截面在桩上范围内以体积计算 3. 以根计量,按设计图示数量计算	1. 护筒埋设 2. 成孔、固壁 3. 混凝土制作、运输、灌注、养护 4. 土方、废泥浆外运 5. 打桩场地硬化及泥浆池、泥浆沟
010302002	沉管灌注桩	1. 地层情况 2. 空桩长度、桩长 3. 复打长度 4. 桩径 5. 沉管方法 6. 桩尖类型 7. 混凝土种类、强度等级			1. 打(沉)拔钢管 2. 桩尖制作、安装 3. 混凝土制作、运输、灌注、养护
010302003	干作业成孔灌注桩	1. 地层情况 2. 空桩长度、桩长 3. 桩径 4. 扩孔直径、高度 5. 成孔方法 6. 混凝土种类、强度等级			1. 成孔、扩孔 2. 混凝土制作、运输、灌注、振捣、养护
010302004	挖孔桩土(石)方	1. 地层情况 2. 挖孔深度 3. 弃土(石)运距	m³	按设计图示尺寸(含护壁)截面面积乘以挖孔深度以立方米计算	1. 排地表水 2. 挖土、凿石 3. 基底钎探 4. 运输
010302005	人工挖孔灌注桩	1. 桩芯长度 2. 桩芯直径、扩底直径、扩底高度 3. 护壁厚度、高度 4. 护壁混凝土种类、强度等级 5. 桩芯混凝土种类、强度等级	1. m³ 2. 根	1. 以立方米计量,按桩芯混凝土体积计算 2. 以根计量,按设计图示数量计算	1. 护壁制作 2. 混凝土制作、运输、灌注、振捣、养护

项目编码	项目名称	项目特征	计量单位	工程量计算规则	工作内容
010302006	钻孔压浆桩	1. 地层情况 2. 空钻长度、桩长 3. 钻孔直径 4. 水泥强度等级	1. m 2. 根	1. 以米计量，按设计图示尺寸以桩长计算 2. 以根计量，按设计图示数量计算	钻孔、下注浆管、投放集料、浆液制作、运输、压浆
010302007	灌注桩后压浆	1. 注浆导管材料、规格 2. 注浆导管长度 3. 单孔注浆量 4. 水泥强度等级	孔	按设计图示以注浆孔数计算	1. 注浆导管制作、安装 2. 浆液制作、运输、压浆

（3）工程量计算示例。

【例5-7】　如图5-11所示为干作业成孔灌注桩示意，已知土质为二类土，设计桩长为18 000 mm，共80根，求其工程量。

【解】　干作业成孔灌注桩工程量＝18 m

或干作业成孔灌注桩工程量＝$3.14 \times \left(\dfrac{0.45}{2}\right)^2 \times 12 \times 80 =$152.68（m³）

或干作业成孔灌注桩工程量＝80 根

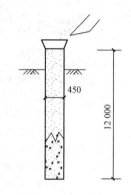

图5-11　干作业成孔灌注桩示意

第五节　砌筑工程

一、相关知识

砌筑工程按材料、承重体系、使用特点和工作状态的不同可分为不同的类别，具体如下所述：

（1）按材料分类。根据块体材料不同，砌体结构可分为砖砌体、石材砌体、砌块砌体、空斗墙砌体、配筋砌体等砌体结构。

1）砖砌体。采用标准尺寸的烧结普通砖、普通空心砖及非烧结硅酸盐砖与砂浆砌筑成的砖砌体，有墙或柱。墙厚：120 mm、240 mm、370 mm、490 mm、620 mm等，特殊要求时可有180 mm、300 mm和420 mm等。砖柱：240 mm×370 mm、370 mm×370 mm、490 mm×490 mm、490 mm×620 mm等。

墙体砌筑方式有一顺一丁、三顺一丁等。砌筑的要求是铺砌均匀、灰浆饱满、上下错缝、受力均衡。烧结普通砖已被限用或禁用，非烧结普通砖是发展方向。

2）石材砌体。采用天然料石或毛石与砂浆砌筑的砌体称为天然石材砌体。天然石材具有强度高、抗冻性强和导热性好的特点，其是带形基础、挡土墙及某些墙体的理想材料。毛石墙的厚度不宜小于 350 mm，柱截面较小边长不宜小于 400 mm。当有振动荷载时，不宜采用毛石砌体。

3)砌块砌体。砌块砌体是用中小型混凝土砌块或硅酸盐砌块与砂浆砌筑而成的砌体，可用于定型设计的民用房屋及工业厂房的墙体。目前，国内使用的小型砌块高度，一般为 180～350 mm，称为混凝土空心小型砌块砌体；中型砌块高度，一般为 360～900 mm，分别有混凝土空心中型砌块砌体和硅酸盐实心中型砌块砌体。空心砌块内加设钢筋混凝土芯柱者，称为钢筋混凝土芯柱砌块砌体，可用于有抗震设防要求的多层砌体房屋或高层砌体房屋。

砌块砌体设计和砌筑的要求是：规格宜少、重量适中、孔洞对齐、铺砌严密。

4)空斗墙砌体。空斗墙是由实心砖砌筑的空心的砖砌体，可节省材料、减轻质量、提高隔热保温性能。但是，空斗墙整体稳定性差，因此，在有振动、潮湿环境、管道较多的房屋或地震烈度为 7 度及 7 度以上的地区不宜建造空斗墙房屋。

由于砌体结构所用材料可见，其主要优点是易于就地取材，节约水泥、钢材和木材，造价低廉，有良好的耐火性和耐久性，有较好的保温隔热性能。其主要缺点是强度低、自重大、砌筑工程量繁重、抗震性能差等，因而，限制了它的使用范围。今后，砌筑制品应向高强、多孔、薄壁、大块和配筋等方向发展。

5)配筋砌体。在砌体水平灰缝中配置钢筋网片或在砌体外部预留沟槽，槽内设置竖向粗钢筋并灌注细石混凝土(或水泥砂浆)的组合砌体称为配筋砌体。这种砌体可提高强度、减小构件截面、加强整体性、增加结构延性，从而改善结构抗震能力。

(2)按承重体系分类。结构体系是指建筑物中的结构构件按一定规律组合成的一种承受和传递荷载的骨架系统。在混合结构承重体系中，以砌体结构的受力特点为主要标志，根据屋(楼)盖结构布置的不同，一般可分为以下三种类型：

1)横墙承重体系。横墙承重体系是指多数横向轴线处布置墙体，屋(楼)面荷载通过钢筋混凝土楼板传递给各道横墙。横墙是主要承重墙，纵墙主要承受自重，侧向支撑横墙，保证房屋的整体性和侧向稳定性。横墙承重体系的优点是屋(楼)面构件简单、施工方便、整体刚度好；缺点是房间布置不灵活、空间小、墙体材料用量大。其主要用于 5～7 层的住宅、旅馆、小开间办公楼。

2)纵墙承重体系。纵墙承重体系是指屋(楼)盖梁(板)沿横向布置，楼面荷载主要传递给纵墙。纵墙是主要承重墙。横墙承受自重和少量竖向荷载，侧向支撑纵墙。其主要用于进深小而开间大的教学楼、办公楼、试验室、车间、食堂、仓库和影剧院等建筑物。

3)内框架承重体系。内框架承重体系是指建筑物内部设置钢筋混凝土柱，柱与两端支于外墙的横梁形成内框架。外纵墙兼有承重和围护作用。其优点是内部空间大，布置灵活，经济效果和使用效果均佳。但因其由两种性质不同的结构体系合成，地震作用下破坏严重，外纵墙尤甚。地震区应慎用。

除以上常见的三种承重体系外，还有纵、横墙双向承重体系和其他派生的砌体结构承重体系，如底层框架-剪力墙砌体结构等。

合理的结构体系必须受力明确、传力直接、结构先进。在砌体结构设计中，必须判明荷载在结构体系中的传递途径，才能得出正确的结构承重体系的分析结果。

（3）按使用特点和工作状态分类。随着人类社会的发展和物质与精神文明的进步，建筑出现丰富多彩的形式，其应用异常广泛、工作状况更为复杂。砌体结构按其使用特点和工作状态可作以下分类：

1）一般砌体结构。一般砌体结构是指用于正常使用状况下的工业与民用建筑。如供人们生活起居的住宅、宿舍、旅馆、招待所等居住建筑和供人们进行社会公共活动用的公共建筑。工业建筑则有为一般工业生产服务的单层厂房和多层工业建筑。

2）特殊用途的构筑物。特殊用途的构筑物通常称为特殊结构或特种结构，如烟囱、水塔、料仓及小型水池、涵洞和挡土墙等。

3）特殊工作状态的建筑物。特殊工作状态的砌体结构可有以下三种：

①处于特殊环境和介质中的建筑物。该类建筑物为保证结构的可靠性和满足建筑使用功能的要求，对建筑结构提出各种防护要求，如防水抗渗、防火耐热、防酸抗腐、防爆炸、防辐射等。

②处于特殊作用下工作的建筑物，如有抗震设防要求的建筑结构和在核暴动荷载作用下的防空地下建筑等。

③具有特殊工作空间要求的建筑物，如底层框架和多层内框架砖房以及单层空旷房屋等。

二、定额说明与工程量计算规则

（一）定额说明

1. 砖砌体、砌块砌体、石砌体

（1）定额中砖、砌块和石料按标准或常用规格编制，设计规格与定额不同时，砌体材料和砌筑（粘结）材料用量应作调整换算，砌筑砂浆按干混预拌砌筑砂浆编制。定额所列砌筑砂浆种类和强度等级、砌块专用砌筑胶粘剂品种，如设计与定额不同时，应做调整换算。

（2）定额中的墙体砌筑层高是按 3.6 m 编制的，如超过 3.6 m 时，其超过部分工程量的定额人工乘以系数 1.3。

（3）基础与墙（柱）身的划分：

1）基础与墙（柱）身使用同一种材料时，以设计室内地面为界（有地下室者，以地下室室内设计地面为界），以下为基础，以上为墙（柱）身。

2）基础与墙（柱）身使用不同材料时，位于设计室内地面高度≤±300 mm 时，以不同材料为分界线；高度＞±300 mm 时，以设计室内地面为分界线。

3）砖砌地沟不分墙基和墙身，按不同材质合并工程量套用相应项目。

4）围墙以设计室外地坪为界，以下为基础，以上为墙身。

（4）石基础、石勒脚、石墙的划分：基础与勒脚应以设计室外地坪为界，勒脚与墙身应以设计室内地面为界。石围墙内、外地坪标高不同时，应以较低地坪标高为界，以下为基础；内、外标高之差为挡土墙时，挡土墙以上为墙身。

（5）砖基础不分砌筑宽度及有否大放脚，均执行对应品种及规格砖的同一项目。地下混凝土构件所用砖模及砖砌挡土墙套用砖基础项目。

（6）砖砌体和砌块砌体不分内、外墙，均执行对应品种的砖和砌块项目，其中：

1）定额中均已包括了立门窗框的调直以及腰线、窗台线、挑檐等一般出线用工。

2)清水砖砌体均包括了原浆勾缝用工,设计需加浆勾缝时应另行计算。

3)轻集料混凝土小型空心砌块墙的门窗洞口等镶砌的同类实心砖部分已包含在定额内,不单独另行计算。

(7)填充墙以填炉渣、炉渣混凝土为准,如设计与定额不同时应作换算,其余不变。

(8)加气混凝土类砌块墙项目已包括砌块零星切割改锯的损耗及费用。

(9)零星砌体是指台阶、台阶挡墙、梯带、锅台、炉灶、蹲台、池槽、池槽腿、花台、花池、楼梯栏板、阳台栏板、地垄墙、≤0.3 m² 的孔洞填塞、凸出屋面的烟囱、屋面伸缩缝砌体、隔热板砖墩等。

(10)贴砌砖项目适用于地下室外墙保护墙部位的贴砌砖;框架外表面的镶贴砖部分,套用零星砌体项目。

(11)多孔砖、空心砖及砌块砌筑有防水、防潮要求的墙体时,若以普通(实心)砖作为导墙砌筑的,导墙与上部墙身主体需分别计算,导墙部分套用零星砌体项目。

(12)围墙套用墙相关定额项目,双面清水围墙按相应单面清水墙项目,人工用量乘以系数 1.15 计算。

(13)石砌体项目中粗、细料石(砌体)墙按 400 mm×220 mm×200 mm 的规格编制。

(14)毛料石护坡高度超过 4 m 时,定额人工乘以系数 1.15。

(15)定额中各类砖、砌块及石砌体的砌筑均按直形砌筑编制,如为圆弧形砌筑者,按相应定额人工用量乘以系数 1.10,砖、砌块及石砌体及砂浆(胶粘剂)用量乘以系数 1.03 计算。

(16)砖砌体钢筋加固,砌体内加筋、灌注混凝土,墙体拉结筋的制作、安装,以及墙基、墙身的防潮、防水、抹灰等,按定额其他相关章节的项目及规定执行。

2.垫层

人工级配砂石垫层是按中(粗)砂 15%(不含填充石子空隙)、砾石 85%(含填充砂)的级配比例编制的。

(二)定额工程量计算规则

1.砖砌体、砌块砌体

(1)砖基础工程量按设计图示尺寸以体积计算。

1)附墙垛基础宽出部分体积按折加长度合并计算,扣除地梁(圈梁)、构造柱所占体积,不扣除基础大放脚 T 形接头处的重叠部分及嵌入基础内的钢筋、铁件、管道、基础砂浆防潮层和单个面积≤0.3 m² 的孔洞所占体积,靠墙暖气沟的挑檐不增加。

2)基础长度:外墙按外墙中心线长度计算,内墙按内墙基净长线计算。

(2)砖墙、砌块墙按设计图示尺寸以体积计算。

1)扣除门窗、洞口、嵌入墙内的钢筋混凝土柱、梁、圈梁、挑梁、过梁及凹进墙内的壁龛、管槽、暖气槽、消火栓箱所占体积,不扣除梁头、板头、檩头、垫木、木楞头、沿缘木、木砖、门窗走头、砖墙内加固钢筋、木筋、铁件、钢管及单个面积≤0.3 m² 的孔洞所占的体积。凸出墙面的腰线、挑檐、压顶、窗台线、虎头砖、门窗套的体积亦不增加。凸出墙面的砖垛并入墙体体积内计算。

2)墙长度:外墙按中心线、内墙按净长计算。

3)墙高度:

①外墙：斜(坡)屋面无檐口顶棚者算至屋面板底；有屋架且室内、外均有顶棚者算至屋架下弦底另加 200 mm；无顶棚者算至屋架下弦底另加 300 mm，出檐宽度超过 600 mm 时按实砌高度计算；有钢筋混凝土楼板隔层者算至板顶。平屋顶算至钢筋混凝土板底。

②内墙：位于屋架下弦者，算至屋架下弦底；无屋架者算至顶棚底另加 100 mm；有钢筋混凝土楼板隔层者算至楼板底；有框架梁时算至梁底。

③女儿墙：从屋面板上表面算至女儿墙顶面(如有混凝土压顶时算至压顶下表面)。

④内、外山墙：按其平均高度计算。

4)墙厚度：

①标准砖以 240 mm×115 mm×53 mm 为准，其砌体厚度按表 5-25 计算。

表 5-25　标准砖砌体计算厚度表

砖数(厚度)	$\frac{1}{4}$	$\frac{1}{2}$	$\frac{3}{4}$	1	$1\frac{1}{2}$	2	$2\frac{1}{2}$	3
计算厚度 /mm	53	115	178	240	365	490	615	740

②使用非标准砖时，其砌体厚度应按砖实际规格和设计厚度计算；如设计厚度与实际规格不同，则按实际规格计算。

5)框架间墙：不分内、外墙按墙体净尺寸以体积计算。

6)围墙：高度算至压顶上表面(如有混凝土压顶时算至压顶下表面)，围墙柱并入围墙体积内。

(3)空斗墙按设计图示尺寸以空斗墙外形体积计算。

1)墙角、内外墙交接处、门窗洞口立边、窗台砖、屋檐处的实砌部分体积已包括在空斗墙体积内。

2)空斗墙的窗间墙、窗台下、楼板下、梁头下等的实砌部分应另行计算，套用零星砌体项目。

(4)空花墙按设计图示尺寸以空花部分外形体积计算，不扣除空花部分体积。

(5)填充墙按设计图示尺寸以填充墙外形体积计算。

(6)砖柱按设计图示尺寸以体积计算，扣除混凝土及钢筋混凝土梁垫、梁头、板头所占体积。

(7)零星砌体、地沟、砖碹按图示尺寸以体积计算。

(8)砖散水、地坪按设计图示尺寸以面积计算。

(9)砌体砌筑设置导墙时，砖砌导墙需单独计算，厚度与长度按墙身主体，高度以实际砌筑高度计算，墙身主体的高度相应扣除。

(10)附墙烟囱、通风道、垃圾道应按设计图示尺寸以体积(扣除孔洞所占体积)计算并入所依附的墙体体积内。当设计规定孔洞内需抹灰时，另按定额"墙、柱面装饰与隔断、幕墙工程"相应项目计算。

(11)轻质砌块 L 形专用连接件的工程量按设计数量计算。

2. 轻质隔墙

轻质隔墙按设计图示尺寸以面积计算。

3. 石砌体

石基础、石墙的工程量计算规则参照砖砌体相应规定。

石勒脚、石挡土墙、石护坡、石台阶按设计图示尺寸以体积计算，石坡道按设计图示尺寸以水平投影面积计算，墙面勾缝按设计图示尺寸以面积计算。

4. 垫层工程量

垫层工程量按设计图示尺寸以体积计算。

三、清单计价工程量计算规则

砌筑工程共分 5 节 27 个清单项目，其中包括砖砌体、砌块砌体、石砌体、垫层、相关问题及说明。

(一)砖砌体

1. 清单计价规范说明

(1)"砖基础"项目适用于各种类型的砖基础、柱基础、墙基础、管道基础等。

(2)基础与墙(柱)身使用同一种材料时，以设计室内地面为界(有地下室者，以地下室室内设计地面为界)，以下为基础，以上为墙(柱)身。基础与墙身使用不同材料时，位于设计室内地面高度≤±300 mm 时，以不同材料为分界线；高度＞±300 mm 时，以设计室内地面为分界线。

(3)砖围墙以设计室外地坪为界，以下为基础，以上为墙身。

(4)框架外表面的镶贴砖部分，按零星项目编码列项。

(5)附墙烟囱、通风道、垃圾道应按设计图示尺寸以体积(扣除孔洞所占体积)计算并入所依附的墙体体积内。当设计规定孔洞内需抹灰时，应按零星抹灰项目编码列项。

(6)空斗墙的窗间墙、窗台下、楼板下、梁头下等的实砌部分，按零星砌砖项目编码列项。

(7)"空花墙"项目适用于各种类型的空花墙，使用混凝土花格砌筑的空花墙，实砌墙体与混凝土花格应分别计算，混凝土花格按混凝土及钢筋混凝土中预制构件相关项目编码列项。

(8)台阶、台阶挡墙、梯带、锅台、炉灶、蹲台、池槽、池槽腿、砖胎模、花台、花池、楼梯栏板、阳台栏板、地垄墙、≤0.3 m² 的孔洞填塞等，应按零星砌砖项目编码列项。砖砌锅台与炉灶可按外形尺寸以个计算；砖砌台阶可按水平投影面积以 m² 计算；小便槽、地垄墙可按长度计算；其他工程以 m³ 计算。

(9)砖砌体内钢筋加固，应按混凝土及钢筋混凝土中相关项目编码列项。

(10)砖砌体勾缝按墙、柱面装饰与隔断、幕墙工程中相关项目编码列项。

(11)检查井内的爬梯按混凝土及钢筋混凝土中相关项目编码列项；井内的混凝土构件按混凝土及钢筋混凝土预制构件编码列项。

(12)如施工图设计标注做法见标准图集时，应在项目特征描述中注明标注图集的编码、页号及节点大样。

2. 工程量清单项目设置及工程量计算规则

砖砌体工程量清单项目设置及工程量计算规则见表5-26。

表 5-26　砖砌体(编码：010401)

项目编码	项目名称	项目特征	计量单位	工程量计算规则	工作内容
010401001	砖基础	1. 砖品种、规格、强度等级 2. 基础类型 3. 砂浆强度等级 4. 防潮层材料种类	m³	按设计图示尺寸以体积计算 包括附墙垛基础宽出部分体积，扣除地梁(圈梁)、构造柱所占体积，不扣除基础大放脚T形接头处的重叠部分及嵌入基础内的钢筋、铁件、管道、基础砂浆防潮层和单个面积≤0.3 m²的孔洞所占体积，靠墙暖气沟的挑檐不增加 基础长度：外墙按外墙中心线，内墙按内墙净长线计算	1. 砂浆制作、运输 2. 砌砖 3. 防潮层铺设 4. 材料运输
010401002	砖砌挖孔桩护壁	1. 砖品种、规格、强度等级 2. 砂浆强度等级		按设计图示尺寸以立方米计算	1. 砂浆制作、运输 2. 砌砖 3. 材料运输
010401003	实心砖墙	1. 砖品种、规格、强度等级 2. 墙体类型 3. 砂浆强度等级、配合比		按设计图示尺寸以体积计算 扣除门窗、洞口、嵌入墙内的钢筋混凝土柱、梁、圈梁、挑梁、过梁及凹进墙内的壁龛、管槽、暖气槽、消火栓箱所占体积。不扣除梁头、板头、檩头、垫木、木楞头、沿缘木、木砖、门窗走头、砖墙内加固钢筋、木筋、铁件、钢管及单个面积≤0.3 m²的孔洞所占体积。凸出墙面的腰线、挑檐、压顶、窗台线、虎头砖、门窗套的体积亦不增加。凸出墙面的砖垛并入墙体体积内计算 1. 墙长度：外墙按中心线，内墙按净长计算 2. 墙高度： (1)外墙：斜(坡)屋面无檐口顶棚者算至屋面板底；有屋架且室内外均有顶棚者算至屋架下弦底另加200 mm；	1. 砂浆制作、运输 2. 砌砖 3. 刮缝 4. 砖压顶砌筑 5. 材料运输

项目编码	项目名称	项目特征	计量单位	工程量计算规则	工作内容
010401004	多孔砖墙	1. 砖品种、规格、强度等级 2. 墙体类型 3. 砂浆强度等级、配合比	m³	无顶棚者算至屋架下弦底另加 300 mm，出檐宽度超过 600 mm 时按实砌高度计算；与钢筋混凝土楼板隔层者算至板顶。平屋面算至钢筋混凝土板底 （2）内墙：位于屋架下弦者，算至屋架下弦底；无屋架者算至顶棚底另加 100 mm；有钢筋混凝土楼板隔层者算至楼板顶；有框架梁时算至梁底 （3）女儿墙：从屋面板上表面算至女儿墙顶面（如有混凝土压顶时算至压顶下表面） （4）内、外山墙：按其平均高度计算 3. 框架间墙：不分内外墙按墙体净尺寸以体积计算 4. 围墙：高度算至压顶上表面（如有混凝土压顶时算至压顶下表面），围墙柱并入围墙体积内	1. 砂浆制作、运输 2. 砌砖 3. 刮缝 4. 砖压顶砌筑 5. 材料运输
010401005	空心砖墙				
010401006	空斗墙	1. 砖品种、规格、强度等级 2. 墙体类型 3. 砂浆强度等级、配合比		按设计图示尺寸以空斗墙外形体积计算。墙角、内外墙交接处、门窗洞口立边、窗台砖、屋檐处的实砌部分体积并入空斗墙体积内	1. 砂浆制作、运输 2. 砌砖 3. 装填充料 4. 刮缝 5. 材料运输
010401007	空花墙			按设计图示尺寸以空花部分外形体积计算，不扣除空洞部分体积	
010401008	填充墙	1. 砖品种、规格、强度等级 2. 墙体类型 3. 填充材料种类及厚度 4. 砂浆强度等级、配合比		按设计图示尺寸以填充墙外形体积计算	
010401009	实心砖柱	1. 砖品种、规格、强度等级 2. 柱类型 3. 砂浆强度等级、配合比		按设计图示尺寸以体积计算。扣除混凝土及钢筋混凝土梁垫、梁头、板头所占体积	1. 砂浆制作、运输 2. 砌砖 3. 刮缝 4. 材料运输
010401010	多孔砖柱				

项目编码	项目名称	项目特征	计量单位	工程量计算规则	工作内容
010401011	砖检查井	1. 井截面、深度 2. 砖品种、规格、强度等级 3. 垫层材料种类、厚度 4. 底板厚度 5. 井盖安装 6. 混凝土强度等级 7. 砂浆强度等级 8. 防潮层材料种类	座	按设计图示数量计算	1. 砂浆制作、运输 2. 铺设垫层 3. 底板混凝土制作、运输、浇筑、振捣、养护 4. 砌砖 5. 刮缝 6. 井池底、壁抹灰 7. 抹防潮层 8. 材料运输
010401012	零星砌砖	1. 零星砌砖名称、部位 2. 砖品种、规格、强度等级 3. 砂浆强度等级、配合比	1. m³ 2. m² 3. m 4. 个	1. 以立方米计量，按设计图示尺寸截面面积乘以长度计算 2. 以平方米计量，按设计图示尺寸水平投影面积计算 3. 以米计量，按设计图示尺寸长度计算 4. 以个计量，按设计图示数量计算	1. 砂浆制作、运输 2. 砌砖 3. 刮缝 4. 材料运输
010401013	砖散水、地坪	1. 砖品种、规格、强度等级 2. 垫层材料种类、厚度 3. 散水、地坪厚度 4. 面层种类、厚度 5. 砂浆强度等级	m²	按设计图示尺寸以面积计算	1. 土方挖、运、填 2. 地基找平、夯实 3. 铺设垫层 4. 砌砖散水、地坪 5. 抹砂浆面层
010401014	砖地沟、明沟	1. 砖品种、规格、强度等级 2. 沟截面尺寸 3. 垫层材料种类、厚度 4. 混凝土强度等级 5. 砂浆强度等级	m	以米计量，按设计图示以中心线长度计算	1. 土方挖、运、填 2. 铺设垫层 3. 底板混凝土制作、运输、浇筑、振捣、养护 4. 砌砖 5. 刮缝、抹灰 6. 材料运输

3. 工程量计算示例

【例 5-8】 某单层建筑物如图 5-12 和图 5-13 所示，墙身为 M5.0 混合砂浆砌筑 MU7.5 标准烧结普通砖，内、外墙厚均为 240 mm，外墙瓷砖贴面，GZ 从基础圈梁到女儿墙顶，门窗洞口上全部采用预制钢筋混凝土过梁。M1：1 500 mm×2 700 mm；M2：1 000 mm×2 700 mm；C1：1 800 mm×1 800 mm；C2：1 500 mm×1 800 mm。试计算该工程砖砌体的工程量。

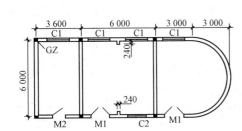

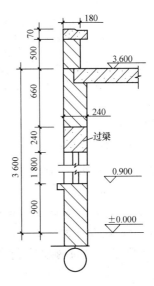

图 5-12　某单层建筑物平面图　　　　图 5-13　某单层建筑物墙上节点详图

【解】　实心砖墙的工程数量计算公式：

$$外墙：V_外=(H_外×L_中-F_洞)×b+V_增减$$

$$内墙：V_内=(H_内×L_净-F_洞)×b+V_增减$$

$$女儿墙：V_女=H_女×L_中×b+V_增减$$

砖围墙：高度算至压顶上表面（如有混凝土压顶时算至压顶下表面），围墙柱并入围墙体积内计算。则实心砖墙的工程数量计算如下：

(1)240 mm 厚，3.6 m 高，M5.0 混合砂浆砌筑 MU7.5 标准烧结普通砖，原浆勾缝外墙工程数量：

$$H_外=3.6\ m$$

$$L_中=6+(3.6+9)×2+×3-0.24×6+0.24×2=39.66(m)$$

应扣除门窗洞口工程数量：

$$F_洞=1.5×2.7×2+1×2.7×1+1.8×1.8×4+1.5×1.8×1=26.46(m^2)$$

应扣除钢筋混凝土过梁体积：

$$V=[(1.5+0.5)×2+(1.0+0.5)×1+(1.8+0.5)×4+(1.5+0.5)×1]×0.24×0.24$$

$$=0.96(m^3)$$

工程量：　　　　$$V=(3.6×39.66-26.46)×0.24-0.96=26.96(m^3)$$

其中，弧形墙工程量=3.6×3×0.24=8.14(m^3)

(2)240 mm 厚，3.6 m 高，M5.0 混合砂浆砌筑 MU7.5 标准烧结普通砖，原浆勾缝内墙工程数量：

$$H_内=3.6\ m,\ L_净=(6-0.24)×2=11.52(m)$$

工程量：　　　　$$V=3.6×11.52×0.24=9.95(m^3)$$

(3)180 mm 厚，0.5 m 高，M5.0 混合砂浆砌筑 MU7.5 标准烧结普通砖，原浆勾缝女儿墙工程数量：

$$H=0.5\ m$$

$$L_{中}=6.06+(3.63+9)\times 2+\times 3.03-0.24\times 6=39.40(\text{m})$$

工程量：
$$V=0.5\times 39.40\times 0.18=3.55(\text{m}^3)$$

【例 5-9】 某三斗一眠空斗墙如图 5-14 所示，试求其工程量。

【解】 空斗墙工程量 $V=0.24\times 20.00\times 1.80=8.64(\text{m}^3)$

(二)砌块砌体

1. 清单计价规范说明

(1)砌体内加筋、墙体拉结的制作、安装，应按混凝土及钢筋混凝土中相关项目编码列项。

(2)砌体排列应上、下错缝搭砌，如果搭错缝长度满足不了规定的压搭要求，应采取压砌钢筋网片的措施。具体构造要求按设计规定；若设计无规定时，应注明由投标人根据工程实际情况自行考虑。钢筋网片按金属结构工程中相关项目编码列项。

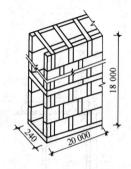

图 5-14　某三斗一眠空斗墙示意

(3)砌体垂直灰缝宽>30 mm 时，采用 C20 细石混凝土灌实。灌注的混凝土应按混凝土及钢筋混凝土相关项目编码列项。

2. 工程量清单项目设置及工程量计算规则

砌块砌体工程量清单项目设置及工程量计算规则见表 5-27。

表 5-27　砌块砌体(编码：010402)

项目编码	项目名称	项目特征	计量单位	工程量计算规则	工作内容
010402001	砌块墙	1. 砌块品种、规格、强度等级 2. 墙体类型 3. 砂浆强度等级	m³	按设计图示尺寸以体积计算 扣除门窗、洞口、嵌入墙内的钢筋混凝土柱、梁、圈梁、挑梁、过梁及凹进墙内的壁龛、管槽、暖气槽、消火栓箱所占体积。不扣除梁头、板头、檩头、垫木、木楞头、沿缘木、木砖、门窗走头、砌块墙内加固钢筋、木筋、铁件、钢管及单个面积≤0.3 m² 的孔洞所占体积。凸出墙面的腰线、挑檐、压顶、窗台线、虎头砖、门窗套的体积亦不增加。凸出墙面的砖垛并入墙体体积内计算 1. 墙长度：外墙按中心线，内墙按净长计算 2. 墙高度： (1)外墙：斜(坡)屋面无檐口顶棚者算至屋面板底；有屋架且室内外	1. 砂浆制作、运输 2. 砌砖、砌块 3. 勾缝 4. 材料运输

项目编码	项目名称	项目特征	计量单位	工程量计算规则	工作内容
010402001	砌块墙	1. 砌块品种、规格、强度等级 2. 墙体类型 3. 砂浆强度等级	m³	均有顶棚者算至屋架下弦底另加200 mm；无顶棚者算至屋架下弦底另加300 mm，出檐宽度超过600 mm时按实砌高度计算；与钢筋混凝土楼板隔层者算至板顶；平屋面算至钢筋混凝土板底 (2)内墙：位于屋架下弦者，算至屋架下弦底；无屋架者算至顶棚底另加100 mm；有钢筋混凝土楼板隔层者算至楼板顶；有框架梁时算至梁底 (3)女儿墙：从屋面板上表面算至女儿墙顶面(如有混凝土压顶时算至压顶下表面) (4)内、外山墙：按其平均高度计算 3. 框架间墙：不分内外墙按墙体净尺寸以体积计算 4. 围墙：高度算至压顶上表面(如有混凝土压顶时算至压顶下表面)，围墙柱并入围墙体积内	1. 砂浆制作、运输 2. 砌砖、砌块 3. 勾缝 4. 材料运输
010402002	砌块柱	1. 砌块品种、规格、强度等级 2. 墙体类型 3. 砂浆强度等级		按设计图示尺寸以体积计算扣除混凝土及钢筋混凝土梁垫、梁头、板头所占体积	

3. 工程量计算示例

【例5-10】 如图5-15所示为砌块墙示意，已知外墙厚为250 mm，内墙厚为200 mm，墙高为3.6 m，门窗及过梁尺寸见表5-28，试计算砌块墙工程量。

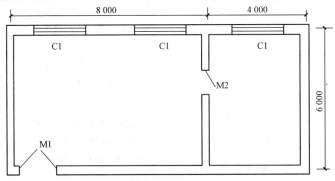

图5-15 砌块墙示意

表 5-28　门窗和过梁尺寸

门窗编号	尺寸/(mm×mm)	过梁	尺寸/(mm×mm×mm)
M1	1 200×2 400	MGL-1	1 700×120×250
M2	1 000×2 400	MGL-2	1 500×120×250
C1	1 800×2 100	CGL-1	2 300×120×250

【解】　外墙长度 $L_{外}=(6.0+8.0+4.0)\times2=36(m)$

内墙长度 $L_{内}=6.0-0.24=5.76(m)$

外墙工程量 $=(36\times3.6-1.8\times2.1\times3-1.2\times2.4-1.7\times0.12-2.3\times0.12\times3)\times0.25$
$=28.59(m^3)$

内墙工程量 $=(5.76\times3.6-1.0\times2.4-1.5\times0.12)\times0.25=4.54(m^3)$

砌块墙工程量 $=28.59+4.54=33.13(m^3)$

(三)石砌体

1. 清单计价规范说明

(1)石基础、石勒脚、石墙的划分：基础与勒脚应以设计室外地坪为界。勒脚与墙身应以设计室内地面为界。石围墙内外地坪标高不同时，应以较低地坪标高为界，以下为基础；内外标高之差为挡土墙时，挡土墙以上为墙身。

(2)如施工图设计标注做法见标准图集时，应在项目特征描述中注明标注图集的编码、页号及节点大样。

2. 工程量清单项目设置及工程量计算规则

石砌体工程量清单项目设置及工程量计算规则见表 5-29。

表 5-29　石砌体(编码：010403)

项目编码	项目名称	项目特征	计量单位	工程量计算规则	工作内容
010403001	石基础	1. 石料种类、规格 2. 基础类型 3. 砂浆强度等级	m³	按设计图示尺寸以体积计算 包括附墙垛基础宽出部分体积，不扣除基础砂浆防潮层及单个面积 ≤0.3 m² 的孔洞所占体积，靠墙暖气沟的挑檐不增加体积 基础长度：外墙按中心线，内墙按净长计算	1. 砂浆制作、运输 2. 吊装 3. 砌石 4. 防潮层铺设 5. 材料运输
010403002	石勒脚	1. 石料种类、规格 2. 石表面加工要求 3. 勾缝要求 4. 砂浆强度等级、配合比		按设计图示尺寸以体积计算，扣除单个面积 >0.3 m² 的孔洞所占的体积	

项目编码	项目名称	项目特征	计量单位	工程量计算规则	工作内容
010403003	石墙	1. 石料种类、规格 2. 石表面加工要求 3. 勾缝要求 4. 砂浆强度等级、配合比	m³	按设计图示尺寸以体积计算 扣除门窗、洞口、嵌入墙内的钢筋混凝土柱、梁、圈梁、挑梁、过梁及凹进墙内的壁龛、管槽、暖气槽、消火栓箱所占体积。不扣除梁头、板头、檩头、垫木、木楞头、沿缘木、木砖、门窗走头、石墙内加固钢筋、木筋、铁件、钢管及单个面积≤0.3 m²的孔洞所占体积。凸出墙面的腰线、挑檐、压顶、窗台线、虎头砖、门窗套的体积亦不增加。凸出墙面的砖垛并入墙体体积内计算 1. 墙长度：外墙按中心线，内墙按净长计算 2. 墙高度： (1)外墙：斜(坡)屋面无檐口顶棚者算至屋面板底；有屋架且室内外均有顶棚者算至屋架下弦底另加200 mm；无顶棚者算至屋架下弦底另加300 mm，出檐宽度超过600 mm时按实砌高度计算；与钢筋混凝土楼板隔层者算至板顶；平屋面算至钢筋混凝土板底 (2)内墙：位于屋架下弦者，算至屋架下弦底；无屋架者算至顶棚底另加100 mm；有钢筋混凝土楼板隔层者算至楼板顶；有框架梁时算至梁底 (3)女儿墙：从屋面板上表面算至女儿墙顶面(如有混凝土压顶时算至压顶下表面) (4)内、外山墙：按其平均高度计算 3. 围墙：高度算至压顶上表面(如有混凝土压顶时算至压顶下表面)，围墙柱并入围墙体积内	1. 砂浆制作、运输 2. 吊装 3. 砌石 4. 石表面加工 5. 勾缝 6. 材料运输

项目编码	项目名称	项目特征	计量单位	工程量计算规则	工作内容
010403004	石挡土墙	1. 石料种类、规格 2. 石表面加工要求 3. 勾缝要求 4. 砂浆强度等级、配合比	m³	按设计图示尺寸以体积计算	1. 砂浆制作、运输 2. 吊装 3. 砌石 4. 变形缝、泄水孔、压顶抹灰 5. 滤水层 6. 勾缝 7. 材料运输
010403005	石柱				1. 砂浆制作、运输 2. 吊装 3. 砌石 4. 石表面加工 5. 勾缝 6. 材料运输
010403006	石栏杆	1. 垫层材料种类、厚度 2. 石料种类、规格 3. 护坡厚度、高度 4. 石表面加工要求 5. 勾缝要求 6. 砂浆强度等级、配合比	m		
010403007	石护坡		m³	按设计图示以长度计算	
010403008	石台阶			按设计图示尺寸以体积计算	
010403009	石坡道		m²	按设计图示以水平投影面积计算	1. 铺设垫层 2. 石料加工 3. 砂浆制作、运输 4. 砌石 5. 石表面加工 6. 勾缝 7. 材料运输
010403010	石地沟、石明沟	1. 沟截面尺寸 2. 土壤类别、运距 3. 垫层材料种类、厚度 4. 石料种类、规格 5. 石表面加工要求 6. 勾缝要求 7. 砂浆强度等级、配合比	m	按设计图示以中心线长度计算	1. 土方挖、运 2. 砂浆制作、运输 3. 铺设垫层 4. 砌石 5. 石表面加工 6. 勾缝 7. 回填 8. 材料运输

3. 工程量计算示例

【例5-11】 求如图5-16所示毛石基础的工程量。

【解】 毛石基础工程量＝毛石基础断面面积×(外墙中心线长度＋内墙净长度)

$$= (0.7 \times 0.4 + 0.5 \times 0.4) \times [(14+7) \times 2 + 7 - 0.24]$$

$$= 23.40 \, (m^3)$$

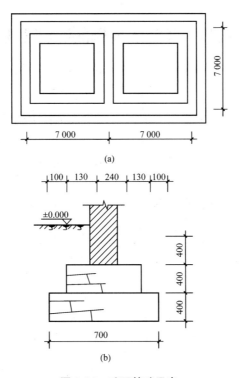

(a)

(b)

图 5-16 毛石基础示意

(a)毛石基础平面示意；(b)毛石基础剖面示意

【例 5-12】 如图 5-17 所示，某挡土墙工程用 M2.5 混合砂浆砌筑毛石，原浆勾缝，长度为 200 m，求挡土墙工程量。

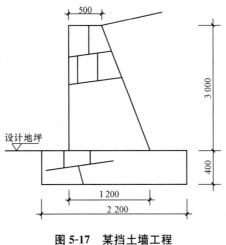

图 5-17 某挡土墙工程

【解】 石挡土墙工程量＝(0.5＋1.2)×3÷2×200＝510.00(m³)

第六节　混凝土及钢筋混凝土工程

一、相关知识

1. 钢筋混凝土

(1)钢筋混凝土：混凝土能承受很大的压力，但抵抗拉力的能力却很弱，受拉时很容易断裂，如果在构件的受拉部位配上一种抗拉能力很强的材料——钢筋，并且使钢筋和混凝土形成一个整体，共同受力，使它们发挥各自的特长，既能受压又能受拉。这种配有钢筋的混凝土，就称作钢筋混凝土。

(2)钢筋混凝土的强度标准值见表 5-30 和表 5-31。

表 5-30　普通钢筋强度标准值　　　　　　　　　　　　　　N/mm^2

牌号	符号	公称直径 d/mm	屈服强度标准值 f_{yk}	极限强度标准值 f_{stk}
HPB300	Φ	6～14	300	420
HRB335	Φ	6～14	335	455
HRB400 HRBF400 RRB400	Φ Φ^F Φ^R	6～50	400	540
HRB500 HRBF500	Φ Φ^F	6～50	500	630

表 5-31　预应力钢筋强度标准值　　　　　　　　　　　　　N/mm^2

种类		符号	公称直径 d/mm	屈服强度标准值 f_{pyk}	极限强度标准值 f_{ptk}
中强度预 应力钢丝	光圆 螺旋肋	ϕ^{PM} ϕ^{HM}	5、7、9	620	800
				780	970
				980	1 270
预应力螺纹钢筋	螺纹	ϕ^T	18、25、32、 40、50	785	980
				930	1 080
				1 080	1 230
消除应力钢丝	光圆 螺旋肋	ϕ^P ϕ^H	5	—	1 570
				—	1 860
			7	—	1 570
			9	—	1 470
				—	1 570

种类		符号	公称直径 d/mm	屈服强度标准值 f_{pyk}	极限强度标准值 f_{ptk}
钢绞线	1×3(三股)	ϕ^S	8.6、10.8、12.9	—	1 570
				—	1 860
				—	1 960
	1×7(七股)		9.5、12.7、15.2、17.8	—	1 720
				—	1 860
				—	1 960
			21.6	—	1 860
注：极限强度标准值为 1 960 N/mm² 的钢绞线作后张预应力配筋时，应有可靠的工程经验。					

2. 混凝土

混凝土是由水泥、砂、碎石和水按一定比例配合而成的，其强度大小不仅与组成材料的质量和配合比有关，而且与混凝土的养护、龄期、受力情况等有着密切关系。在实际工程中，常用的混凝土强度有立方体抗压强度、轴心抗压强度和轴心抗拉强度等。

混凝土轴心抗压强度的标准值 f_{ck} 应按表 5-32 采用，轴心抗拉强度的标准值 f_{tk} 应按表 5-33 采用。

表 5-32　混凝土轴心抗压强度的标准值 f_{ck}　　　　　　　　N/mm²

种类	混凝土强度等级													
	C15	C20	C25	C30	C35	C40	C45	C50	C55	C60	C65	C70	C75	C80
f_{ck}	10.0	13.4	16.7	20.1	23.4	26.8	29.6	32.4	35.5	38.5	41.5	44.5	47.4	50.2

表 5-33　轴心抗拉强度的标准值 f_{tk}　　　　　　　　N/mm²

强度	混凝土强度等级													
	C15	C20	C25	C30	C35	C40	C45	C50	C55	C60	C65	C70	C75	C80
f_{tk}	1.27	1.54	1.78	2.01	2.20	2.39	2.51	2.64	2.74	2.85	2.93	2.99	3.05	3.11

混凝土轴心抗压强度的设计值 f_c 应按表 5-34 采用；轴心抗拉强度的设计值 f_t 应按表 5-35 采用。

表 5-34　混凝土轴心抗压强度的设计值 f_c

强度	混凝土强度等级													
	C15	C20	C25	C30	C35	C40	C45	C50	C55	C60	C65	C70	C75	C80
f_c	7.2	9.6	11.9	14.3	16.7	19.1	21.1	23.1	25.3	27.5	29.7	31.8	33.8	35.9

表 5-35 轴心抗拉强度的设计值 f_t

强度	混凝土强度等级													
	C15	C20	C25	C30	C35	C40	C45	C50	C55	C60	C65	C70	C75	C80
f_t	0.91	1.10	1.27	1.43	1.57	1.71	1.80	1.89	1.96	2.04	2.09	2.14	2.18	2.22

3. 模板

(1)模板的作用和要求。模板系统包括模板、支架和紧固件三个部分。其是保证混凝土在浇筑过程中可以保持正确的形状和尺寸，以及在硬化过程中进行防护和养护的工具。

(2)模板的分类。

1)模板按其所用的材料不同，可分为木模板、钢模板、钢木模板、铝合金模板、塑料模板、胶合板模板、玻璃钢模板和预应力混凝土薄板等。

2)按其形式不同，可分为整体式模板、定型模板、工具式模板、滑升模板、胎模等。

二、定额说明与工程量计算规则

(一)定额说明

1. 混凝土

(1)混凝土按预拌混凝土编制，采用现场搅拌时，执行相应的预拌混凝土项目，再执行现场搅拌混凝土调整费项目。在现场搅拌混凝土调整费项目中，仅包含了冲洗搅拌机用水量，如需冲洗石子，用水量应另行处理。

(2)预拌混凝土是指在混凝土厂集中搅拌、用混凝土罐车运输到施工现场并入模的混凝土(圈过梁及构造柱项目中已综合考虑了因施工条件限制不能直接入模的因素)。

固定泵、泵车项目适用于混凝土送到施工现场未入模的情况，泵车项目仅适用于高度在15 m 以内，固定泵项目适用所有高度。

(3)混凝土按常用强度等级考虑，设计强度等级不同时可以换算；混凝土各种外加剂统一在配合比中考虑；图纸设计要求增加的外加剂另行计算。

(4)毛石混凝土按毛石占混凝土体积的 20% 计算，如设计要求不同时，可以换算。

(5)混凝土结构物实体最小几何尺寸大于 1 m，且按规定需进行温度控制的大体积混凝土，温度控制费用按照经批准的专项施工方案另行计算。

(6)独立桩承台执行独立基础项目，带形桩承台执行带形基础项目，与满堂基础相连的桩承台执行满堂基础项目。

(7)二次灌浆，如灌注材料与设计不同时，可以换算；空心砖内灌注混凝土，执行小型构件项目。

(8)现浇钢筋混凝土柱、墙项目，均综合了每层底部灌注水泥砂浆的消耗量。地下室外墙执行直形墙项目。

(9)钢管柱制作、安装执行定额"金属结构工程"相应项目；钢管柱浇筑混凝土使用反顶升浇筑法施工时，增加的材料、机械另行计算。

(10)斜梁(板)是按坡度大于 10°且≤30°综合考虑的。斜梁(板)坡度在 10°以内的执行梁、板项目；坡度在 30°以上、45°以内时人工乘以系数 1.05；坡度在 45°以上、60°以内时人工乘以系数1.10；坡度在60°以上时人工乘以系数1.20。

（11）叠合梁、板分别按梁、板相应项目执行。

（12）压型钢板上浇捣混凝土，执行平板项目，人工乘以系数1.10。

（13）型钢组合混凝土构件，执行普通混凝土相应构件项目，人工、机械乘以系数1.20。

（14）挑檐、天沟壁高度≤400 mm，执行挑檐项目；挑檐、天沟壁高度＞400 mm，按全高执行栏板项目；单体体积在0.1 m³以内，执行小型构件项目。

（15）阳台不包括阳台栏板及压顶内容。

（16）预制板间补现浇板缝，适用于板缝小于预制板的模数，但需支模才能浇筑的混凝土板缝。

（17）楼梯是按建筑物一个自然层双跑楼梯考虑的。如单坡直行楼梯（即一个自然层、无休息平台）按相应项目定额乘以系数1.2；三跑楼梯（即一个自然层、两个休息平台）按相应项目定额乘以系数0.9；四跑楼梯（即一个自然层、三个休息平台）按相应项目定额乘以系数0.75。

当图纸设计板式楼梯梯段底板（不含踏步三角部分）厚度大于150 mm、梁式楼梯梯段底板（不含踏步三角部分）厚度大于80 mm时，混凝土消耗量按实调整，人工按相应比例调整。

弧形楼梯是指一个自然层旋转弧度小于180°的楼梯，螺旋楼梯是指一个自然层旋转弧度大于180°的楼梯。

（18）散水混凝土按厚度60 mm编制，如设计厚度不同时，可以换算；散水包括了混凝土浇筑、表面压实抹光及嵌缝内容，未包括基础夯实、垫层内容。

（19）台阶混凝土含量是按1.22 m³/10 m²综合编制的，如设计含量不同时，可以换算；台阶包括了混凝土浇筑及养护内容，未包括基础夯实、垫层及面层装饰内容，发生时执行其他章节相应项目。

（20）与主体结构不同时浇捣的厨房、卫生间等处墙体下部的现浇混凝土翻边执行圈梁相应项目。

（21）独立现浇门框按构造柱项目执行。

（22）凸出混凝土柱、梁的线条，并入相应柱、梁构件内；凸出混凝土外墙面、阳台梁、栏板外侧≤300 mm的装饰线条，执行扶手、压顶项目；凸出混凝土外墙、梁外侧＞300 mm的板，按伸出外墙的梁、板体积合并计算，执行悬挑板项目。

（23）外形尺寸体积在1 m³以内的独立池槽执行小型构件项目，1 m³以上的独立池槽及与建筑物相连的梁、板、墙结构式水池，分别执行梁、板、墙相应项目。

（24）小型构件是指单件体积在0.1 m³以内且本节未列项目的构件。

（25）后浇带包括了与原混凝土接缝处的钢丝网用量。

（26）本节仅按预拌混凝土编制了施工现场预制的小型构件项目，其他混凝土预制构件定额均按外购成品考虑。

（27）预制混凝土隔板，执行预制混凝土架空隔热板项目。

（28）有梁板及平板的区分如图5-18所示。

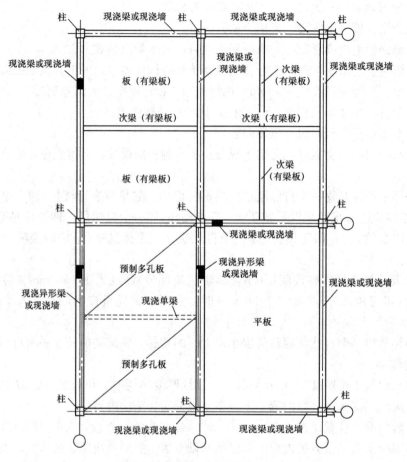

图 5-18　有梁板、平板区分示意

2. 钢筋

(1)钢筋工程按钢筋的不同品种和规格以现浇构件、预制构件、预应力构件及箍筋分别列项，钢筋的品种、规格比例按常规工程设计综合考虑。

(2)除定额规定单独列项计算外，各类钢筋、铁件的制作成型、绑扎、安装、接头、固定所用人工、材料、机械消耗均已综合在相应项目内；设计另有规定者，按设计要求计算。直径 25 mm 以上的钢筋连接按机械连接考虑。

(3)钢筋工程中措施钢筋，按设计图纸的规定及施工验收规范要求计算，按品种、规格执行相应项目。如采用其他材料，则应另行计算。

(4)型钢组合混凝土构件中，型钢骨架执行定额"金属结构工程"相应项目；钢筋执行现浇构件钢筋相应项目，人工乘以系数 1.50，机械乘以系数 1.15。

(5)弧形构件钢筋执行钢筋相应项目，人工乘以系数 1.05。

(6)混凝土空心楼板(ADS空心板)中钢筋网片，执行现浇构件钢筋相应项目，人工乘以系数 1.30，机械乘以系数 1.15。

(7)预应力混凝土构件中的非预应力钢筋按钢筋相应项目执行。

(8)非预应力钢筋未包括冷加工，如设计要求冷加工，则应另行计算。

(9)预应力钢筋如设计要求人工时效处理,则应另行计算。

(10)后张法钢筋的锚固是按钢筋帮条焊、U形插垫编制的,如采用其他方法锚固时应另行计算。

(11)预应力钢丝束、钢绞线综合考虑了一端、两端张拉;锚具按单锚、群锚分别列项,单锚按单孔锚具列入,群锚按3孔列入。预应力钢丝束、钢绞线长度大于50 m时,应采用分段张拉;用于地面预制构件时,应扣除项目中张拉平台摊销费。

(12)植筋不包括植入的钢筋制作、化学螺栓,钢筋制作按钢筋制安相应项目执行,化学螺栓另行计算;使用化学螺栓,应扣除植筋胶的消耗量。

(13)地下连续墙钢筋笼安放,不包括钢筋笼制作,钢筋笼制作按现浇钢筋制安相应项目执行。

(14)固定预埋铁件(螺栓)所消耗的材料按实计算,执行相应项目。

(15)现浇混凝土小型构件,执行现浇构件钢筋相应项目,人工、机械乘以系数2.00。

3. 模板

(1)模板分组合钢模板、大钢模板、复合模板、木模板,定额未注明模板类型的,均按木模板考虑。

(2)模板按企业自有编制。组合钢模板包括装箱,且已包括回库维修耗量。

(3)复合模板适用于竹胶、木胶等品种的复合板。

(4)圆弧形带形基础模板执行带形基础相应项目,人工、材料、机械乘以系数1.15。

(5)地下室底板模板执行满堂基础,满堂基础模板已包括集水井模板杯壳。

(6)满堂基础下翻构件的砖胎模,砖胎模中砌体执行定额"砌筑工程"砖基础相应项目;抹灰执行定额"楼地面装饰工程""墙、柱面装饰与隔断、幕墙工程"抹灰的相应项目。

(7)独立桩承台执行独立基础项目;带形桩承台执行带形基础项目;与满堂基础相连的桩承台执行满堂基础项目。高杯基础杯口高度大于杯口大边长度3倍以上时,杯口高度部分执行柱项目,杯形基础执行柱项目。

(8)现浇混凝土柱(不含构造柱)、墙、梁(不含圈、过梁)、板是按高度(板面或地面、垫层面至上层板面的高度)3.6 m综合考虑的。如遇斜板面结构时,柱分别按各柱的中心高度为准;墙按分段墙的平均高度为准;框架梁按每跨两端的支座平均高度为准;板(含梁板合计的梁)按高点与低点的平均高度为准。

异形柱、梁是指柱、梁的断面形状为L形、十字形、T形、乙字形等。

(9)柱模板如遇弧形和异形组合时,执行圆柱项目。

(10)短肢剪力墙是指截面厚度≤300 mm,各肢截面高度与厚度之比的最大值>4但≤8的剪力墙;各肢截面高度与厚度之比的最大值≤4的剪力墙执行柱项目。

(11)外墙设计采用一次摊销止水螺杆方式支模时,将对拉螺栓材料换为止水螺杆,其消耗量按对拉螺栓数量乘以系数12,取消塑料套管消耗量,其余不变。墙面模板未考虑定位支撑因素。

柱、梁面对拉螺栓堵眼增加费,执行墙面螺栓堵眼增加费项目,柱面螺栓堵眼人工、机械乘以系数0.3,梁面螺栓堵眼人工、机械乘以系数0.35。

(12)板或拱形结构按板顶平均高度确定支模高度,电梯井壁按建筑物自然层层高确定支模高度。

（13）斜梁（板）按坡度大于 10°且≤30°综合考虑。斜梁（板）坡度在 10°以内的执行梁、板项目；坡度在 30°以上、45°以内时人工乘以系数 1.05；坡度在 45°以上、60°以内时人工乘以系数 1.10；坡度在 60°以上时人工乘以系数 1.20。

（14）混凝土梁、板应分别计算执行相应项目，混凝土板适用于截面厚度≤250 mm；板中暗梁并入板内计算；墙、梁弧形且半径≤9 m 时，执行弧形墙、梁项目。

（15）现浇空心板执行平板项目，内模安装另行计算。

（16）薄壳板模板不分筒式、球形、双曲形等，均执行同一项目。

（17）型钢组合混凝土构件模板，按构件相应项目执行。

（18）屋面混凝土女儿墙高度＞1.2 m 时执行相应墙项目，≤1.2 m 时执行相应栏板项目。

（19）混凝土栏板高度（含压顶扶手及翻沿），净高按 1.2 m 以内考虑，超过 1.2 m 时执行相应墙项目。

（20）现浇混凝土阳台板、雨篷板按三面悬挑形式编制，如一面为弧形栏板且半径≤9 m，则执行圆弧形阳台板、雨篷板项目；如非三面悬挑形式的阳台、雨篷，则执行梁、板相应项目。

（21）挑檐、天沟壁高度≤400 mm，执行挑檐项目，挑檐、天沟壁高度＞400 mm 时，按全高执行栏板项目。单件体积在 0.1 m³ 以内，执行小型构件项目。

（22）预制板间补现浇板缝执行平板项目。

（23）现浇飘窗板、空调板执行悬挑板项目。

（24）楼梯是按建筑物一个自然层双跑楼梯考虑的，如单坡直行楼梯（即一个自然层、无休息平台）按相应项目人工、材料、机械乘以系数 1.2；三跑楼梯（即一个自然层、两个休息平台）按相应项目人工、材料、机械乘以系数 0.9；四跑楼梯（即一个自然层、三个休息平台）按相应项目人工、材料、机械乘以系数 0.75。剪刀式楼梯执行单坡直行楼梯相应系数。

（25）与主体结构不同时浇捣的厨房、卫生间等处墙体下部现浇混凝土翻边的模板执行圈梁相应项目。

（26）散水模板执行垫层相应项目。

（27）凸出混凝土柱、梁、墙面的线条，并入相应构件内计算，再按凸出的线条道数执行模板增加费项目；但单独窗台板、栏板扶手、墙上压顶的单阶挑沿不另计算模板增加费；其他单阶线条凸出宽度＞200 mm 的执行挑檐项目。

（28）外形尺寸体积在 1 m³ 以内的独立池槽执行小型构件项目，1 m³ 以上的独立池槽及与建筑物相连的梁、板、墙结构式水池，分别执行梁、板、墙相应项目。

（29）小型构件是指单件体积在 0.1 m³ 以内且本节未列项目的构件。

（30）当设计要求为清水混凝土模板时，执行相应模板项目，并作如下调整：复合模板材料换算为镜面胶合板，机械不变，其人工按表 5-36 增加工日。

表 5-36 清水混凝土模板增加工日

项目	柱			梁			墙		有梁板、无梁板、平板
	矩形柱	圆形柱	异性柱	矩形梁	异形梁	弧形、拱形梁	直形墙、弧形墙、电梯井壁墙	短肢剪力墙	
工日	4	5.2	6.2	5	5.2	5.8	3	2.4	4

(31)预制构件模板的摊销，已包括在预制构件的模板中。

4．混凝土构件运输

(1)混凝土构件运输。

1)构件运输适用于构件堆放场地或构件加工厂至施工现场的运输。运距以30 km以内考虑，30 km以上另行计算。

2)构件运输基本运距按场内运输1 km、场外运输10 km分别列项，实际运距不同时，按场内每增减0.5 km、场外每增减1 km项目调整。

3)定额已综合考虑施工现场内、外(现场、城镇)运输道路等级、路况、重车上下坡等不同因素。

4)构件运输不包括桥梁、涵洞、道路加固、管线、路灯迁移及因限载、限高而发生的加固、扩宽、公交管理部门要求的措施等因素。

5)预制混凝土构件运输，按表5-37预制混凝土构件分类表中1、2类构件的单体体积、面积、长度三个指标中，以符合其中一项指标为准(按就高不就低的原则执行)。

表5-37 预制混凝土构件分类表

类别	项 目
1	桩、柱、梁、板、墙单件体积≤1 m³、面积≤4 m³、长度≤5 m
2	桩、柱、梁、板、墙单件体积>1 m³、面积>4 m³、5 m<长度≤6 m
3	6 m以上至14 m的桩、柱、梁、板、屋架、桁架、托架(14 m以上另行计算)
4	天窗架、侧板、端壁板、天窗上下挡及小型构件

(2)预制混凝土构件安装。

1)构件安装不分履带式起重机或轮胎式起重机，以综合考虑编制。构件安装是按单机作业考虑的，如因构件超重(以起重机械起重量为限)须双机台吊时，按相应项目人工、机械乘以系数1.20。

2)构件安装是按机械起吊点中心回转半径15 m以内距离计算。如超过15 m时，构件须用起重机移运就位，且运距在50 m以内的，起重机械乘以系数1.25；运距超过50 m的，应另按构件运输项目计算。

3)小型构件安装是指单体体积小于0.1 m³的构件安装。

4)构件安装不包括运输、安装过程中起重机械、运输机械场内行驶道路的加固、铺垫工作的人工、材料、机械消耗，发生该费用时应另行计算。

5)构件安装高度以20 m以内为准，安装高度(除塔式起重机施工外)超过20 m并小于30 m时，按相应项目人工、机械乘以系数1.20。安装高度(除塔式起重机施工外)超过30 m时，应另行计算。

6)构件安装需另行搭设的脚手架，按批准的施工组织设计要求，执行定额"措施项目"脚手架工程相应项目。

7)塔式起重机的机械台班均已包括在垂直运输机械费项目中。

单层房屋屋盖系统预制混凝土构件，必须在跨外安装的，按相应项目的人工、机械乘以系数1.18；但使用塔式起重机施工时，不乘系数。

(3)装配式建筑构件安装。

1)装配式建筑构件按外购成品考虑。

2)装配式建筑构件包括预制钢筋混凝土柱、梁、叠合梁、叠合楼板、叠合外墙板、外墙板、内墙板、女儿墙、楼梯、阳台、空调板、预埋套管、注浆等项目。

3)装配式建筑构件未包括构件卸车、堆放支架及垂直运输机械等内容。

4)构件运输执行本节混凝土构件运输的相应项目。

5)如预制外墙构件中已包含窗框安装，则计算相应窗扇费用时应扣除窗框安装人工。

6)柱、叠合楼板项目中已包括接头、灌浆的工作内容，不再另行计算。

(二)定额工程量计算规则

1. 混凝土

(1)现浇混凝土。

1)混凝土工程量除另有规定者外，均按设计图示尺寸以体积计算。不扣除构件内钢筋、预埋铁件及墙、板中 0.3 m² 以内的孔洞所占体积。型钢混凝土中型钢骨架所占体积按(密度)7 850 kg/m³ 扣除。

2)基础：按设计图示尺寸以体积计算，不扣除伸入承台基础的桩头所占体积。

①带形基础。带形基础不分有肋式与无肋式，均按带形基础项目计算，有肋式带形基础，肋高(指基础扩大顶面至梁顶面的高)≤1.2 m 时，合并计算；肋高>11.2 m 时，扩大顶面以下的基础部分，按无肋带形基础项目计算，扩大顶面以上部分，按墙项目计算。

②箱式基础。箱式基础分别按基础、柱、墙、梁、板等有关规定计算。

③设备基础。设备基础除块体(块体设备基础是指没有空间的实心混凝土形状)以外，其他类型设备基础分别按基础、柱、墙、梁、板等有关规定计算。

3)柱：按设计图示尺寸以体积计算。

①有梁板的柱高，应自柱基上表面(或楼板上表面)至上一层楼板上表面之间的高度计算。

②无梁板的柱高，应自柱基上表面(或楼板上表面)至柱帽下表面之间的高度计算。

③框架柱的柱高，应自柱基上表面至柱顶面高度计算。

④构造柱按全高计算，嵌接墙体部分(马牙槎)并入柱身体积。

⑤依附柱上的牛腿，并入柱身体积内计算。

⑥钢管混凝土柱以钢管高度按照钢管内径计算混凝土体积。

4)墙：按设计图示尺寸以体积计算，扣除门窗洞口及单个面积 0.3 m² 以外孔洞所占体积，墙垛及凸出部分并入墙体积内计算。直形墙中门窗洞口上的梁并入墙体积；短肢剪力墙结构砌体内门窗洞口上的梁并入梁体积。

墙与柱连接时墙算至柱边；墙与梁连接时墙算至梁底；墙与板连接时板算至墙侧；未凸出墙面的暗梁、暗柱并入墙体积。

5)梁：按设计图示尺寸以体积计算，伸入砖墙内的梁头、梁垫并入梁体积内。

①梁与柱连接时，梁长算至柱侧面。

②主梁与次梁连接时，次梁长算至主梁侧面。

6)板：按设计图示尺寸以体积计算，不扣除单个面积 0.3 m² 以内的柱、垛及孔洞所占体积。

①有梁板包括梁与板，按梁、板体积之和计算。

②无梁板按板和柱帽体积之和计算。

③各类板伸入砖墙内的板头并入板体积内计算，薄壳板的肋、基梁并入薄壳体积内计算。

④空心板按设计图示尺寸以体积（扣除空心部分）计算。

7)栏板、扶手按设计图示尺寸以体积计算，伸入砖墙内的部分并入栏板、扶手体积计算。

8)挑檐、天沟按设计图示尺寸以墙外部分体积计算。挑檐、天沟板与板（包括屋面板）连接时，以外墙外边线为分界线；与梁（包括圈梁等）连接时，以梁外边线为分界线；外墙外边线以外为挑檐、天沟。

9)凸阳台（凸出外墙外侧用悬挑梁悬挑的阳台）按阳台项目计算；凹进墙内的阳台，按梁、板分别计算，阳台栏板、压顶分别按栏板、压顶项目计算。

10)雨篷梁、板工程量合并，按雨篷以体积计算，高度≤400 mm 的栏板并入雨篷体积内计算，栏板高度>400 mm 时，其超过部分按栏板计算。

11)楼梯（包括休息平台、平台梁、斜梁及楼梯的连接梁）按设计图示尺寸以水平投影面积计算，不扣除宽度小于 500 mm 楼梯井，伸入墙内部分不计算。当整体楼梯与现浇楼板无梯梁连接时，以楼梯的最后一个踏步边缘加 300 mm 为界。

12)散水、台阶按设计图示尺寸，以水平投影面积计算。台阶与平台连接时，其投影面积应以最上层踏步外沿加 300 mm 计算。

13)场馆看台、地沟、混凝土后浇带按设计图示尺寸以体积计算。

14)二次灌浆、空心砖内灌注混凝土，按照实际灌注混凝土体积计算。

15)空心楼板筒芯、箱体安装，均按体积计算。

(2)预制混凝土。预制混凝土均按图示尺寸以体积计算，不扣除构件内钢筋、铁件及单个尺寸 300 mm×300 mm 以内的孔洞所占体积。

(3)预制混凝土构件接头灌缝。预制混凝土构件接头灌缝，均按预制混凝土构件体积计算。

2. 钢筋

(1)现浇、预制构件钢筋，按设计图示钢筋长度乘以单位理论质量计算。

(2)钢筋搭接长度应按设计图示及规范要求计算；设计图示及规范要求未标明搭接长度的，不另计算搭接长度。

(3)钢筋的搭接（接头）数量应按设计图示及规范要求计算；设计图示及规范要求未标明的，按以下规定计算：

1)ϕ10 mm 以内的长钢筋，按每 12 m 计算一个钢筋搭接（接头）。

2)ϕ10 mm 以上的长钢筋，按每 9 m 计算一个搭接（接头）。

(4)先张法预应力钢筋按设计图示钢筋长度乘以单位理论质量计算。

(5)后张法预应力钢筋按设计图示钢筋（绞线、丝束）长度乘以单位理论质量计算。

1)低合金钢筋两端均采用螺杆锚具时，钢筋长度按孔道长度减 0.35 m 计算，螺杆另行计算。

2)低合金钢筋一端采用镦头插片，另一端采用螺杆锚具时，钢筋长度按孔道长度计算，螺杆另行计算。

3)低合金钢筋一端采用镦头插片，另一端采用帮条锚具时，钢筋按增加 0.15 m 计算；两端均采用帮条锚具时，钢筋长度按孔道长度增加 0.3 m 计算。

4)低合金钢筋采用后张混凝土自锚时，钢筋长度按孔道长度增加 0.35 m 计算。

5)低合金钢筋(钢绞线)采用 JM、XM、QM 型锚具，当孔道长度≤20 m 时，钢筋长度按孔道长度增加 1 m 计算；当孔道长度>20 m 时，钢筋长度按孔道长度增加 1.8 m 计算。

6)碳素钢丝采用锥形锚具，当孔道长度<20 m 时，钢丝束长度按孔道长度增加 1 m 计算；当孔道长度>20 m 时，钢丝束长度按孔道长度增加 1.8 m 计算。

7)碳素钢丝采用墩头锚具时，钢丝束长度按孔道长度增加 0.35 m 计算。

(6)预应力钢丝束、钢绞线锚具安装按套数计算。

(7)当设计要求钢筋接头采用机械连接时，按数量计算，不再计算该处的钢筋搭接长度。

(8)植筋按数量计算，植入钢筋按外露和植入部分之和长度乘以单位理论质量计算。

(9)钢筋网片、混凝土灌注桩钢筋笼、地下连续墙钢筋笼按设计图示钢筋长度乘以单位理论质量计算。

(10)混凝土构件预埋铁件、螺栓，按设计图示尺寸以质量计算。

3. 模板

(1)现浇混凝土构件模板。

1)现浇混凝土构件模板，除另有规定者外，均按模板与混凝土的接触面面积(扣除后浇带所占面积)计算。

2)基础。

①有肋式带形基础，肋高(指基础扩大顶面至梁顶面的高)≤1.2 m 时，合并计算；>1.2 m 时，基础底板模板按无肋带形基础项目计算，扩大顶面以上部分模板按混凝土墙项目计算。

②独立基础：高度从垫层上表面计算到柱基上表面。

③满堂基础：无梁式满堂基础有扩大或角锥形柱墩时，并入无梁式满堂基础内计算。有梁式满堂基础梁高(从板面或板底计算，梁高不含板厚)≤1.2 m 时，基础和梁合并计算；>1.2 m 时，底板按无梁式满堂基础模板项目计算，梁按混凝土墙模板项目计算。箱式满堂基础应分别按无梁式满堂基础、柱、墙、梁、板的有关规定计算。地下室底板按无梁式满堂基础模板项目计算。

④设备基础：块体设备基础按不同体积，分别计算模板工程量。框架设备基础应分别按基础、柱以及墙的相应项目计算；楼层面上的设备基础并入梁、板项目计算，如在同一设备基础中部分为块体，部分为框架时，应分别计算。框架设备基础的柱模板高度应由底板或柱基的上表面算至板的下表面；梁的长度按净长计算，梁的悬臂部分应并入梁内计算。

⑤设备基础地脚螺栓套孔以不同深度以数量计算。

3)构造柱均应按图示外露部分计算模板面积。带马牙槎构造柱的宽度按马牙槎处的宽度计算。

4)现浇混凝土墙、板上单孔面积在 0.3 m² 以内的孔洞，不予扣除，洞侧壁模板也不增加；单孔面积在 0.3 m² 以外时，应予以扣除，洞侧壁模板面积并入墙、板模板工程量以内计算。

对拉螺栓堵眼增加费按墙面、柱面、梁面模板接触面分别计算工程量。

5)现浇混凝土框架分别按柱、梁、板有关规定计算,附墙柱凸出墙面部分按柱工程量计算,暗梁、暗柱并入墙内工程量计算。

6)柱、墙、梁、板、栏板相互连接的重叠部分,均不扣除模板面积。

7)挑檐、天沟与板(包括屋面板、楼板)连接时,以外墙外边线为分界线;与梁(包括圈梁等)连接时,以梁外边线为分界线;外墙外边线以外或梁外边线以外为挑檐、天沟。

8)现浇混凝土悬挑板、雨篷、阳台按图示外挑部分尺寸的水平投影面积计算,挑出墙外的悬臂梁及板边不另行计算。

9)现浇混凝土楼梯(包括休息平台、平台梁、斜梁和楼层板连接的梁)按水平投影面积计算。不扣除宽度小于500 mm楼梯井所占面积,楼梯的踏步、踏步板、平台梁等侧面模板不另行计算,伸入墙内部分也不增加。当整体楼梯与现浇楼板无梯梁连接时,以楼梯的最后一个踏步边缘加300 mm为界。

10)混凝土台阶不包括梯带,按图示台阶尺寸的水平投影面积计算,台阶端头两侧不另计算模板面积;架空式混凝土台阶按现浇楼梯计算;场馆看台按设计图示尺寸,以水平投影面积计算。

11)凸出的线条模板增加费,以凸出棱线的道数分别按长度计算,两条及多条线条相互之间净距小于100 mm的,每两条按一条计算。

12)后浇带按模板与后浇带的接触面面积计算。

(2)预制混凝土构件模板。预制混凝土模板按模板与混凝土的接触面面积计算,地模不计算接触面面积。

4. 混凝土构件运输与安装

(1)预制混凝土构件运输及安装除另有规定外,均按构件设计图示尺寸以体积计算。

(2)预制混凝土构件安装。

1)预制混凝土矩形柱、工形柱、双肢柱、空格柱、管道支架等安装,均按柱安装计算。

2)组合屋架安装,以混凝土部分体积计算,不计算钢杆件部分。

3)预制板安装,不扣除单个面积≤0.3 m²的孔洞所占体积,扣除空心板空洞体积。

(3)装配式建筑构件安装。

1)装配式建筑构件工程量均按设计图示尺寸以体积计算,不扣除构件内钢筋、预埋铁件等所占的体积。

2)装配式墙、板安装,不扣除单个面积≤0.3 m²的孔洞所占体积。

3)装配式楼梯安装,应按扣除空心踏步板空洞体积后,以体积计算。

4)预埋套筒、注浆按数量计算。

5)墙间空腔注浆按长度计算。

三、清单计价工程量计算规则

混凝土及钢筋混凝土工程共分17节76个清单项目,其中包括现浇混凝土基础、现浇混凝土柱、现浇混凝土梁、现浇混凝土墙、现浇混凝土板、现浇混凝土楼梯、现浇混凝土其他构件、后浇带、预制混凝土柱、预制混凝土梁、预制混凝土屋梁、预制混凝土板、预制混凝土楼梯、其他预制构件、钢筋工程、螺栓、铁件。

(一)现浇混凝土工程

1.清单计价规范说明

(1)现浇混凝土基础。

1)有肋带形基础、无肋带形基础应按表5-38中相关项目列项,并注明肋高。

2)箱式满堂基础中柱、梁、墙、板按表5-39、表5-40、表5-41、表5-42相关项目分别编码列项;箱式满堂基础底板按表5-38的满堂基础项目列项。

3)框架式设备基础中柱、梁、墙、板分别按表5-39、表5-40、表5-41、表5-42相关项目编码列项;基础部分按表5-38相关项目编码列项。

4)如为毛石混凝土基础,项目特征应描述毛石所占比例。

(2)现浇混凝土柱。混凝土种类是指清水混凝土、彩色混凝土等,如在同一地区既使用预拌(商品)混凝土,又允许现场搅拌混凝土时,也应注明(下同)。

(3)现浇混凝土墙。短肢剪力墙是指截面厚度不大于300 mm、各肢截面高度与厚度之比的最大值大于4但不大于8的剪力墙;各肢截面高度与厚度之比的最大值不大于4的剪力墙按柱项目编码列项。

(4)现浇混凝土板。现浇挑檐、天沟板、雨篷、阳台与板(包括屋面板、楼板)连接时,以外墙外边线为分界线;与圈梁(包括其他梁)连接时,以梁外边线为分界线。外边线以外为挑檐、天沟、雨篷或阳台。

(5)现浇混凝土楼梯。整体楼梯(包括直行楼梯、弧形楼梯)水平投影面积包括休息平台、平台梁、斜梁和楼梯的连接梁。当整体楼梯与现浇楼板无梯梁连接时,以楼梯的最后一个踏步边缘加300 mm为界。

(6)现浇混凝土其他构件。

1)现浇混凝土小型池槽、垫块、门框等,应按表5-44其他构件项目编码列项。

2)架空式混凝土台阶,按现浇楼梯计算。

2.工程量清单项目设置及工程量计算规则

(1)现浇混凝土基础工程量清单项目设置及工程量计算规则见表5-38。

表5-38 现浇混凝土基础

项目编码	项目名称	项目特征	计量单位	工程量计算规则	工作内容
010501001	垫层				
010501002	带形基础				1.模板及支撑制作、安装、拆除、堆放、运输及清理模内杂物、刷隔离剂 2.混凝土制作、运输、浇筑、振捣、养护
010501003	独立基础	1.混凝土种类 2.混凝土强度等级	m³	按设计图示尺寸以体积计算。不扣除伸入承台基础的桩头所占体积	
010501004	满堂基础				
010501005	桩承台基础				
010501006	设备基础	1.混凝土种类 2.混凝土强度等级 3.灌浆材料及其强度等级			

(2)现浇混凝土柱工程量清单项目设置及工程量计算规则见表5-39。

表 5-39 现浇混凝土柱(编码：010502)

项目编码	项目名称	项目特征	计量单位	工程量计算规则	工作内容
010502001	矩形柱	1. 混凝土种类 2. 混凝土强度等级	m³	按设计图示尺寸以体积计算 柱高： 1. 有梁板的柱高，应自柱基上表面(或楼板上表面)至上一层楼板上表面之间的高度计算 2. 无梁板的柱高，应自柱基上表面(或楼板上表面)至柱帽下表面之间的高度计算 3. 框架柱的柱高：应自柱基上表面至柱顶高度计算 4. 构造柱按全高计算，嵌接墙体部分(马牙槎)并入柱身体积 5. 依附柱上的牛腿和升板的柱帽，并入柱身体积计算	1. 模板及支架(撑)制作、安装、拆除、堆放、运输及清理模内杂物、刷隔离剂等 2. 混凝土制作、运输、浇筑、振捣、养护
010502002	构造柱				
010502003	异形柱	1. 柱形状 2. 混凝土种类 3. 混凝土强度等级			

(3)现浇混凝土梁工程量清单项目设置及工程量计算规则见表5-40。

表 5-40 现浇混凝土梁(编码：010503)

项目编码	项目名称	项目特征	计量单位	工程量计算规则	工作内容
010503001	基础梁	1. 混凝土种类 2. 混凝土强度等级	m³	按设计图示尺寸以体积计算。伸入墙内的梁头、梁垫并入梁体积内 梁长： 1. 梁与柱连接时，梁长算至柱侧面 2. 主梁与次梁连接时，次梁长算至主梁侧面	1. 模板及支架(撑)制作、安装、拆除、堆放、运输及清理模内杂物、刷隔离剂等 2. 混凝土制作、运输、浇筑、振捣、养护
010503002	矩形梁				
010503003	异形梁				
010503004	圈梁				
010503005	过梁				
010503006	弧形、拱形梁				

(4)现浇混凝土墙工程量清单项目设置及工程量计算规则见表5-41。

表 5-41　现浇混凝土墙(编码：010504)

项目编码	项目名称	项目特征	计量单位	工程量计算规则	工作内容
010504001	直形墙			按设计图示尺寸以体积计算。扣除门窗洞口及单个面积>0.3 m²的孔洞所占体积，墙垛及凸出墙面部分并入墙体体积内计算	1. 模板及支架(撑)制作、安装、拆除、堆放、运输及清理模内杂物、刷隔离剂等 2. 混凝土制作、运输、浇筑、振捣、养护
010504002	弧形墙	1. 混凝土种类 2. 混凝土强度等级	m³		
010504003	短肢剪力墙				
010504004	挡土墙				

(5)现浇混凝土板工程量清单项目设置及工程量计算规则见表 5-42。

表 5-42　现浇混凝土板(编码：010505)

项目编码	项目名称	项目特征	计量单位	工程量计算规则	工作内容
010505001	有梁板			按设计图示尺寸以体积计算，不扣除单个面积≤0.3 m²的柱、垛以及孔洞所占体积 压形钢板混凝土楼板扣除构件内压形钢板所占体积 有梁板(包括主、次梁与板)按梁、板体积之和计算，无梁板按板和柱帽体积之和计算，各类板伸入墙内的板头并入板体积内，薄壳板的肋、基梁并入薄壳体积内计算	
010505002	无梁板				
010505003	平板				
010505004	拱板				
010505005	薄壳板				
010505006	栏板				
010505007	天沟(檐沟)、挑檐板	1. 混凝土种类 2. 混凝土强度等级	m³	按设计图示尺寸以体积计算	1. 模板及支架(撑)制作、安装、拆除、堆放、运输及清理模内杂物、刷隔离剂等 2. 混凝土制作、运输、浇筑、振捣、养护
010505008	雨篷、悬挑板、阳台板			按设计图示尺寸以墙外部分体积计算，包括伸出墙外的牛腿和雨篷反挑檐的体积	
010505009	空心板			按设计图示尺寸以体积计算。空心板(GBF 高强薄壁蜂巢芯板等)应扣除空心部分体积	
010505010	其他板			按设计图示尺寸以体积计算	

(6)现浇混凝土楼梯工程量清单项目设置及工程量计算规则见表5-43。

表5-43 现浇混凝土楼梯(编码：010506)

项目编码	项目名称	项目特征	计量单位	工程量计算规则	工作内容
010506001	直形楼梯	1. 混凝土种类 2. 混凝土强度等级	1. m² 2. m³	1. 以平方米计量，按设计图示尺寸以水平投影面积计算。不扣除宽度≤500 mm的楼梯井，伸入墙内部分不计算 2. 以立方米计量，按设计图示尺寸以体积计算	1. 模板及支架(撑)制作、安装、拆除、堆放、运输及清理模内杂物、刷隔离剂等 2. 混凝土制作、运输、浇筑、振捣、养护
010506002	弧形楼梯				

(7)现浇混凝土其他构件工程量清单项目设置及工程量计算规则见表5-44。

表5-44 现浇混凝土其他构件(编码：010507)

项目编码	项目名称	项目特征	计量单位	工程量计算规则	工作内容
010507001	散水、坡道	1. 垫层材料种类、厚度 2. 面层厚度 3. 混凝土种类 4. 混凝土强度等级 5. 变形缝填塞材料种类	m²	按设计图示尺寸以水平投影面积计算。不扣除单个≤0.3 m²的孔洞所占面积	1. 地基夯实 2. 铺设垫层 3. 模板及支撑制作、安装、拆除、堆放、运输及清理模内杂物、刷隔离剂等 4. 混凝土制作、运输、浇筑、振捣、养护 5. 变形缝填塞
010507002	室外地坪	1. 地坪厚度 2. 混凝土强度等级			
010507003	电缆沟、地沟	1. 土壤类别 2. 沟截面净空尺寸 3. 垫层材料种类、厚度 4. 混凝土种类 5. 混凝土强度等级 6. 防护材料种类	m	按设计图示以中心线长度计算	1. 挖填、运土石方 2. 铺设垫层 3. 模板及支撑制作、安装、拆除、堆放、运输及清理模内杂物、刷隔离剂等 4. 混凝土制作、运输、浇筑、振捣、养护 5. 刷防护材料
010507004	台阶	1. 踏步高、宽 2. 混凝土种类 3. 混凝土强度等级	1. m² 2. m³	1. 以平方米计量，按设计图示尺寸以水平投影面积计算 2. 以立方米计量，按设计图示尺寸以体积计算	1. 模板及支撑制作、安装、拆除、堆放、运输及清理模内杂物、刷隔离剂等 2. 混凝土制作、运输、浇筑、振捣、养护

项目编码	项目名称	项目特征	计量单位	工程量计算规则	工作内容
010507005	扶手、压顶	1. 断面尺寸 2. 混凝土种类 3. 混凝土强度等级	1. m 2. m³	1. 以米计量，按设计图示的中心线延长米计算 2. 以立方米计量，按设计图示尺寸以体积计算	1. 模板及支架（撑）制作、安装、拆除、堆放、运输及清理模内杂物、刷隔离剂等 2. 混凝土制作、运输、浇筑、振捣、养护
010507006	化粪池、检查井	1. 部位 2. 混凝土强度等级 3. 防水、抗渗要求	1. m³ 2. 座	1. 按设计图示尺寸以体积计算 2. 以座计量，按设计图示数量计算	
010507007	其他构件	1. 构件的类型 2. 构件规格 3. 部位 4. 混凝土种类 5. 混凝土强度等级	m³		

(8)后浇带工程量清单项目设置及工程量计算规则见表5-45。

表 5-45　后浇带（编码：010508）

项目编码	项目名称	项目特征	计量单位	工程量计算规则	工作内容
010508001	后浇带	1. 混凝土种类 2. 混凝土强度等级	m³	按设计图示尺寸以体积计算	1. 模板及支架（撑）制作、安装、拆除、堆放、运输及清理模内杂物、刷隔离剂等 2. 混凝土制作、运输、浇筑、振捣、养护及混凝土交接面、钢筋等的清理

3. 工程量计算示例

【例5-13】　图5-19所示为现浇钢筋混凝土带形基础，试计算混凝土工程量。

【解】　混凝土工程量＝(0.75×2×0.3+0.36×0.3)×[(18+12×2+7.5×2+6.0×2+3.0)+(6.0-0.24)×3+(7.5-0.24)×2]＝57.92(m³)

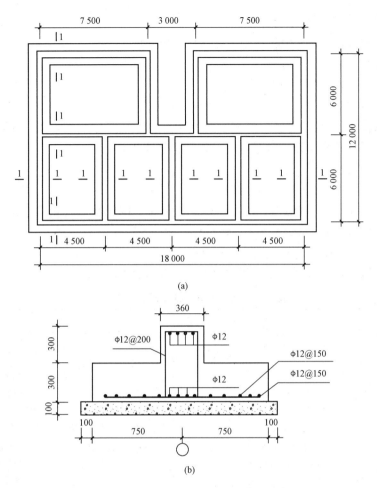

(a)

(b)

图 5-19　现浇钢筋混凝土带形基础示意

【例 5-14】　试计算图 5-20 所示 T 形梁的工程量。

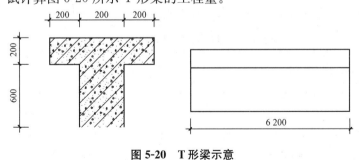

图 5-20　T 形梁示意

【解】　T 形梁工程量＝$(0.2 \times 0.6 + 0.6 \times 0.2) \times 6.2 = 1.488(\text{m}^3)$

(二)预制混凝土工程

1. 清单计价规范说明

(1)预制混凝土柱、梁。以根计量，必须描述单件体积。

(2)预制混凝土屋架。

1)以榀计量，必须描述单件体积。

2)三角形屋架按表 5-48 中折线型屋架项目编码列项。

(3)预制混凝土板。

1)以块、套计量，必须描述单件体积。

2)不带肋的预制遮阳板、雨篷板、挑檐板、栏板等，应按表 5-49 中平板项目编码列项。

3)预制大型墙板、大型楼板、大型屋面板等，按表 5-49 中大型板项目编码列项。

(4)预制混凝土楼梯。以块计量，必须描述单件体积。

(5)其他预制构件。

1)以块、根计量，必须描述单件体积。

2)预制钢筋混凝土小型池槽、压顶、扶手、垫块、隔热板、花格等，按表 5-51 中其他构件项目编码列项。

2. 工程量清单项目设置及工程量计算规则

(1)预制混凝土柱工程量清单项目设置及工程量计算规则见表 5-46。

表 5-46 预制混凝土柱(编码：010509)

项目编码	项目名称	项目特征	计量单位	工程量计算规则	工作内容
010509001	矩形柱	1. 图代号 2. 单件体积 3. 安装高度 4. 混凝土强度等级 5. 砂浆(细石混凝土)强度等级、配合比	1. m³ 2. 根	1. 以立方米计量，按设计图示尺寸以体积计算 2. 以根计量，按设计图示尺寸以数量计算	1. 模板制作、安装、拆除、堆放、运输及清理模内杂物、刷隔离剂等 2. 混凝土制作、运输、浇筑、振捣、养护 3. 构件运输、安装 4. 砂浆制作、运输 5. 接头灌缝、养护
010509002	异形柱				

(2)预制混凝土梁工程量清单项目设置及工程量计算规则见表 5-47。

表 5-47 预制混凝土梁(编码：010510)

项目编码	项目名称	项目特征	计量单位	工程量计算规则	工作内容
010510001	矩形梁	1. 图代号 2. 单件体积 3. 安装高度 4. 混凝土强度等级 5. 砂浆(细石混凝土)强度等级、配合比	1. m³ 2. 根	1. 以立方米计量，按设计图示尺寸以体积计算 2. 以根计量，按设计图示尺寸以数量计算	1. 模板制作、安装、拆除、堆放、运输及清理模内杂物、刷隔离剂等 2. 混凝土制作、运输、浇筑、振捣、养护 3. 构件运输、安装 4. 砂浆制作、运输 5. 接头灌缝、养护
010510002	异形梁				
010510003	过梁				
010510004	拱形梁				
010510005	鱼腹式吊车梁				
010510006	其他梁				

（3）预制混凝土屋架工程量清单项目设置及工程量计算规则见表5-48。

表 5-48 预制混凝土屋架（编码：010511）

项目编码	项目名称	项目特征	计量单位	工程量计算规则	工作内容
010511001	折线型	1. 图代号 2. 单件体积 3. 安装高度 4. 混凝土强度等级 5. 砂浆（细石混凝土）强度等级、配合比	1. m³ 2. 榀	1. 以立方米计量，按设计图示尺寸以体积计算 2. 以榀计量，按设计图示尺寸以数量计算	1. 模板制作、安装、拆除、堆放、运输及清理模内杂物、刷隔离剂等 2. 混凝土制作、运输、浇筑、振捣、养护 3. 构件运输、安装 4. 砂浆制作、运输 5. 接头灌缝、养护
010511002	组合				
010511003	薄腹				
010511004	门式钢架				
010511005	天窗架				

（4）预制混凝土板工程量清单项目设置及工程量计算规则见表5-49。

表 5-49 预制混凝土板（编码：010512）

项目编码	项目名称	项目特征	计量单位	工程量计算规则	工作内容
010512001	平板	1. 图代号 2. 单件体积 3. 安装高度 4. 混凝土强度等级 5. 砂浆（细石混凝土）强度等级、配合比	1. m³ 2. 块	1. 以立方米计量，按设计图示尺寸以体积计算。不扣除单个面积≤300 mm×300 mm的孔洞所占体积，扣除空心板空洞体积 2. 以块计量，按设计图示尺寸以数量计算	1. 模板制作、安装、拆除、堆放、运输及清理模内杂物、刷隔离剂等 2. 混凝土制作、运输、浇筑、振捣、养护 3. 构件运输、安装 4. 砂浆制作、运输 5. 接头灌缝、养护
010512002	空心板				
010512003	槽形板				
010512004	网架板				
010512005	折线板				
010512006	带肋板				
010512007	大型板				
010512008	沟盖板、井盖板、井圈	1. 单件体积 2. 安装高度 3. 混凝土强度等级 4. 砂浆强度等级、配合比	1. m³ 2. 块（套）	1. 以立方米计量，按设计图示尺寸以体积计算 2. 以块计量，按设计图示尺寸以数量计算	

（5）预制混凝土楼梯工程量清单项目设置及工程量计算规则见表5-50。

表 5-50　预制混凝土楼梯（编码：010513）

项目编码	项目名称	项目特征	计量单位	工程量计算规则	工作内容
010513001	楼梯	1. 楼梯类型 2. 单件体积 3. 混凝土强度等级 4. 砂浆（细石混凝土）强度等级	1. m³ 2. 段	1. 以立方米计量，按设计图示尺寸以体积计算。扣除空心踏步板空洞体积 2. 以段计量，按设计图示数量计算	1. 模板制作、安装、拆除、堆放、运输及清理模内杂物、刷隔离剂等 2. 混凝土制作、运输、浇筑、振捣、养护 3. 构件运输、安装 4. 砂浆制作、运输 5. 接头灌缝、养护

（6）其他预制构件工程量清单项目设置及工程计算规则见表 5-51。

表 5-51　其他预制构件（编码：010514）

项目编码	项目名称	项目特征	计量单位	工程量计算规则	工作内容
010514001	垃圾道、通风道、烟道	1. 单件体积 2. 混凝土强度等级 3. 砂浆强度等级	1. m³ 2. m² 3. 根（块、套）	1. 以立方米计量，按设计图示尺寸以体积计算。不扣除单个面积≤300 mm×300 mm 的孔洞所占体积，扣除烟道、垃圾道、通风道的孔洞所占体积 2. 以平方米计量，按设计图示尺寸以面积计算。不扣除单个面积≤300 mm×300 mm 的孔洞所占面积 3. 以根计量，按设计图示尺寸以数量计算	1. 模板制作、安装、拆除、堆放、运输及清理模内杂物、刷隔离剂等 2. 混凝土制作、运输、浇筑、振捣、养护 3. 构件运输、安装 4. 砂浆制作、运输 5. 接头灌缝、养护
010514002	其他构件	1. 单件体积 2. 构件的类型 3. 混凝土强度等级 4. 砂浆强度等级			

3. 工程量计算示例

【例 5-15】 某工程楼面及屋面采用 YKB336-2 预应力空心板，共 6 层，已知单个空心板体积为 0.14 m³，工程平面图及尺寸如图 5-21 所示，试计算预制板工程量。

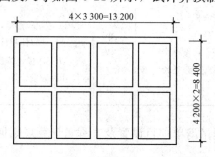

图 5-21　某工程楼面及屋面示意图

【**解**】 预制板工程量$=6×\dfrac{4.2}{0.6}×8×0.14=47.04(m^3)$

【**例 5-16**】 如图 5-22 所示为某四层建筑物,采用预制混凝土楼梯。试计算该楼梯工程量。

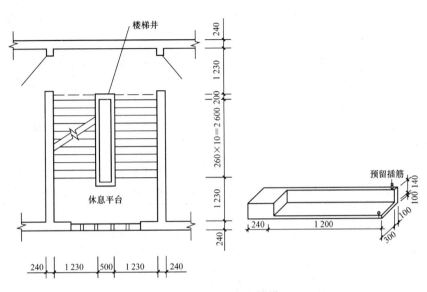

图 5-22 预制混凝土楼梯

【**解**】 建筑物四层,共三层楼梯,则

楼梯工程量$=[(1.2+0.24)×(0.3+0.1)×(0.14+0.1)-0.3×0.14×1.2]×10×3$
$=2.64(m^3)$

(三)钢筋工程

1. 清单计价规范说明

(1)钢筋工程。

1)现浇构件中伸出构件的锚固钢筋应并入钢筋工程量内。除设计(包括规范规定)标明的搭接外,其他施工搭接不计算工程量,在综合单价中综合考虑。

2)现浇构件中固定位置的支撑钢筋、双层钢筋用的"铁马"在编制工程量清单时,如果设计未明确,其工程数量可为暂估量,结算时按现场签证数量计算。

(2)螺栓、铁件。编制工程量清单时,如果设计未明确,其工程数量可为暂估量,实际工程量按现场签证数量计算。

2. 工程量清单项目设置及工程量计算规则

(1)钢筋工程工程量清单项目设置及工程量计算规则见表 5-52。

表 5-52　钢筋工程(编码：010515)

项目编码	项目名称	项目特征	计量单位	工程量计算规则	工作内容
010515001	现浇构件钢筋	钢筋种类、规格		按设计图示钢筋(网)长度(面积)乘以单位理论质量计算	1. 钢筋制作、运输 2. 钢筋安装 3. 焊接(绑扎)
010515002	预制构件钢筋				1. 钢筋网制作、运输 2. 钢筋网安装 3. 焊接(绑扎)
010515003	钢筋网片				
010515004	钢筋笼				1. 钢筋笼制作、运输 2. 钢筋笼安装 3. 焊接(绑扎)
010515005	先张法预应力钢筋	1. 钢筋种类、规格 2. 锚具种类	t	按设计图示钢筋长度乘以单位理论质量计算	1. 钢筋制作、运输 2. 钢筋张拉
010515006	后张法预应力钢筋	1. 钢筋种类，规格 2. 钢丝种类、规格 3. 钢绞线种类、规格 4. 锚具种类 5. 砂浆强度等级		按设计图示钢筋(丝束、绞线)长度乘以单位理论质量计算 　1. 低合金钢筋两端均采用螺杆锚具时，钢筋长度按孔道长度减去0.35 m计算，螺杆另行计算 　2. 低合金钢筋一端采用镦头插片，另一端采用螺杆锚具时，钢筋长度按孔道长度计算，螺杆另行计算 　3. 低合金钢筋一端采用镦头插片，另一端采用帮条锚具时，钢筋增加0.15 m计算；两端均采用帮条锚具时，钢筋长度按孔道长度增加0.3 m计算 　4. 低合金钢筋采用后张混凝土自锚时，钢筋长度按孔道长度增加0.35 m计算 　5. 低合金钢筋(钢绞线)采用JM、XM、QM型锚具，孔道长度≤20 m时，钢筋长度增加1 m计算；孔道长度>20 m时，钢筋长度增加1.8 m计算	1. 钢筋、钢丝、钢绞线制作、运输 2. 钢筋、钢丝、钢绞线安装 3. 预埋管孔道铺设 4. 锚具安装 5. 砂浆制作、运输 6. 孔道压浆、养护
010515007	预应力钢丝				

项目编码	项目名称	项目特征	计量单位	工程量计算规则	工作内容
010515008	预应力钢绞线	1. 钢筋种类，规格 2. 钢丝种类、规格 3. 钢绞线种类、规格 4. 锚具种类 5. 砂浆强度等级	t	6. 碳素钢丝采用锥形锚具，孔道长度≤20 m时，钢丝束长度按孔道长度增加1 m计算；孔道长度>20 m时，钢丝束长度按孔道长度增加1.8 m计算 7. 碳素钢丝采用镦头锚具时，钢丝束长度按孔道长度增加0.35 m计算	1. 钢筋、钢丝、钢绞线制作、运输 2. 钢筋、钢丝、钢绞线安装 3. 预埋管孔道铺设 4. 锚具安装 5. 砂浆制作、运输 6. 孔道压浆、养护
010515009	支撑钢筋（铁马）	1. 钢筋种类 2. 规格		按钢筋长度乘以单位理论质量计算	钢筋制作、焊接、安装
010515010	声测管	1. 材质 2. 规格型号		按设计图示尺寸以质量计算	1. 检测管截断、封头 2. 套管制作、焊接 3. 定位、固定

（2）螺栓、铁件工程量清单项目设置及工程量计算规则见表5-53。

表5-53 螺栓、铁件（编码：010516）

项目编码	项目名称	项目特征	计量单位	工程量计算规则	工作内容
010516001	螺栓	1. 螺栓种类 2. 规格	t	按设计图示尺寸以质量计算	1. 螺栓、铁件制作、运输 2. 螺栓、铁件安装
010516002	预埋铁件	1. 钢材种类 2. 规格 3. 铁件尺寸			
010516003	机械连接	1. 连接方式 2. 螺纹套筒种类 3. 规格	个	按数量计算	1. 钢筋套丝 2. 套筒连接

3. 工程量计算示例

【例5-17】 某连续梁的配筋如图5-23所示，试计算其钢筋工程量。

【解】 ①号：$(6.8-0.025\times2+3.5\times0.016\times2)\times4\times1.58=43.37(\text{kg})=0.043$ t

②号：$(6.8-0.025\times2+3.5\times0.014\times2)\times2\times1.21=16.57(\text{kg})=0.017$ t

③号：$(6.8-0.025\times2+6.25\times0.02\times2)\times4\times2.47=69.16(\text{kg})=0.069$ t

④号：$(6.8-0.025\times2+6.25\times0.012\times2)\times2\times0.888=12.25(\text{kg})=0.012$ t

⑤号：$(6.8-0.025\times2)\times2\times0.888=11.99(\text{kg})=0.012$ t

⑥号：$[(6.8-0.025\times2)/0.2+1]\times[(0.16+0.4+0.2-0.025\times4)\times2+2\times6.87\times0.008]\times0.395=19.62(\text{kg})=0.019$ t

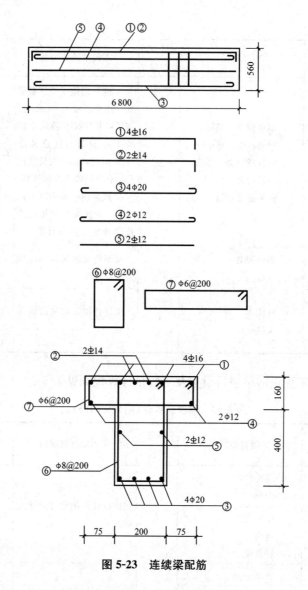

图 5-23　连续梁配筋

⑦号：$[(6.8-0.025\times2)/0.2+1]\times[(0.2+0.075\times2+0.16-0.025\times4)\times2+2\times$
$6.87\times0.006]\times0.222=6.96(kg)=0.007$ t

第七节　金属结构工程

一、相关知识

1. 金属结构的特点

金属结构制作是指用各种型钢、钢板和钢管等金属材料或半成品，以不同的连接方法加工制作成构件，其拼接形式由结构特点确定。金属结构的应用范围须根据钢结构的特点作出合理的选择。

金属结构构件一般是在金属结构加工厂制作，经运输、安装、再刷漆，最后构成工程实体。工程分项为金属结构制作及安装(金属构件制作安装、金属栏杆制作安装),金属构件汽车运输,成品钢门窗安装,自加工门窗安装、自加工钢门安装,铁窗棚安装,金属压型板。

2. 金属结构构件一般构造

(1)柱。钢柱一般由钢板焊接而成,也可由型钢单独制作或组合成格构式钢柱。焊接钢柱按截面形式可分为实腹式柱和格构式柱,或者分为工字形、箱形和 T 形柱;按截面尺寸大小可分为一般组合截面和大型焊接柱。

(2)梁。钢梁的种类较多,有普通钢梁、吊车梁、单轨钢吊车梁、制动梁等。截面以工字形居多,或用钢板焊接,也可采用桁架式钢梁、箱形梁或贯通型梁等。图 5-24 所示为工字形梁与箱形柱的连接视图。

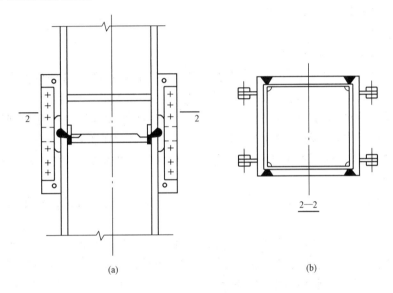

图 5-24 工字形梁与箱形柱的连接视图

(a)立面图;(b)剖面图

制动梁是防止吊车梁产生侧向弯曲,用以提高吊车梁的侧向刚度,并与吊车梁连接在一起的一种构件。

(3)屋架。钢屋架按采用钢材规格不同分为普通钢屋架(简称钢屋架)、轻型钢屋架和薄壁型钢屋架。

1)钢屋架。钢屋架一般是采用等于或大于∟45×4 和∟55×36×4 的角钢或其他型钢焊接而成,杆件节点处采用钢板连接,双角钢中间夹以垫板焊成的杆件。

2)轻型钢屋架。轻型钢屋架是由小角钢(小于∟45×4 或∟56×36×4)和小圆钢($\phi \geqslant 12$ mm)构成的钢屋架,杆件节点处一般不使用节点钢板,而是各杆直接连接,杆件也可采用单角钢,下弦杆及拉杆常用小圆钢制作。轻型钢屋架一般用于跨度较小($\leqslant 18$ m),起重量不大于 5 t 的轻、中级工作制吊车和屋面荷载较轻的屋面结构中。

3)薄壁型钢屋架。常以薄壁型钢为主材,一般钢材为辅材制作而成。它的主要特点是质量极轻,常用于做轻型屋面的支承构件。

4)檩条。檩条是支承于屋架或天窗上的钢构件,通常分为实腹式和桁架式两种。

5)钢支撑。钢支撑有屋盖支撑和柱间支撑两类。其中，屋盖支撑包括以下几项：

①屋架的纵向支撑；

②屋架和天窗架横向支撑；

③屋架和天窗的垂直支撑；

④屋架和天窗架的水平系杆。钢支撑用单角钢或两个角钢组成十字形截面，一般采用十字交叉的形式。

6)钢平台。钢平台一般以型钢做骨架，上铺钢板，做成板式平台。

7)钢梯子。工业建筑中的钢梯有平台钢梯、吊车钢梯、消防钢梯和屋面检修钢梯等。按构造形式分为踏步式、爬式和螺旋式钢梯。爬式钢梯的踏步多为独根圆钢或角钢做成。

二、定额说明与工程量计算规则

(一)定额说明

1. 金属结构制作、安装

(1)构件制作若采用成品构件，按各省、自治区、直辖市造价管理机构发布的信息价执行；如采用现场制作或施工企业附属加工厂制作，可参照本定额执行。

(2)构件制作项目中钢材按钢号 Q235 编制，构件制作设计使用的钢材强度等级、型材组成比例与定额不同时，可按设计图纸进行调整；配套焊材单价相应调整，用量不变。

(3)构件制作项目中钢材的损耗量已包括了切割和制作损耗，对于设计有特殊要求的，消耗量可进行调整。

(4)构件制作项目已包括加工厂预装配所需的人工、材料、机械台班用量及预拼装平台摊销费用。

(5)钢网架制作、安装项目按平面网格结构编制，如设计为筒壳、球壳及其他曲面结构的，其制作项目人工、机械乘以系数1.3，安装项目人工、机械乘以系数1.2。

(6)钢桁架制作、安装项目按直线形桁架编制，如设计为曲线、折线形桁架，其制作项目人工、机械乘以系数1.3，安装项目人工、机械乘以系数1.2。

(7)构件制作项目中焊接 H 型钢构件均按钢板加工焊接编制，如实际采用成品 H 型钢的，主材按成品价格进行换算，人工、机械及除主材外的其他材料乘以系数0.6。

(8)定额中圆(方)钢管构件按成品钢管编制，如实际采用钢板加工而成的，主材价格调整，加工费用另计。

(9)构件制作按构件种类及截面形式不同套用相应项目，构件安装按构件种类及质量不同套用相应项目。构件安装项目中的质量指按设计图纸所确定的构件单元质量。

(10)轻钢屋架是指单榀质量在 1 t 以内，且用角钢或圆钢、管材作为支撑、拉杆的钢屋架。

(11)实腹钢柱(梁)是指 H 形、箱形、T 形、L 形、十字形等，空腹钢柱是指格构形等。

(12)制动梁、制动板、车挡套用钢吊车梁相应项目。

(13)柱间、梁间、屋架间的 H 形或箱形钢支撑，套相应的钢柱或钢梁制作、安装项目；墙架柱、墙架梁和相配套连接杆件套用钢墙架相应项目。

(14)型钢混凝土组合结构中的钢构件套用本章相应的项目，制作项目人工、机械乘以系数 1.15。

(15)钢栏杆(钢护栏)定额适用于钢楼梯、钢平台及钢走道板等与金属结构相连的栏杆，其他部位的栏杆、扶手应套用定额"其他装饰工程"相应项目。

(16)基坑围护中的格构柱套用本章相应项目，其中制作项目(除主材外)乘以系数0.7，安装项目乘以系数0.5。同时，应考虑钢格构柱拆除、回收残值等因素。

(17)单件质量在25 kg以内的加工铁件套用本章定额中的零星构件。需埋入混凝土中的铁件及螺栓套用定额"混凝土及钢筋混凝土工程"相应项目。

(18)构件制作项目中未包括除锈工作内容，发生时套用相应项目。其中喷砂或抛丸除锈项目按Sa2.5除锈等级编制，如设计为Sa3级则定额乘以系数1.1，设计为Sa2级或Sa1级则定额乘以系数0.75；手工及动力工具除锈项目按St3除锈等级编制，如设计为St2级则定额乘以系数0.75。

(19)构件制作中未包括油漆工作内容，如设计有要求时，套用定额"油漆、涂料、裱糊工程"相应项目。

(20)构件制作、安装项目中已包括了施工企业按照质量验收规范要求所需的磁粉探伤、超声波探伤等常规检测费用。

(21)钢结构构件15 t及以下构件按单机吊装编制，其他按双机抬吊考虑吊装机械，网架按分块吊装考虑配置相应机械。

(22)钢构件安装项目按檐高20 m以内、跨内吊装编制，实际需采用跨外吊装的，应按施工方案进行调整。

(23)钢结构构件采用塔式起重机吊装的，将钢构件安装项目中的汽车式起重机20 t、40 t分别调整为自升式塔式起重机2 500 kN·m、3 000 kN·m，人工及起重机械乘以系数1.2。

(24)钢构件安装项目中已考虑现场拼装费用，但未考虑分块或整体吊装的钢网架、钢桁架地面平台拼装摊销，如发生则套用现场拼装平台摊销定额项目。

2. 金属结构运输

(1)金属结构构件运输定额是按加工厂至施工现场考虑的，运输距离以30 km为限，运距在30 km以上时按照构件运输方案和市场运价调整。

(2)金属结构构件运输按表5-54分为三类，套用相应项目。

表5-54 金属结构构件分类

类别	构件名称
一	钢柱、屋架、托架、桁架、吊车梁、网架、钢架桥
二	钢梁、檩条、支撑、拉条、栏杆、钢平台、钢走道、钢楼梯、零星构件
三	墙架、挡风架、天窗架、轻钢屋架、其他构件

(3)在金属结构构件运输过程中，如遇路桥限载(限高)而发生的加固、拓宽的费用及有车线路和公安交通管理部门的保安护送费用，应另行处理。

3. 金属结构楼(墙)面板及处理

(1)金属结构楼面板和墙面板按成品板编制。

(2)压型楼面板的收边板未包括在楼面板项目内，应单独计算。

（二）定额工程量计算规则

1. 金属构件制作

（1）金属构件工程量按设计图示尺寸乘以理论质量计算。

（2）金属构件计算工程量时，不扣除单个面积≤0.3 m²的孔洞质量，焊缝、铆钉、螺栓等不另增加质量。

（3）钢网架计算工程量时，不扣除孔眼的质量，焊缝、铆钉等不另增加质量。焊接空心球网架质量包括连接钢管杆件、连接球、支托和网架支座等零件的质量，螺栓球节点网架质量包括连接钢管杆件（含高强度螺栓、销子、套筒、锥头或封板）、螺栓球、支托和网架支座等零件的质量。

（4）依附在钢柱上的牛腿及悬臂梁的质量等并入钢柱的质量内，钢柱上的柱脚板、加劲板、柱顶板、隔板和肋板并入钢柱工程量内。

（5）钢管柱上的节点板、加强环、内衬板（管）、牛腿等并入钢管柱的质量内。

（6）钢平台的工程量包括钢平台的柱、梁、板、斜撑等的质量，依附于钢平台上的钢扶梯及平台栏杆，应按相应构件另行列项计算。

（7）钢楼梯的工程量包括楼梯平台、楼梯梁、楼梯踏步等的质量，钢楼梯上的扶手、栏杆另行列项计算。

（8）钢栏杆包括扶手的质量，合并套用钢栏杆项目。

（9）机械或手工及动力工具除锈按设计要求以构件质量计算。

2. 金属结构运输、安装

（1）金属结构构件运输、安装工程量同制作工程量。

（2）钢构件现场拼装平台摊销工程量按实施拼装构件的工程量计算。

3. 金属结构楼（墙）面板及其他

（1）楼面板按设计图示尺寸以铺设面积计算，不扣除单个面积≤0.3 m²的柱、垛及孔洞所占面积。

（2）墙面板按设计图示尺寸以铺挂面积计算，不扣除单个面积≤0.3 m²的梁、孔洞所占面积。

（3）钢板天沟按设计图示尺寸以质量计算，依附天沟的型钢并入天沟的质量内计算；不锈钢天沟、彩钢板天沟按设计图示尺寸以长度计算。

（4）金属构件安装使用的高强度螺栓、花篮螺栓和剪力栓钉按设计图纸以数量以"套"为单位计算。

（5）槽铝檐口端面封边包角、混凝土浇捣收边板高度按150 mm考虑，工程量按设计图示尺寸以延长米计算；其他材料的封边包角、混凝土浇捣收边板按设计图示尺寸以展开面积计算。

三、清单计价工程量计算规则

金属结构工程共分8节31个清单项目，其中包括钢网架，钢屋架、刚托架、钢桁架、钢架桥，钢柱，钢梁，钢板楼板、墙板，钢构件，金属制品。

1. 清单计价规范说明

（1）钢屋架、钢托架、钢桁架、钢架桥。以榀计量，按标准图设计的应注明标准图代号，按非标准图设计的项目特征必须描述单榀屋架的质量。

（2）钢柱。

1）实腹钢柱型是指十字、T、L、H形等。

2）空腹钢柱型是指箱形、格构等。

3）型钢混凝土柱浇筑钢筋混凝土，其混凝土和钢筋应按混凝土及钢筋混凝土工程中相关项目编码列项。

（3）钢梁。

1）梁类型是指H、L、T形、箱形、格构式等。

2）型钢混凝土梁浇筑钢筋混凝土，其混凝土和钢筋应按混凝土及钢筋混凝土工程中相关项目编码列项。

（4）钢板楼板、墙板。钢板楼板上浇筑钢筋混凝土，其混凝土和钢筋应按混凝土及钢筋混凝土工程中相关项目编码列项。

（5）钢构件。

1）钢墙架项目包括墙架柱、墙架梁和连接杆件。

2）钢支撑、钢拉条类型是指单式、复式；钢檩条类型是指型钢式、格构式；钢漏斗形式是指方形、圆形；天沟形式是指巨形沟或半圆形沟。

3）加工铁件等小型构件，按零星钢构件项目编码列项。

（6）金属制品。抹灰钢丝网加固按砌块墙钢丝网加固项目编码列项。

2. 工程量清单项目设置及工程量计算规则

（1）钢网架工程量清单项目设置及工程量计算规则见表5-55。

表 5-55　钢网架（编码：010601）

项目编码	项目名称	项目特征	计量单位	工程量计算规则	工作内容
010601001	钢网架	1. 钢材品种、规格 2. 网架节点形式、连接方式 3. 网架跨度、安装高度 4. 探伤要求 5. 防火要求	t	按设计图示尺寸以质量计算。不扣除孔眼的质量，焊条、铆钉等不另增加质量	1. 拼装 2. 安装 3. 探伤 4. 补刷油漆

（2）钢屋架、钢托架、钢桁架、钢架桥工程量清单项目设置及工程量计算规则见表5-56。

表 5-56　钢屋架、钢托架、钢桁架、钢架桥（编码：010602）

项目编码	项目名称	项目特征	计量单位	工程量计算规则	工作内容
010602001	钢屋架	1. 钢材品种、规格 2. 单榀质量 3. 屋架跨度、安装高度 4. 螺栓种类 5. 探伤要求 6. 防火要求	1. 榀 2. t	1. 以榀计量，按设计图示数量计算 2. 以吨计量，按设计图示尺寸以质量计算。不扣除孔眼的质量，焊条、铆钉、螺栓等不另增加质量	1. 拼装 2. 安装 3. 探伤 4. 补刷油漆

项目编码	项目名称	项目特征	计量单位	工程量计算规则	工作内容
010602002	钢托架	1. 钢材品种、规格 2. 单榀质量 3. 安装高度	t	按设计图示尺寸以质量计算。不扣除孔眼的质量，焊条、铆钉、螺栓等不另增加质量	1. 拼装 2. 安装 3. 探伤 4. 补刷油漆
010602003	钢桁架	4. 螺栓种类 5. 探伤要求 6. 防火要求			
010602004	钢架桥	1. 桥类型 2. 钢材品种、规格 3. 单榀质量 4. 安装高度 5. 螺栓种类 6. 探伤要求			

（3）钢柱工程量清单项目设置及工程量计算规则见表5-57。

表5-57　钢柱（编码：010603）

项目编码	项目名称	项目特征	计量单位	工程量计算规则	工作内容
010603001	实腹钢柱	1. 柱类型 2. 钢材品种、规格 3. 单根柱质量	t	按设计图示尺寸以质量计算。不扣除孔眼的质量，焊条、铆钉、螺栓等不另增加质量，依附在钢柱上的牛腿及悬臂梁等并入钢柱工程量内	1. 拼装 2. 安装 3. 探伤 4. 补刷油漆
010603002	空腹钢柱	4. 螺栓种类 5. 探伤要求 6. 防火要求			
010603003	钢管柱	1. 钢材品种、规格 2. 单根柱质量 3. 螺栓种类 4. 探伤要求 5. 防火要求		按设计图示尺寸以质量计算。不扣除孔眼的质量，焊条、铆钉、螺栓等不另增加质量，钢管柱上的节点板、加强环、内衬管、牛腿等并入钢管柱工程量内	

（4）钢梁工程量清单项目设置及工程量计算规则见表5-58。

表 5-58　钢梁(编码：010604)

项目编码	项目名称	项目特征	计量单位	工程量计算规则	工作内容
010604001	钢梁	1. 梁类型 2. 钢材品种、规格 3. 单根质量 4. 螺栓种类 5. 安装高度 6. 探伤要求 7. 防火要求	t	按设计图示尺寸以质量计算。不扣除孔眼的质量，焊条、铆钉、螺栓等不另增加质量，制动梁、制动板、制动桁架、车挡并入钢吊车梁工程量内	1. 拼装 2. 安装 3. 探伤 4. 补刷油漆
010604002	钢吊车梁	1. 钢材品种、规格 2. 单根质量 3. 螺栓种类 4. 安装高度 5. 探伤要求 6. 防火要求			

(5)钢板楼板、墙板工程量清单项目设置及工程量计算规则见表 5-59。

表 5-59　钢板楼板、墙板(编码：010605)

项目编码	项目名称	项目特征	计量单位	工程量计算规则	工作内容
010605001	钢板楼板	1. 钢材品种、规格 2. 钢板厚度 3. 螺栓种类 4. 防火要求	m²	按设计图示尺寸以铺设水平投影面积计算。不扣除单个面积≤0.3m² 柱、垛及孔洞所占面积	1. 拼装 2. 安装 3. 探伤 4. 补刷油漆
010605002	钢板墙板	1. 钢材品种、规格 2. 钢板厚度、复合板厚度 3. 螺栓种类 4. 复合板夹芯材料种类、层数、型号、规格 5. 防火要求		按设计图示尺寸以铺挂展开面积计算。不扣除单个面积≤0.3m² 的梁、孔洞所占面积，包角、包边、窗台泛水等不另加面积	

(6)钢构件工程量清单项目设置及工程量计算规则见表 5-60。

表 5-60　钢构件(编码：010606)

项目编码	项目名称	项目特征	计量单位	工程量计算规则	工作内容
010606001	钢支撑、钢拉条	1. 钢材品种、规格 2. 构件类型 3. 安装高度 4. 螺栓种类 5. 探伤要求 6. 防火要求	t	按设计图示尺寸以质量计算，不扣除孔眼的质量，焊条、铆钉、螺栓等不另增加质量	1. 拼装 2. 安装 3. 探伤 4. 补刷油漆

项目编码	项目名称	项目特征	计量单位	工程量计算规则	工作内容
010606002	钢檩条	1. 钢材品种、规格 2. 构件类型 3. 单根质量 4. 安装高度 5. 螺栓种类 6. 探伤要求 7. 防火要求	t	按设计图示尺寸以质量计算，不扣除孔眼的质量，焊条、铆钉、螺栓等不另增加质量	1. 拼装 2. 安装 3. 探伤 4. 补刷油漆
010606003	钢天窗架	1. 钢材品种、规格 2. 单榀质量 3. 安装高度 4. 螺栓种类 5. 探伤要求 6. 防火要求			
010606004	钢挡风架	1. 钢材品种、规格 2. 单榀质量 3. 螺栓种类 4. 探伤要求 5. 防火要求			
010606005	钢墙架				
010606006	钢平台	1. 钢材品种、规格 2. 螺栓种类 3. 防火要求			
010606007	钢走道				
010606008	钢梯	1. 钢材品种、规格 2. 钢梯形式 3. 螺栓种类 4. 防火要求			
010606009	钢护栏	1. 钢材品种、规格 2. 防火要求			
010606010	钢漏斗	1. 钢材品种、规格 2. 漏斗、天沟形式 3. 安装高度 4. 探伤要求		按设计图示尺寸以质量计算，不扣除孔眼的质量，焊条、铆钉、螺栓等不另增加质量，依附漏斗或天沟的型钢并入漏斗或天沟工程量内	
010606011	钢板天沟				
010606012	钢支架	1. 钢材品种、规格 2. 安装高度 3. 防火要求		按设计图示尺寸以质量计算，不扣除孔眼的质量，焊条、铆钉、螺栓等不另增加质量	
010606013	零星钢构件	1. 构件名称 2. 钢材品种、规格			

(7)金属制品工程量清单项目设置及工程量计算规则见表5-61。

表5-61 金属制品(编码:010607)

项目编码	项目名称	项目特征	计量单位	工程量计算规则	工作内容
010607001	成品空调金属百叶护栏	1. 材料品种、规格 2. 边框材质	m²	按设计图示尺寸以框外围展开面积计算	1. 安装 2. 校正 3. 预埋铁件及安螺栓
010607002	成品栅栏	1. 材料品种、规格 2. 边框及立柱型钢品种、规格			1. 安装 2. 校正 3. 预埋铁件 4. 安螺栓及金属立柱
010607003	成品雨篷	1. 材料品种、规格 2. 雨篷宽度 3. 晾衣竿品种、规格	1. m 2. m²	1. 以米计量,按设计图示接触边以米计算 2. 以平方米计量,按设计图示尺寸以展开面积计算	1. 安装 2. 校正 3. 预埋铁件及安螺栓
010607004	金属网栏	1. 材料品种、规格 2. 边框及立柱型钢品种、规格		按设计图示尺寸以框外围展开面积计算	1. 安装 2. 校正 3. 安螺栓及金属立柱
010607005	砌块墙钢丝网加固	1. 材料品种、规格 2. 加固方式	m²	按设计图示尺寸以面积计算	1. 铺贴 2. 铆固
010607006	后浇带金属网				

3. 工程量计算示例

【**例5-18**】 某工程钢屋架如图5-25所示,计算钢屋架工程量。

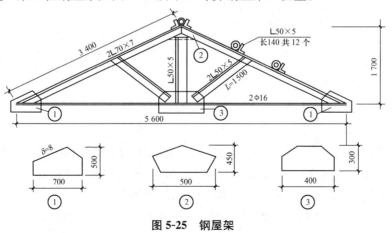

图5-25 钢屋架

【解】 钢屋架工程量计算如下：

多边形钢板质量=最大对角线长度×最大宽度×面密度

上弦质量=3.40×2×2×7.398=100.61(kg)

下弦质量=5.60×2×1.58=17.70(kg)

立杆质量=1.70×3.77=6.41(kg)

斜撑质量=1.50×2×2×3.77=22.62(kg)

①号连接板质量=0.7×0.5×2×62.80=43.96(kg)

②号连接板质量=0.5×0.45×62.80=14.13(kg)

③号连接板质量=0.4×0.3×62.80=7.54(kg)

檩托质量=0.14×12×3.77=6.33(kg)

钢屋架工程量=100.61+17.70+6.41+22.62+43.96+14.13+7.54+6.33

　　　　　　=219.30(kg)=0.219 t

【例 5-19】 某工程空腹钢柱如图 5-26 所示，共 20 根，计算空腹钢柱工程量。

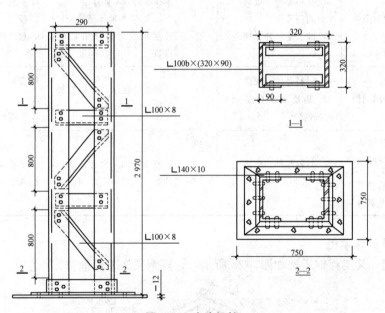

图 5-26　空腹钢柱

【解】 〔32b 槽钢立柱质量=2.97×2×43.25=256.91(kg)

∟100×8 角钢横撑质量=0.29×6×12.276=21.36(kg)

∟100×8 角钢斜撑工程量=$\sqrt{0.8^2+0.29^2}$×6×12.276=62.68(kg)

∟140×10 角钢底座质量=(0.32+0.14×2)×4×21.488=51.57(kg)

━12 钢板底座质量=0.75×0.75×94.20=52.99(kg)

空腹钢柱工程量=(256.91+21.36+62.68+51.57+52.99)×20

　　　　　　=8 910.20(kg)=8.91 t

第八节 屋面及防水工程

一、相关知识

由于使用要求及地区气候条件的不同，屋面的形式多种多样。屋面的主要作用是挡风、防寒、遮雨与隔热。

1. 坡屋面

坡屋面多以各种小块瓦为防水材料，按照屋面瓦品种不同，可分为青瓦屋面、平瓦屋面、筒瓦屋面、石棉水泥瓦屋面、玻璃钢波形瓦屋面、铁皮屋面等。

2. 平屋面

平屋面一般是在屋面板上做防水层，其基本构造有两种，一种有隔汽层，另一种无隔汽层。其基本构造形式如图 5-27 所示。

二、定额说明与工程量计算规则

(一)定额说明

1. 屋面工程

(1)黏土瓦若穿铁丝钉圆钉，每 100 m² 增加 11 工日，增加镀锌低碳钢丝(22#)3.5 kg，圆钉 2.5 kg；若用挂瓦

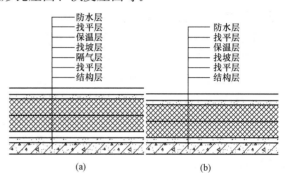

图 5-27 平屋面防水结构基本构造形式
(a)有隔汽层；(b)无隔汽层

条，每 100 m² 增加 4 工日，增加挂瓦条(尺寸 25 mm×30 mm)300.3 m，圆钉 2.5 kg。

(2)金属板屋面中，一般金属板屋面执行彩钢板和彩钢夹心板项目；装配式单层金属压型板屋面区分楞距不同执行定额项目。

(3)采光板屋面如设计为滑动式采光顶，则可以按设计增加 U 形滑动盖帽等部件，调整材料、人工乘以系数 1.05。

(4)膜结构屋面的钢支柱、锚固支座混凝土基础等执行其他章节相应项目。

(5)25%＜坡度≤45% 及人字形、锯齿形、弧形等不规则瓦屋面，人工乘以系数 1.3；坡度＞45% 的，人工乘以系数 1.43。

2. 防水工程及其他

(1)防水。

1)细石混凝土防水层使用钢筋网时，执行定额"混凝土及钢筋混凝土工程"相应项目。

2)平(屋)面以坡度≤15% 为准，15%＜坡度≤25% 的，按相应项目的人工乘以系数 1.18；25%＜坡度≤45% 及人字形、锯齿形、弧形等不规则屋面或平面，人工乘以系数 1.3；坡度＞45% 的，人工乘以系数 1.43。

3)防水卷材、防水涂料及防水砂浆，定额以平面和立面列项，实际施工桩头、地沟、零星部位时，人工乘以系数 1.43；单个房间楼地面面积≤8 m² 时，人工乘以系数 1.3。

4)卷材防水附加层套用卷材防水相应项目，人工乘以系数 1.43。

5)立面是以直形为依据编制的，弧形者，相应项目的人工乘以系数 1.18。

6)冷粘法是以满铺为依据编制的，点、条铺粘者，按其相应项目的人工乘以系数 0.91，

胶粘剂乘以系数 0.7。

(2)屋面排水。

1)水落管、水口、水斗均按材料成品、现场安装考虑。

2)铁皮屋面及铁皮排水项目内已包括铁皮咬口和搭接的工料。

3)采用不锈钢水落管排水时，执行镀锌钢管项目，材料按实换算，人工乘以系数 1.1。

(3)变形缝与止水带。

1)变形缝嵌填缝定额项目中，建筑油膏、聚氯乙烯胶泥设计断面取定为 30 mm×20 mm，油浸木丝板取定为 150 mm×25 mm，其他填料取定为 150 mm×30 mm。

2)变形缝盖板，木板盖板断面取定为 200 mm×25 mm，铝合金盖板厚度取定为 1 mm，不锈钢板厚度取定为 1 mm。

3)钢板(紫铜板)止水带展开宽度为 400 mm，氯丁橡胶宽度为 300 mm，涂刷式氯丁胶贴玻璃纤维止水片宽度为 350 mm。

(二)定额工程量计算规则

1. 屋面工程

(1)各种屋面和型材屋面(包括挑檐部分)均按设计图示尺寸以面积计算(斜屋面按斜面面积计算)，不扣除房上烟囱、风帽底座、风道、小气窗、斜沟和脊瓦等所占面积，小气窗的出檐部分也不增加。

(2)西班牙瓦、瓷质波形瓦、英红瓦屋面的正斜脊瓦、檐口线，按设计图示尺寸以长度计算。

(3)采光板屋面和玻璃采光顶屋面按设计图示尺寸以面积计算，不扣除面积≤0.3 m² 的孔洞所占面积。

(4)膜结构屋面按设计图示尺寸以需要覆盖的水平投影面积计算，膜材料可以调整含量。

2. 防水工程及其他

(1)防水。

1)屋面防水，按设计图示尺寸以面积计算(斜屋面按斜面面积计算)，不扣除房上烟囱、风帽底座、风道、屋面小气窗等所占面积，上翻部分也不另行计算；屋面的女儿墙、伸缩缝和天窗等处的弯起部分，按设计图示尺寸计算；设计无规定时，伸缩缝、女儿墙、天窗的弯起部分按 500 mm 计算，计入立面工程量内。

2)楼地面防水、防潮层按设计图示尺寸以主墙间净面积计算，扣除凸出地面的构筑物、设备基础等所占面积，不扣除间壁墙及单个面积≤0.3 m² 的柱、垛、烟囱和孔洞所占面积。平面与立面交接处，上翻高度≤300 mm 时，按展开面积并入平面工程量内计算；高度>300 mm 时，按立面防水层计算。

3)墙基防水、防潮层，外墙按外墙中心线长度、内墙按墙体净长度乘以宽度，以面积计算。

4)墙的立面防水、防潮层，无论内墙还是外墙，均按设计图示尺寸以面积计算。

5)基础底板的防水、防潮层按设计图示尺寸以面积计算，不扣除桩头所占面积。桩头处外包防水按桩头投影外扩 300 mm 以面积计算，地沟处防水按展开面积计算，均计入平面工程量，执行相应规定。

6)屋面、楼地面及墙面、基础底板等，其防水搭接、拼缝、压边、留槎用量已综合考虑，不另行计算，卷材防水附加层按设计铺贴尺寸以面积计算。

7)屋面分格缝，按设计图示尺寸，以长度计算。

(2)屋面排水。

1)水落管、镀锌薄钢板天沟、檐沟按设计图示尺寸，以长度计算。

2)水斗、下水口、雨水口、弯头、短管等均以设计数量计算。

3)种植屋面排水按设计尺寸以铺设排水层面积计算；不扣除房上烟囱、风帽底座、风道、屋面小气窗、斜沟和脊瓦等所占面积，以及面积≤0.3 m² 的孔洞所占面积，屋面小气窗的出檐部分也不增加。

(3)变形缝与止水带。变形缝(嵌填缝与盖板)与止水带按设计图示尺寸，以长度计算。

三、清单计价工程量计算规则

屋面及防水工程分4节共21个清单项目，其中包括瓦、型材及其他屋面，屋面防水及其他，墙面防水、防潮，楼(地)面防水、防潮。

(一)瓦、型材及其他屋面

1.清单计价规范说明

(1)瓦屋面若是在木基层上铺瓦，项目特征不必描述粘结层砂浆的配合比，瓦屋面铺防水层，按屋面防水及其他相关项目编码列项。

(2)型材屋面、阳关板屋面、玻璃钢屋面的柱、梁、屋架，按金属结构工程和木结构工程中相关项目编码列项。

2.工程量清单项目设置及工程量计算规则

瓦、型材及其他屋面工程量清单项目设置及工程量计算规则见表 5-62。

表 5-62 瓦、型材及其他屋面(编码：010901)

项目编码	项目名称	项目特征	计量单位	工程量计算规则	工作内容
010901001	瓦屋面	1. 瓦品种、规格 2. 粘结层砂浆的配合比	m²	按设计图示尺寸以斜面积计算。不扣除房上烟囱、风帽底座、风道、小气窗、斜沟等所占面积。小气窗的出檐部分不增加面积	1. 砂浆制作、运输、摊铺、养护 2. 安瓦、作瓦脊
010901002	型材屋面	1. 型材品种、规格 2. 金属檩条材料品种、规格 3. 接缝、嵌缝材料种类			1. 檩条制作、运输、安装 2. 屋面型材安装 3. 接缝、嵌缝
010901003	阳光板屋面	1. 阳光板品种、规格 2. 骨架材料品种、规格 3. 接缝、嵌缝材料种类 4. 油漆品种、刷漆遍数		按设计图示尺寸以斜面积计算。不扣除屋面面积≤0.3 m² 的孔洞所占面积	1. 骨架制作、运输、安装、刷防护材料、油漆 2. 阳光板安装 3. 接缝、嵌缝

项目编码	项目名称	项目特征	计量单位	工程量计算规则	工作内容
010901004	玻璃钢屋面	1. 玻璃钢品种、规格 2. 骨架材料品种、规格 3. 玻璃钢固定方式 4. 接缝、嵌缝材料种类 5. 油漆品种、刷漆遍数	m²	按设计图示尺寸以斜面积计算。不扣除屋面面积≤0.3 m²孔洞所占面积	1. 骨架制作、运输、安装、刷防护材料、油漆 2. 玻璃钢制作、安装 3. 接缝、嵌缝
010901005	膜结构屋面	1. 膜布品种、规格 2. 支柱（网架）钢材品种、规格 3. 钢丝绳品种、规格 4. 锚固基座做法 5. 油漆品种、刷漆遍数		按设计图示尺寸以需要覆盖的水平投影面积计算	1. 膜布热压胶接 2. 支柱（网架）制作、安装 3. 膜布安装 4. 穿钢丝绳、锚头锚固 5. 锚固基座、挖土、回填 6. 刷防护材料，油漆

3. 工程量计算示例

【例 5-20】 如图 5-28 所示，求二坡水（坡度 1∶2 的黏土瓦屋面）屋面的工程量。

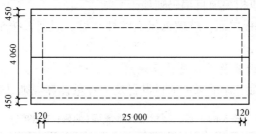

图 5-28 二坡水屋面示意

【解】 二坡水屋面工程量＝(4.06＋0.9)×(25＋0.24)×1.118＝139.96(m²)

【例 5-21】 某房屋建筑尺寸如图 5-29 所示，屋面板上铺水泥大瓦，计算瓦屋面工程量。

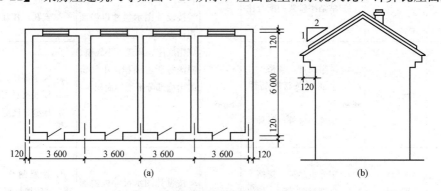

(a)

(b)

图 5-29 房屋建筑尺寸

（a）平面图；（b）侧面图

【解】 瓦屋面工程量＝$(6.0＋0.24＋0.12×2)×(3.6×4＋0.24)×1.118＝106.06(m^2)$

(二)屋面防水及其他

1. 清单计价规范说明

(1)屋面刚性层无钢筋，其钢筋项目特征不必描述。

(2)屋面找平层按楼地面装饰工程"平面砂浆找平层"项目编码列项。

(3)屋面防水搭接及附加层用量不另行计算，在综合单价中考虑。

(4)屋面保温找坡按保温、隔热、防腐工程"保温隔热屋面"项目编码列项。

2. 工程量清单项目设置及工程量计算规则

屋面防水及其他工程量清单项目设置及工程量计算规则见表5-63。

表5-63 屋面防水及其他(编码：010902)

项目编码	项目名称	项目特征	计量单位	工程量计算规则	工作内容
010902001	屋面卷材防水	1. 卷材品种、规格、厚度 2. 防水层数 3. 防水层做法	m²	按设计图示尺寸以面积计算 1. 斜屋顶(不包括平屋顶找坡)按斜面积计算，平屋顶按水平投影面积计算 2. 不扣除房上烟囱、风帽底座、风道、屋面小气窗和斜沟所占面积 3. 屋面的女儿墙、伸缩缝和天窗等处的弯起部分，并入屋面工程量内	1. 基层处理 2. 刷底油 3. 铺油毡卷材、接缝
010902002	屋面涂膜防水	1. 防水膜品种 2. 涂膜厚度、遍数 3. 增强材料种类			1. 基层处理 2. 刷基层处理剂 3. 铺布、喷涂防水层
010902003	屋面刚性层	1. 刚性层厚度 2. 混凝土种类 3. 混凝土强度等级 4. 嵌缝材料种类 5. 钢筋规格、型号		按设计图示尺寸以面积计算。不扣除房上烟囱、风帽底座、风道等所占面积	1. 基层处理 2. 混凝土制作、运输、铺筑、养护 3. 钢筋制安
010902004	屋面排水管	1. 排水管品种、规格 2. 雨水斗、山墙出水口品种、规格 3. 接缝、嵌缝材料种类 4. 油漆品种、刷漆遍数	m	按设计图示尺寸以长度计算。如设计未标注尺寸，以檐口至设计室外散水上表面垂直距离计算	1. 排水管及配件安装、固定 2. 雨水斗、山墙出水口、雨水箅子安装 3. 接缝、嵌缝 4. 刷漆
010902005	屋面排(透)气管	1. 排(透)气管品种、规格 2. 接缝、嵌缝材料种类 3. 油漆品种、刷漆遍数		按设计图示尺寸以长度计算	1. 排(透)气管及配件安装、固定 2. 铁件制作、安装 3. 接缝、嵌缝 4. 刷漆

项目编码	项目名称	项目特征	计量单位	工程量计算规则	工作内容
010902006	屋面(廊、阳台)泄(吐)水管	1. 吐水管品种、规格 2. 接缝、嵌缝材料种类 3. 吐水管长度 4. 油漆品种、刷漆遍数	根(个)	按设计图示数量计算	1. 水管及配件安装、固定 2. 接缝、嵌缝 3. 刷漆
010902007	屋面天沟、檐沟	1. 材料品种、规格 2. 接缝、嵌缝材料种类	m²	按设计图示尺寸以展开面积计算	1. 天沟材料铺设 2. 天沟配件安装 3. 接缝、嵌缝 4. 刷防护材料
010902008	屋面变形缝	1. 嵌缝材料种类 2. 止水带材料种类 3. 盖缝材料 4. 防护材料种类	m	按设计图示以长度计算	1. 清缝 2. 填塞防水材料 3. 止水带安装 4. 盖缝制作、安装 5. 刷防护材料

3. 工程量计算示例

【例5-22】 试计算如图5-30所示的三毡四油卷材防水屋面工程量。

【解】 卷材防水屋面工程量＝(60＋0.2×2)×(40＋0.2×2)＝2 440.16(m²)

【例5-23】 试计算如图5-31所示有挑檐平屋面涂刷聚氨酯涂料的工程量。

【解】 屋面涂膜防水工程量＝(72.75＋0.24＋0.5×2)×(12＋0.24＋0.5×2)＝979.63(m²)

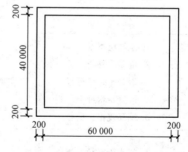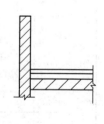

图5-30 三毡四油卷材防水屋面示意

(三)墙面防水、防潮

1. 清单计价规范说明

(1)墙面防水搭接及附加层用量不另行计算,在综合单价中考虑。

(2)墙面变形缝,若做双面,工程量乘以系数2.00。

(3)墙面找平层按墙、柱面装饰与隔断、幕墙工程"立面砂浆找平层"项目编码列项。

2. 工程量清单项目设置及工程量计算规则

墙面防水、防潮工程量清单项目设置及工程量计算规则见表5-64。

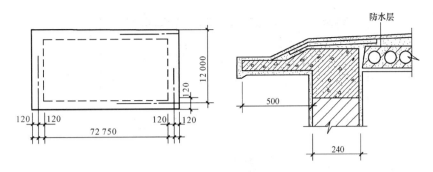

图 5-31 某卷材防水屋面

表 5-64 墙面防水、防潮(编码：010903)

项目编码	项目名称	项目特征	计量单位	工程量计算规则	工作内容
010903001	墙面卷材防水	1. 卷材品种、规格、厚度 2. 防水层数 3. 防水层做法	m²	按设计图示尺寸以面积计算	1. 基层处理 2. 刷胶粘剂 3. 铺防水卷材 4. 接缝、嵌缝
010903002	墙面涂膜防水	1. 防水膜品种 2. 涂膜厚度、遍数 3. 增强材料种类			1. 基层处理 2. 刷基层处理剂 3. 铺布、喷涂防水层
010903003	墙面砂浆防水(防潮)	1. 防水层做法 2. 砂浆厚度、配合比 3. 钢丝网规格			1. 基层处理 2. 挂钢丝网片 3. 设置分格缝 4. 砂浆制作、运输、摊铺、养护
010903004	墙面变形缝	1. 嵌缝材料种类 2. 止水带材料种类 3. 盖缝材料 4. 防护材料种类	m	按设计图示以长度计算	1. 清缝 2. 填塞防水材料 3. 止水带安装 4. 盖缝制作、安装 5. 刷防护材料

3. 工程量计算示例

【例 5-24】 计算如图 5-32 所示的建筑物墙基防潮层工程量及工料用量。防潮层采用冷底子油一遍、石油沥青两遍。

【解】 外墙长＝(9.6＋5.8)×2＝30.8(m)

内墙净长＝(5.8－0.24)×2＝11.12(m)

防潮层面积＝(30.8＋11.12)×0.24＝10.06(m²)

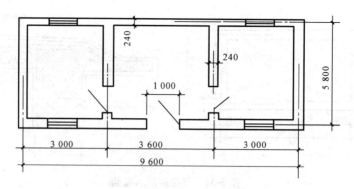

图 5-32　某建筑物平面示意图

【例 5-25】　试计算如图 5-33 所示的地面防潮层工程量。

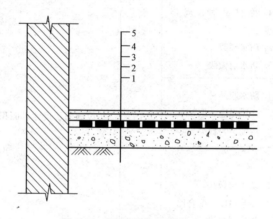

图 5-33　地面防潮层构造层次

1—素土夯实；2—100 厚 C20 混凝土；3—冷底子油一遍，玛琋脂玻璃布一布二油；

4—20 厚 1∶3 水泥砂浆找平层；5—10 厚 1∶2 水泥砂浆面层

【解】　地面防潮层工程量＝(9.6－0.24×3)×(5.8－0.24)＝49.37(m²)

(四)楼(地)面防水、防潮

1. 清单计价规范说明

(1)楼(地)面防水找平层按楼地面装饰工程"平面砂浆找平层"项目编码列项。

(2)楼(地)面防水搭接及附加层用量不另行计算，在综合单价中考虑。

2. 工程量清单项目设置及工程量计算规则

楼(地)面防水、防潮工程量清单项目设置及工程量计算规则见表 5-65。

表 5-65　楼(地)面防水、防潮(编码：010904)

项目编码	项目名称	项目特征	计量单位	工程量计算规则	工作内容
010904001	楼(地)面卷材防水	1. 卷材品种、规格、厚度 2. 防水层数 3. 防水层做法 4. 反边高度	m²	按设计图示尺寸以面积计算 1. 楼(地)面防水：按主墙间净空面积计算，扣除凸出地面的构筑物、设备基础等所占面积，不扣除间壁墙及单个面积≤0.3 m² 柱、垛、烟囱和孔洞所占面积 2. 楼(地)面防水反边高度≤300 mm 算作地面防水，反边高度>300 mm 按墙面防水计算	1. 基层处理 2. 刷胶粘剂 3. 铺防水卷材 4. 接缝、嵌缝
010904002	楼(地)面涂膜防水	1. 防水膜品种 2. 涂膜厚度、遍数 3. 增强材料种类 4. 反边高度			1. 基层处理 2. 刷基层处理剂 3. 铺布、喷涂防水层
010904003	楼(地)面砂浆防水(防潮)	1. 防水层做法 2. 砂浆厚度、配合比 3. 反边高度			1. 基层处理 2. 砂浆制作、运输、摊铺、养护
010904004	楼(地)面变形缝	1. 嵌缝材料种类 2. 止水带材料种类 3. 盖缝材料 4. 防护材料种类	m	按设计图示以长度计算	1. 清缝 2. 填塞防水材料 3. 止水带安装 4. 盖缝制作、安装 5. 刷防护材料

3. 工程量计算示例

【例 5-26】 如图 5-34 所示，计算楼地面卷材防水层的工程量。

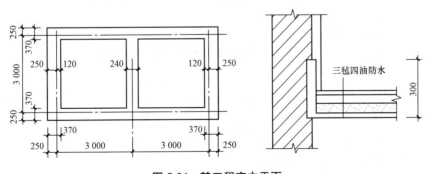

图 5-34　某工程室内平面

【解】 楼(地)面卷材防水工程量＝(3.0×0.24)×(3.0−0.24)×2×(1+0.06)
　　　　　　＝16.15(m²)

第九节 防腐、保温、隔热工程

一、相关知识

保温隔热屋面是一种集防水和保温隔热于一体的防水屋面，防水是基本功能，同时兼顾保温隔热。

保温层可采用松散材料保温层、板状保温层或整体保温层；隔热层可采用架空隔热层、蓄水隔热层、种植隔热层等。

保温隔热材料的品种、性能及适用范围见表5-66。

表5-66　保温隔热材料的品种、性能及适用范围

材料名称	主要性能及特点	适用范围
炉渣	炉渣为工业废料，可就地取材，使用方便 炉渣有高炉炉渣、水渣及锅炉炉渣，使用粒径为5～40 mm，表观密度为500～1 000 kg/m³，导热系数为0.163～0.25 W/(m·K) 炉渣不能含有有机杂质和未烧尽的煤块，以及白灰块、土块等物。如粒径过大，则应先破碎再使用	屋面找平、找坡层
浮石	浮石为一种天然资源，在我国分布较广，蕴藏量较大，内蒙古、山西、黑龙江均是著名的浮石产地 浮石堆积密度一般在500～800 kg/m³，孔隙率为45%～56%，浮石混凝土的导热系数为0.116～0.21 W/(m·K)	屋面保温层
膨胀蛭石	膨胀蛭石是以蛭石为原料，经烘干、破碎、熔烧而成，为一种金黄色或灰白色颗粒状物料 膨胀蛭石堆积密度为80～300 kg/m³，导热系数应小于0.14 W/(m·K) 膨胀蛭石为无机物，因此不受菌类侵蚀，不腐烂、不变质，但耐碱不耐酸，因此不宜用于有酸性侵蚀处	屋面保温隔热层
膨胀珍珠岩	膨胀珍珠岩是以珍珠岩(松脂岩、黑曜岩)矿石为原料，经过破碎、熔烧而成一种白色或灰白色的砂状材料 膨胀珍珠岩呈蜂窝状泡沫，堆积密度<120 kg/m³，导热系数<0.07 W/(m·K)，具有密度轻、保温性能好、无毒、无味、不腐、不燃、耐酸、耐碱等特点	屋面保温隔热层
泡沫塑料	保温、吸声、防震材料。它的种类较多，有聚苯乙烯泡沫塑料、聚乙烯泡沫塑料、聚氯乙烯泡沫塑料等 其特点为质轻、隔热、保温、吸声、吸水性小、耐酸、耐碱、防震性能好	屋面保温隔热层
微孔硅酸钙	微孔硅酸钙是以二氧化硅粉状材料、石灰、纤维增强材料和水经搅拌，凝胶化成型、蒸压养护、干燥等工序制作而成 它具有密度轻、导热系数小、耐水性好、防火性能强等特点	用作房屋内墙、外墙、平顶的防火覆盖材料
泡沫混凝土	泡沫混凝土为一种人工制造的保温隔热材料，主要有两种，一种是用水泥加入泡沫剂和水，经搅拌、成型、养护而成；另一种是用粉煤灰加入适量石灰、石膏及泡沫剂和水拌制而成，又称为硅酸盐泡沫混凝土。这两种混凝土具有多孔、轻质、保温、隔热、吸声等性能。其表观密度为350～400 kg/m³，抗压强度为0.3～0.5 MPa，导热系数为0.088～0.116 W/(m·K)	屋面保温隔热层

二、定额说明与工程量计算规则

(一)定额说明

1. 保温、隔热工程

(1)保温层的保温材料配合比、材质、厚度与设计不同时,可以换算。

(2)弧形墙墙面保温隔热层,按相应项目的人工乘以系数1.1。

(3)柱面保温根据墙面保温定额项目人工乘以系数1.19,材料乘以系数1.04。

(4)墙面岩棉板保温、聚苯乙烯板保温及保温装饰一体板保温如使用钢骨架,钢骨架按定额"墙、柱面装饰与隔断、幕墙工程"相应项目执行。

(5)抗裂保护层工程如采用塑料膨胀螺栓固定时,每1 m²增加人工0.03工日、塑料膨胀螺栓6.12套。

(6)保温隔热材料应根据设计规范,必须达到国家规定要求的等级标准。

2. 防腐工程

(1)各种胶泥、砂浆、混凝土配合比以及各种整体面层的厚度,如设计与定额不同时,可以换算。定额已综合考虑了各种块料面层的结合层、胶结料厚度及灰缝宽度。

(2)花岗岩面层以六面剁斧的块料为准,结合层厚度为15 mm,如板底为毛面,则其结合层胶结料用量按设计厚度调整。

(3)整体面层踢脚板按整体面层相应项目执行,块料面层踢脚板按立面砌块相应项目人工乘以系数1.2。

(4)环氧自流平洁净地面中间层(刮腻子)按每层1 mm厚度考虑,如设计要求厚度不同,则按厚度可以调整。

(5)卷材防腐接缝、附加层、收头工料已包括在定额内,不再另行计算。

(6)块料防腐中面层材料的规格、材质与设计不同时,可以换算。

(二)定额工程量计算规则

1. 保温隔热工程

(1)屋面保温隔热层工程量按设计图示尺寸以面积计算。扣除>0.3 m²的孔洞所占面积。其他项目按设计图示尺寸以定额项目规定的计量单位计算。

(2)顶棚保温隔热层工程量按设计图示尺寸以面积计算。扣除面积>0.3 m²的柱、垛、孔洞所占面积,与顶棚相连的梁按展开面积计算,其工程量并入顶棚内。

(3)墙面保温隔热层工程量按设计图示尺寸以面积计算。扣除门窗洞口及面积>0.3 m²的梁、孔洞所占面积;门窗洞口侧壁以及与墙相连的柱,并入保温墙体工程量内。墙体及混凝土板下铺贴隔热层不扣除木框架及木龙骨的体积。其中外墙按隔热层中心线长度计算,内墙按隔热层净长度计算。

(4)柱、梁保温隔热层工程量按设计图示尺寸以面积计算。柱按设计图示柱断面保温层中心线展开长度乘以高度以面积计算,扣除面积>0.3 m²的梁所占面积。梁按设计图示梁断面保温层中心线展开长度乘以保温层长度以面积计算。

(5)楼地面保温隔热层工程量按设计图示尺寸以面积计算。扣除柱、垛及单个面积>0.3 m²的孔洞所占面积。

（6）其他保温隔热层工程量按设计图示尺寸以展开面积计算。扣除面积＞0.3 m^2的孔洞及占位面积。

（7）大于0.3 m^2孔洞侧壁周围及梁头、连系梁等其他零星工程保温隔热工程量，并入墙面的保温隔热工程量内。

（8）柱帽保温隔热层，并入顶棚保温隔热层工程量内。

（9）保温层排气管按设计图示尺寸以长度计算，不扣除管件所占长度，保温层排气孔以数量计算。

（10）防火隔离带工程量按设计图示尺寸以面积计算。

2.防腐工程

（1）防腐工程面层、隔离层及防腐油漆工程量均按设计图示尺寸以面积计算。

（2）平面防腐工程量应扣除凸出地面的构筑物、设备基础等以及面积＞0.3 m^2的孔洞、柱、垛等所占面积，门洞、空圈、暖气包槽、壁龛的开口部分不增加面积。

（3）立面防腐工程量应扣除门、窗、洞口以及面积＞0.3 m^2的孔洞、梁所占面积，门、窗、洞口侧壁、垛凸出部分按展开面积并入墙面内。

（4）池、槽块料防腐面层工程量按设计图示尺寸以展开面积计算。

（5）砌筑沥青浸渍砖工程量按设计图示尺寸以面积计算。

（6）踢脚板防腐工程量按设计图示长度乘以高度以面积计算，扣除门洞所占面积，并相应增加侧壁展开面积。

（7）混凝土面及抹灰面防腐按设计图示尺寸以面积计算。

三、清单计价工程量计算规则

保温、隔热、防腐工程分3节共16个清单项目，其中包括保温、隔热，防腐面层，其他防腐。

（一）保温、隔热

1.清单计价规范说明

（1）保温隔热装饰面层，按楼地面装饰工程，墙、柱面装饰与隔断、幕墙工程，顶棚工程，其他装饰工程，油漆、涂料、裱糊工程中相关项目编码列项；仅做找平层按楼地面装饰工程"平面砂浆找平层"或墙、柱面装饰与隔断、幕墙工程"立面砂浆找平层"项目编码列项。

（2）柱帽保温隔热应并入顶棚保温隔热工程量内。

（3）池槽保温隔热应按其他保温隔热项目编码列项。

（4）保温隔热方式是指内保温、外保温、夹心保温。

（5）保温柱、梁适用于不与墙、顶棚相连的独立柱、梁。

2.工程量清单项目设置及工程量计算规则

保温、隔热工程量清单项目设置及工程量计算规则见表5-67。

表 5-67　保温、隔热(编码：011001)

项目编码	项目名称	项目特征	计量单位	工程量计算规则	工作内容
011001001	保温隔热屋面	1. 保温隔热材料品种、规格、厚度 2. 隔气层材料品种、厚度 3. 粘结材料种类、做法 4. 防护材料种类、做法	m^2	按设计图示尺寸以面积计算。扣除面积＞0.3 m^2 的孔洞及占位面积	1. 基层清理 2. 刷粘结材料 3. 铺粘保温层 4. 铺、刷(喷)防护材料
011001002	保温隔热顶棚	1. 保温隔热面层材料品种、规格、性能 2. 保温隔热材料品种、规格及厚度 3. 粘结材料种类及做法 4. 防护材料种类及做法	m^2	按设计图示尺寸以面积计算。扣除面积＞0.3 m^2 的柱、垛、孔洞所占面积，与顶棚相连的梁按展开面积，计算并入顶棚工程量内	1. 基层清理 2. 刷粘结材料 3. 铺粘保温层 4. 铺、刷(喷)防护材料
011001003	保温隔热墙面	1. 保温隔热部位 2. 保温隔热方式 3. 踢脚线、勒脚线保温做法 4. 龙骨材料品种、规格 5. 保温隔热面层材料品种、规格、性能 6. 保温隔热材料品种、规格及厚度 7. 增强网及抗裂防水砂浆种类 8. 粘结材料种类及做法 9. 防护材料种类及做法	m^2	按设计图示尺寸以面积计算。扣除门窗洞口以及面积＞0.3 m^2 的梁、孔洞所占面积；门窗洞口侧壁以及与墙相连的柱，并入保温墙体工程量内	1. 基层清理 2. 刷界面剂 3. 安装龙骨 4. 填贴保温材料 5. 保温板安装 6. 粘贴面层 7. 铺设增强格网、抹抗裂、防水砂浆面层 8. 嵌缝 9. 铺、刷(喷)防护材料
011001004	保温柱、梁	1. 保温隔热部位 2. 保温隔热方式 3. 踢脚线、勒脚线保温做法 4. 龙骨材料品种、规格 5. 保温隔热面层材料品种、规格、性能 6. 保温隔热材料品种、规格及厚度 7. 增强网及抗裂防水砂浆种类 8. 粘结材料种类及做法 9. 防护材料种类及做法	m^2	按设计图示尺寸以面积计算 1. 柱按设计图示柱断面保温层中心线展开长度乘保温层高度以面积计算，扣除面积＞0.3 m^2 的梁所占面积 2. 梁按设计图示梁断面保温层中心线展开长度乘保温层长度以面积计算	1. 基层清理 2. 刷界面剂 3. 安装龙骨 4. 填贴保温材料 5. 保温板安装 6. 粘贴面层 7. 铺设增强格网、抹抗裂、防水砂浆面层 8. 嵌缝 9. 铺、刷(喷)防护材料

项目编码	项目名称	项目特征	计量单位	工程量计算规则	工作内容
011001005	保温隔热楼地面	1. 保温隔热部位 2. 保温隔热材料品种、规格、厚度 3. 隔气层材料品种、厚度 4. 粘结材料种类、做法 5. 防护材料种类、做法	m²	按设计图示尺寸以面积计算 1. 柱按设计图示柱断面保温层中心线展开长度乘保温层高度以面积计算，扣除面积>0.3 m² 的梁所占面积 2. 梁按设计图示梁断面保温层中心线展开长度乘保温层长度以面积计算	1. 基层清理 2. 刷粘结材料 3. 铺粘保温层 4. 铺、刷(喷)防护材料
011001006	其他保温隔热	1. 保温隔热部位 2. 保温隔热方式 3. 隔气层材料品种、厚度 4. 保温隔热面层材料品种、规格、性能 5. 保温隔热材料品种、规格及厚度 6. 粘结材料种类及做法 7. 增强网及抗裂防水砂浆种类 8. 防护材料种类及做法	m²	按设计图示尺寸以展开面积计算。扣除面积>0.3 m² 的孔洞及占位面积	1. 基层清理 2. 刷界面剂 3. 安装龙骨 4. 填贴保温材料 5. 保温板安装 6. 粘贴面层 7. 铺设增强格网、抹抗裂防水砂浆面层 8. 嵌缝 9. 铺、刷(喷)防护材料

3. 工程量计算示例

【例 5-27】 保温平屋面尺寸如图 5-35 所示。其做法如下：空心板上 1∶3 水泥砂浆找平 20 mm 厚，刷冷底子油两遍、沥青隔汽层一遍，80 mm 厚水泥蛭石块保温层，1∶10 现浇水泥蛭石找坡，1∶3 水泥砂浆找平 20 mm 厚，SBS 改性沥青卷材满铺一层，点式支撑预制混凝土板架空隔热层。试计算保温隔热屋面工程量。

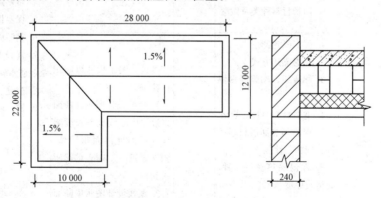

图 5-35 保温平屋面尺寸

【解】 保温隔热屋面工程量＝(28－0.24)×(12－0.24)＋(10－0.24)×(22－0.24)
＝538.84(m²)

【例5-28】 求如图5-36所示墙体填充沥青玻璃棉工程量，已知墙高为4.5 m。

【解】 墙体填充沥青玻璃棉工程量＝(18.74－0.24× 2)×4.50＝82.17(m²)

(二)防腐

1. 清单计价规范说明

(1)防腐面层。防腐踢脚线应按楼地面装饰工程"踢脚线"项目编码列项。

(2)其他防腐。浸渍砖砌法是指平砌、立砌。

2. 工程量清单项目设置及工程量计算规则

(1)防腐面层工程量清单项目设置及工程量计算规则见表5-68。

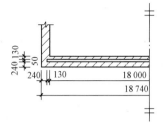

图 5-36 墙体填充沥青玻璃棉示意

表 5-68 防腐面层(编码：011002)

项目编码	项目名称	项目特征	计量单位	工程量计算规则	工作内容
011002001	防腐混凝土面层	1. 防腐部位 2. 面层厚度 3. 混凝土种类 4. 胶泥种类、配合比	m²	按设计图示尺寸以面积计算 1. 平面防腐：扣除凸出地面的构筑物、设备基础等以及面积＞0.3 m²的孔洞、柱、垛等所占面积。门洞、空圈、暖气包槽、壁龛的开口部分不增加面积 2. 立面防腐：扣除门、窗、洞口以及面积＞0.3 m²的孔洞、梁所占面积，门、窗、洞口侧壁、垛突出部分按展开面积并入墙面积内	1. 基层清理 2. 基层刷稀胶泥 3. 混凝土制作、运输、摊铺、养护
011002002	防腐砂浆面层	1. 防腐部位 2. 面层厚度 3. 砂浆、胶泥种类、配合比			1. 基层清理 2. 基层刷稀胶泥 3. 砂浆制作、运输、摊铺、养护
011002003	防腐胶泥面层	1. 防腐部位 2. 面层厚度 3. 胶泥种类、配合比			1. 基层清理 2. 胶泥调制、摊铺
011002004	玻璃钢防腐面层	1. 防腐部位 2. 玻璃钢种类 3. 贴布材料的种类、层数 4. 面层材料品种			1. 基层清理 2. 刷底漆、刮腻子 3. 胶浆配制、涂刷 4. 粘布、涂刷面层
011002005	聚氯乙烯板面层	1. 防腐部位 2. 面层材料品种、厚度 3. 粘结材料种类			1. 基层清理 2. 配料、涂胶 3. 聚氯乙烯板铺设
011002006	块料防腐面层	1. 防腐部位 2. 块料品种、规格 3. 粘结材料种类 4. 勾缝材料种类			1. 基层清理 2. 铺贴块料 3. 胶泥调制、勾缝
011002007	池、槽块料防腐面层	1. 防腐池、槽名称、代号 2. 块料品种、规格 3. 粘结材料种类 4. 勾缝材料种类		按设计图示尺寸以展开面积计算	

（2）其他防腐工程量清单项目设置及工程量计算规则见表5-69。

表5-69　其他防腐（编码：011003）

项目编码	项目名称	项目特征	计量单位	工程量计算规则	工作内容
011003001	隔离层	1. 隔离层部位 2. 隔离层材料品种 3. 隔离层做法 4. 粘贴材料种类	m^2	按设计图示尺寸以面积计算 　1. 平面防腐：扣除凸出地面的构筑物、设备基础等以及面积>0.3 m^2 的孔洞、柱、垛等所占面积，门洞、空圈、暖气包槽、壁龛的开口部分不增加面积 　2. 立面防腐：扣除门、窗、洞口以及面积>0.3 m^2 的孔洞、梁所占面积，门、窗、洞口侧壁、垛突出部分按展开面积并入墙面积内	1. 基层清理、刷油 2. 煮沥青 3. 胶泥调制 4. 隔离层铺设
011003002	砌筑沥青浸渍砖	1. 砌筑部位 2. 浸渍砖规格 3. 胶泥种类 4. 浸渍砖砌法	m^3	按设计图示尺寸以体积计算	1. 基层清理 2. 胶泥调制 3. 浸渍砖铺砌
011003003	防腐涂料	1. 涂刷部位 2. 基层材料类型 3. 刮腻子的种类、遍数 4. 涂料品种、刷涂遍数	m^2	按设计图示尺寸以面积计算 　1. 平面防腐：扣除凸出地面的构筑物、设备基础等以及面积>0.3 m^2 的孔洞、柱、垛等所占面积，门洞、空圈、暖气包槽、壁龛的开口部分不增加面积 　2. 立面防腐：扣除门、窗、洞口以及面积>0.3 m^2 的孔洞、梁所占面积，门、窗、洞口侧壁、垛突出部分按展开面积并入墙面积内	1. 基层清理 2. 刮腻子 3. 刷涂料

3. 工程量计算示例

【例5-29】　试计算如图5-37所示的环氧砂浆防腐面层工程量。

【解】　环氧砂浆防腐面层工程量＝(3.6＋4.8－0.24)×(6.6＋1.8－0.24)－3.0×1.8－4.8×1.8＝52.55(m²)

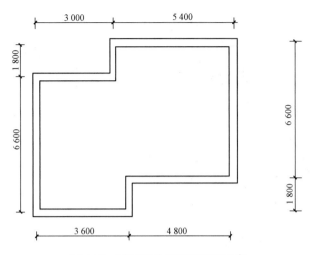

图 5-37　某环氧砂浆防腐面层示意

【例 5-30】　如图 5-38 所示，试计算环氧玻璃钢整体面层工程量。

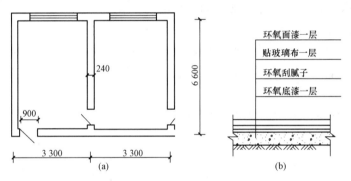

图 5-38　某环氧玻璃钢整体面层示意

(a)平面图；(b)局部面层剖面图

【解】　(1)环氧底漆一层工程量＝(3.3－0.24)×(6.6－0.24)×2＝38.92(m²)

(2)环氧刮腻子工程量＝(3.3－0.24)×(6.6－0.24)×2＝38.92(m²)

(3)贴玻璃布一层工程量＝(3.3－0.24)×(6.6－0.24)×2＝38.92(m²)

(4)环氧面漆一层工程量＝(3.3－0.24)×(6.6－0.24)×2＝38.92(m²)

第十节　门窗及木结构工程

一、相关知识

1. 木门的基本构造

门是由门框(门樘)和门扇两部分组成的。当门的高度超过 2.1 m 时，还要增加门上窗(又称亮子或么窗)；门的各部分名称如图 5-39 所示。各种门的门框构造基本相同，但门扇却各不一样。

2. 木窗的基本构造

木窗由窗框、窗扇组成，在窗扇上按设计要求安装玻璃(图 5-40)。

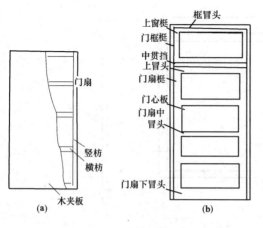

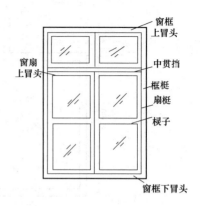

图 5-39　门的构造形式　　　　　　图 5-40　木窗的构造形式
(a)蒙板门；(b)镶板门

(1)窗框。窗框由梃、上冒头、下冒头等组成，有上窗时，要设中贯横挡。

(2)窗扇。窗扇由上冒头、下冒头、扇梃、扇棂等组成。

(3)玻璃。玻璃安装于冒头、窗扇梃、窗棂之间。

(4)连接构造。木窗的连接构造与门的连接构造基本相同，都是采用榫结合。按照规矩，其是在梃上凿眼，冒头上开榫。如果采用先立窗框再砌墙的安装方法，应在上、下冒头两端留出走头(延长端头)，走头长 120 mm。

窗梃与窗棂的连接，也是在梃上凿眼，窗棂上做榫。

二、定额说明与工程量计算规则

(一)门窗工程

1.定额说明

(1)木门。成品套装门安装包括门套和门扇的安装。

(2)金属门、窗。

1)铝合金成品门窗安装项目按隔热断桥铝合金型材考虑，当设计为普通铝合金型材时，按相应项目执行，其中人工乘以系数 0.8。

2)金属门连窗，门、窗应分别执行相应项目。

3)彩板钢窗附框安装执行彩板钢门附框安装项目。

(3)金属卷帘(闸)。

1)金属卷帘(闸)项目是按卷帘侧装(即安装在洞口内侧或外侧)考虑的，当设计为中装(即安装在洞口中)时，按相应项目执行，其中人工乘以系数 1.1。

2)金属卷帘(闸)项目是按不带活动小门考虑的，当设计为带活动小门时，按相应项目执行，其中人工乘以系数 1.07，材料调整为带活动小门金属卷帘(闸)。

3)防火卷帘(闸)(无机布基防火卷帘除外)按镀锌钢板卷帘(闸)项目执行，并将材料中的镀锌钢板卷帘换为相应的防火卷帘。

(4)厂库房大门、特种门。

1)厂库房大门项目是按一、二类木种考虑的，如采用三、四类木种时，制作按相应项目执行，人工和机械乘以系数 1.3；安装按相应项目执行，人工和机械乘以系数 1.35。

2)厂库房大门的钢骨架制作以钢材质量表示，已包括在定额中，不再另列项计算。

3)厂库房大门门扇上所用铁件均已列入定额，墙、柱、楼地面等部位的预埋铁件按设计要求另按定额"混凝土及钢筋混凝土工程"中相应项目执行。

4)冷藏库门、冷藏冻结间门、防辐射门安装项目包括筒子板制作安装。

（5）其他门。

1)全玻璃门扇安装项目按地弹门考虑，其中地弹簧消耗量可按实际调整。

2)全玻璃门门框、横梁、立柱钢架的制作安装及饰面装饰，按本章门钢架相应项目执行。

3)全玻璃门有框亮子安装按全玻璃有框门扇安装项目执行，人工乘以系数 0.75，地弹簧换为膨胀螺栓，消耗量调整为 277.55 个/100 m²；无框亮子安装按固定玻璃安装项目执行。

4)电子感应自动门传感装置、伸缩门电动装置安装已包括调试用工。

（6）门钢架、门窗套。

1)门钢架基层、面层项目未包括封边线条，设计要求时，另按定额"其他装饰工程"中相应线条项目执行。

2)门窗套、门窗筒子板均执行门窗套(筒子板)项目。

3)门窗套(筒子板)项目未包括封边线条，设计要求时，按定额"其他装饰工程"中相应线条项目执行。

（7）窗台板。

1)窗台板与暖气罩相连时，窗台板并入暖气罩，按定额"其他装饰工程"中相应暖气罩项目执行。

2)石材窗台板安装项目按成品窗台板考虑。实际为非成品需现场加工时，石材加工另按定额"其他装饰工程"中石材加工相应项目执行。

（8）门五金。

1)成品木门(扇)安装项目中五金配件的安装仅包括合页安装人工和合页材料费，设计要求的其他五金另按"门五金"一节中门特殊五金相应项目执行。

2)成品金属门窗、金属卷帘(闸)、特种门、其他门安装项目包括五金安装人工，五金材料费包括在成品门窗价格中。

3)成品全玻璃门扇安装项目中仅包括地弹簧安装的人工和材料费，设计要求的其他五金另执行"门五金"一节中门特殊五金相应项目。

4)厂库房大门项目均包括五金铁件安装人工，五金铁件材料费另执行"门五金"一节中相应项目，当设计与定额取定不同时，按设计规定计算。

2. 定额工程量计算规则

（1）木门。

1)成品木门框安装按设计图示框的中心线长度计算。

2)成品木门扇安装按设计图示扇面积计算。

3)成品套装木门安装按设计图示数量计算。

4)木质防火门安装按设计图示洞口面积计算。

（2）金属门、窗。

1)铝合金门窗(飘窗、阳台封闭窗除外)、塑钢门窗均按设计图示门、窗洞口面积计算。

2)门连窗按设计图示洞口面积分别计算门、窗面积,其中窗的宽度算至门框的外边线。

3)纱门、纱窗扇按设计图示扇外围面积计算。

4)飘窗、阳台封闭窗按设计图示框型材外边线尺寸以展开面积计算。

5)钢质防火门、防盗门按设计图示门洞口面积计算。

6)防盗窗按设计图示窗框外围面积计算。

7)彩板钢门窗按设计图示门、窗洞口面积计算。彩板钢门窗附框按框中心线长度计算。

(3)金属卷帘(闸)。金属卷帘(闸)按设计图示卷帘门宽度乘以卷帘门高度(包括卷帘箱高度)以面积计算。电动装置安装按设计图示套数计算。

(4)厂库房大门、特种门。厂库房大门、特种门按设计图示门洞口面积计算。

(5)其他门。

1)全玻有框门扇按设计图示扇边框外边线尺寸以扇面积计算。

2)全玻无框(条夹)门扇按设计图示扇面积计算,高度算至条夹外边线,宽度算至玻璃外边线。

3)全玻无框(点夹)门扇按设计图示玻璃外边线尺寸以扇面积计算。

4)无框亮子按设计图示门框与横梁或立柱内边缘尺寸玻璃面积计算。

5)全玻转门按设计图示数量计算。

6)不锈钢伸缩门按设计图示延长米计算。

7)传感和电动装置按设计图示套数计算。

(6)门钢架、门窗套。

1)门钢架按设计图示尺寸以质量计算。

2)门钢架基层、面层按设计图示饰面外围尺寸展开面积计算。

3)门窗套(筒子板)龙骨、面层、基层均按设计图示饰面外围尺寸展开面积计算。

4)成品门窗套按设计图示饰面外围尺寸展开面积计算。

(7)窗台板、窗帘盒、轨。

1)窗台板按设计图示长度乘宽度以面积计算。图纸未注明尺寸的,窗台板长度可按窗框的外围宽度两边共加 100 mm 计算。窗台板凸出墙面的宽度按墙面外加 50 mm 计算。

2)窗帘盒、窗帘轨按设计图示长度计算。

(二)木结构工程

1.定额说明

(1)木材木种均以一、二类木种取定。如采用三、四类木种时,相应定额制作人工、机械乘以系数 1.35。

(2)设计刨光的屋架、檩条、屋面板在计算木料体积时,应加刨光损耗,方木一面刨光加 3 mm,两面刨光加 5 mm;圆木直径加 5 mm;板一面刨光加 2 mm,两面刨光加 3.5 mm。

(3)屋架跨度是指屋架两端上、下弦中心线交点之间的距离。

(4)屋面板制作厚度不同时可进行调整。

(5)木屋架、钢木屋架定额项目中的钢板、型钢、圆钢用量与设计不同时,可按设计数量另加 8%损耗进行换算,其余不再调整。

2. 定额工程量计算规则

(1)木屋架。

1)木屋架、檩条工程量按设计图示的规格尺寸以体积计算。附属于其上的木夹板、垫木、风撑、挑檐木、檩条三角条均按木料体积并入屋架、檩条工程量内。单独挑檐木并入檩条工程量内。檩托木、檩垫木已包括在定额项目内，不另行计算。

2)圆木屋架上的挑檐木、风撑等设计规定为方木时，应将方木木料体积乘以系数1.7，折合成圆木并入圆木屋架工程量内。

3)钢木屋架工程量按设计图示的规格尺寸以体积计算。定额内已包括钢构件的用量，不再另外计算。

4)带气楼的屋架，其气楼屋架并入所依附屋架工程量内计算。

5)屋架的马尾、折角和正交部分半屋架，并入相连屋架工程量内计算。

6)简支檩木长度按设计计算，设计无规定时，按相邻屋架或山墙中距增加0.20 m接头计算，两端出山檩条算至博风板；连续檩的长度按设计长度增加5%的接头长度计算。

(2)木构件。

1)木柱、木梁按设计图示尺寸以体积计算。

2)木楼梯按设计图示尺寸以水平投影面积计算。不扣除宽度≤300 mm的楼梯井，伸入墙内部分不计算。

3)木地楞按设计图示尺寸以体积计算。定额内已包括平撑、剪刀撑、沿油木的用量，不再另行计算。

(3)屋面木基层。

1)屋面椽子、屋面板、挂瓦条、竹帘子工程量按设计图示尺寸以屋面斜面积计算，不扣除屋面烟囱、风帽底座、风道、小气窗及斜沟等所占面积。小气窗的出檐部分也不增加面积。

2)封檐板工程量按设计图示檐口外围长度计算。博风板按斜长度计算，每个大刀头增加长度0.50 m。

三、清单计价工程量计算规则

(一)门窗工程

1. 清单计价规范说明

(1)木门。

1)木质门应区分镶板木门、企口木板门、实木装饰门、胶合板门、夹板装饰门、木纱门、全玻门(带木质扇框)、木质半玻门(带木质扇框)，分别编码列项。

2)木门五金应包括折页、插销、门碰珠、弓背拉手、搭机、木螺钉、弹簧折页(自动门)、管子拉手(自由门、地弹门)、地弹簧(地弹门)、角铁、门轧头(地弹头、自由门)等。

3)木质门带套计量按洞口尺寸以面积计算，不包括门套的面积，但门套应计算在综合单价中。

4)以樘计量，项目特征必须描述洞口尺寸；以平方米计量，项目特征可不描述洞口尺寸。

5)单独制作安装木门框按木门框项目编码列项。

(2)厂库房大门、特种门。

1)特种门应区分冷藏门、冷冻间门、保温门、变电室门、隔音门、防射线门、人防门、金库门等项目，分别编码列项。

2)以樘计量，项目特征必须描述洞口尺寸，没有洞口尺寸必须描述门框或扇外围尺寸；以平方米计量，项目特征可不描述洞口尺寸及框、扇的外围尺寸。

3)以平方米计量，无设计图示洞口尺寸，按门框、扇外围以面积计算。

(3)金属门。

1)金属门应区分金属平开门、金属推拉门、金属地弹门、全玻门(带金属扇框)、金属半玻门(带扇框)等项目，分别编码列项。

2)铝合金门五金包括地弹簧、门锁、拉手、门插、门铰、螺钉等。

3)金属门五金包括L型执手插锁(双舌)、执手锁(单舌)、门轨头、地锁、防盗门机、门眼(猫眼)、门碰珠、电子锁(磁卡锁)、闭门器、装饰拉手等。

4)以樘计量，项目特征必须描述洞口尺寸，没有洞口尺寸必须描述门框或扇外围尺寸；以平方米计量，项目特征可不描述洞口尺寸及框、扇的外围尺寸。

5)以平方米计量，无设计图示洞口尺寸，按门框、扇外围以面积计算。

(4)金属卷帘(闸)门。以樘计量，项目特征必须描述洞口尺寸；以平方米计量，项目特征可不描述洞口尺寸。

(5)其他门。

1)以樘计量，项目特征必须描述洞口尺寸，没有洞口尺寸必须描述门框或扇外围尺寸；以平方米计量，项目特征可不描述洞口尺寸及框、扇的外围尺寸。

2)以平方米计量，无设计图示洞口尺寸，按门框、扇外围以面积计算。

(6)木窗。

1)木质窗应区分木百叶窗、木组合窗、木天窗、木固定窗、木装饰空花窗等项目，分别编码列项。

2)以樘计量，项目特征必须描述洞口尺寸，没有洞口尺寸必须描述窗框外围尺寸；以平方米计量，项目特征可不描述洞口尺寸及框的外围尺寸。

3)以平方米计量，无设计图示洞口尺寸，按窗框外围面积计算。

4)木橱窗、木飘(凸)窗以樘计量，项目特征必须描述框截面及外围展开面积。

5)木窗五金包括折页、插销、风钩、木螺钉、滑轮滑轨(推拉窗)等。

(7)金属窗。

1)金属窗应区分金属组合窗、防盗窗等项目，分别编码列项。

2)以樘计算，项目特征必须描述洞口尺寸，没有洞口尺寸必须描述窗框外围尺寸；以平方米计量，项目特征可不描述洞口尺寸及框的外围尺寸。

3)以平方米计量，无设计图示洞口尺寸，按窗框外围以面积计算。

4)金属橱窗、飘(凸)窗以樘计量，项目特征必须描述框外围展开面积。

5)金属窗五金包括折页、螺钉、执手、卡锁、绞拉、风撑、滑轮、滑轨、拉把、拉手、角码、牛角制等。

(8)门窗套。

1)以樘计量，项目特征必须描述洞口尺寸、门窗套展开宽度。

2)以平方米计量，项目特征可不描述洞口尺寸、门窗套展开宽度。

3)以米计量，项目特征必须描述门窗套展开宽度、筒子板及贴脸宽度。

4)木门窗套适用于单独门窗套的制作、安装。

(9)窗帘盒、窗帘轨。

1)窗帘若是双层，项目特征必须描述每层材质。

2)窗帘以米计量，项目特征必须描述窗帘高度和宽度。

2．工程量清单项目设置及工程量计算规则

(1)木门工程量清单项目设置及工程量计算规则见表5-70。

表5-70　木门(编码：010801)

项目编码	项目名称	项目特征	计量单位	工程量计算规则	工作内容
010801001	木质门	1．门代号及洞口尺寸 2．镶嵌玻璃品种、厚度	1．樘 2．m²	1．以樘计量，按设计图示数量计算 2．以平方米计量，按设计图示洞口尺寸以面积计算	1．门安装 2．玻璃安装 3．五金安装
010801002	木质门带套				
010801003	木质连窗门				
010801004	木质防火门				
010801005	木门框	1．门代号及洞口尺寸 2．框截面尺寸 3．防护材料种类	1．樘 2．m	1．以樘计量，按设计图示数量计算 2．以米计量，按设计图示框的中心线以延长米计算	1．木门框制作、安装 2．运输 3．刷防护材料
010801006	门锁安装	1．锁品种 2．锁规格	个 (套)	按设计图示数量计算	安装

(2)金属门清单项目设置及工程量计算规则见表5-71。

表5-71　金属门(编码：010802)

项目编码	项目名称	项目特征	计量单位	工程量计算规则	工作内容
010802001	金属(塑料)门	1．门代号及洞口尺寸 2．门框或扇外围尺寸 3．门框、扇材质 4．玻璃品种、厚度	1．樘 2．m²	1．以樘计量，按设计图示数量计算 2．以平方米计量，按设计图示洞口尺寸以面积计算	1．门安装 2．五金安装 3．玻璃安装
010802002	彩板门	1．门代号及洞口尺寸 2．门框或扇外围尺寸			
010802003	钢质防火门	1．门代号及洞口尺寸 2．门框或扇外围尺寸 3．门框、扇材质			1．门安装 2．五金安装
010802004	防盗门				

（3）金属卷帘(闸)门工程量清单项目设置及工程量计算规则见表 5-72。

表 5-72　金属卷帘(闸)门(编码：010803)

项目编码	项目名称	项目特征	计量单位	工程量计算规则	工作内容
010803001	金属卷帘(闸)门	1. 门代号及洞口尺寸 2. 门材质 3. 启动装置品种、规格	1. 樘 2. m²	1. 以樘计量，按设计图示数量计算 2. 以平方米计量，按设计图示洞口尺寸以面积计算	1. 门运输、安装 2. 启动装置、活动小门、五金安装
010803002	防火卷帘(闸)门				

（4）厂库房大门、特种门工程量清单项目设置及工程量计算规则见表 5-73。

表 5-73　厂库房大门、特种门(编码：010804)

项目编码	项目名称	项目特征	计量单位	工程量计算规则	工作内容
010804001	木板大门	1. 门代号及洞口尺寸 2. 门框或扇外围尺寸 3. 门框、扇材质 4. 五金种类、规格 5. 防护材料种类	1. 樘 2. m²	1. 以樘计量，按设计图示数量计算 2. 以平方米计量，按设计图示洞口尺寸以面积计算	1. 门(骨架)制作、运输 2. 门、五金配件安装 3. 刷防护材料
010804002	钢木大门				
010804003	全钢板大门			1. 以樘计量，按设计图示数量计算 2. 以平方米计量，按设计图示门框或扇以面积计算	
010804004	防护铁丝门				
010804005	金属格栅门	1. 门代号及洞口尺寸 2. 门框或扇外围尺寸 3. 门框、扇材质 4. 启动装置的品种、规格		1. 以樘计量，按设计图示数量计算 2. 以平方米计量，按设计图示洞口尺寸以面积计算	1. 门安装 2. 启动装置、五金配件安装
010804006	钢制花饰大门	1. 门代号及洞口尺寸 2. 门框或扇外围尺寸 3. 门框、扇材质		1. 以樘计量，按设计图示数量计算 2. 以平方米计量，按设计图示门框或扇以面积计算	1. 门安装 2. 五金配件安装
010804007	特种门			1. 以樘计量，按设计图示数量计算 2. 以平方米计量，按设计图示洞口尺寸以面积计算	

（5）其他门工程量清单项目设置及工程量计算规则见表5-74。

表 5-74 其他门（编码：010805）

项目编码	项目名称	项目特征	计量单位	工程量计算规则	工作内容
010805001	电子感应门	1. 门代号及洞口尺寸 2. 门框或扇外围尺寸 3. 门框、扇材质 4. 玻璃品种、厚度 5. 启动装置的品种、规格 6. 电子配件品种、规格	1. 樘 2. m²	1. 以樘计量，按设计图示数量计算 2. 以平方米计量，按设计图示洞口尺寸以面积计算	1. 门安装 2. 启动装置、五金、电子配件安装
010805002	旋转门				
010805003	电子对讲门	1. 门代号及洞口尺寸 2. 门框或扇外围尺寸 3. 门材质 4. 玻璃品种、厚度 5. 启动装置的品种、规格 6. 电子配件品种、规格			
010805004	电动伸缩门				
010805005	全玻自由门	1. 门代号及洞口尺寸 2. 门框或扇外围尺寸 3. 框材质 4. 玻璃品种、厚度			1. 门安装 2. 五金安装
010805006	镜面不锈钢饰面门	1. 门代号及洞口尺寸 2. 门框或扇外围尺寸 3. 框、扇材质 4. 玻璃品种、厚度			
010805007	复合材料门				

（6）木窗工程量清单项目设置及工程量计算规则见表5-75。

表 5-75 木窗（编码：010806）

项目编码	项目名称	项目特征	计量单位	工程量计算规则	工作内容
010806001	木质窗	1. 窗代号及洞口尺寸 2. 玻璃品种、厚度	1. 樘 2. m²	1. 以樘计量，按设计图示数量计算 2. 以平方米计量，按设计图示洞口尺寸以面积计算	1. 窗安装 2. 五金、玻璃安装
010806002	木飘(凸)窗				

项目编码	项目名称	项目特征	计量单位	工程量计算规则	工作内容
010806003	木橱窗	1. 窗代号 2. 框截面及外围展开面积 3. 玻璃品种、厚度 4. 防护材料种类	1. 樘 2. m²	1. 以樘计量,按设计图示数量计算 2. 以平方米计量,按设计图示尺寸以框外围展开面积计算	1. 窗制作、运输、安装 2. 五金、玻璃安装 3. 刷防护材料
010806004	木纱窗	1. 窗代号及框的外围尺寸 2. 窗纱材料品种、规格		1. 以樘计量,按设计图示数量计算 2. 以平方米计量,按框的外围尺寸以面积计算	1. 窗安装 2. 五金安装

(7)金属窗工程量清单项目设置及工程量计算规则见表5-76。

表5-76　金属窗(编码:010807)

项目编码	项目名称	项目特征	计量单位	工程量计算规则	工作内容
010807001	金属(塑钢、断桥)窗	1. 窗代号及洞口尺寸 2. 框、扇材质 3. 玻璃品种、厚度	1. 樘 2. m²	1. 以樘计量,按设计图示数量计算 2. 以平方米计量,按设计图示洞口尺寸以面积计算	1. 窗安装 2. 五金、玻璃安装
010807002	金属防火窗				
010807003	金属百叶窗	1. 窗代号及洞口尺寸 2. 框、扇材质 3. 玻璃品种、厚度		1. 以樘计量,按设计图示数量计算 2. 以平方米计量,按设计图示洞口尺寸以面积计算	
010807004	金属纱窗	1. 窗代号及框的外围尺寸 2. 框材质 3. 窗纱材料品种、规格	1. 樘 2. m²	1. 以樘计量,按设计图示数量计算 2. 以平方米计量,按框的外围尺寸以面积计算	1. 窗安装 2. 五金安装
010807005	金属格栅窗	1. 窗代号及洞口尺寸 2. 框外围尺寸 3. 框、扇材质		1. 以樘计量,按设计图示数量计算 2. 以平方米计量,按设计图示洞口尺寸以面积计算	

项目编码	项目名称	项目特征	计量单位	工程量计算规则	工作内容
010807006	金属(塑钢、断桥)橱窗	1. 窗代号 2. 框外围展开面积 3. 框、扇材质 4. 玻璃品种、厚度 5. 防护材料种类	1. 樘 2. m²	1. 以樘计量,按设计图示数量计算 2. 以平方米计量,按设计图示尺寸以框外围展开面积计算	1. 窗制作、运输、安装 2. 五金、玻璃安装 3. 刷防护材料
010807007	金属(塑钢、断桥)飘(凸)窗	1. 窗代号 2. 框外围展开面积 3. 框、扇材质 4. 玻璃品种、厚度			1. 窗安装 2. 五金、玻璃安装
010807008	彩板窗	1. 窗代号及洞口尺寸 2. 框外围尺寸 3. 框、扇材质 4. 玻璃品种、厚度		1. 以樘计量,按设计图示数量计算 2. 以平方米计量,按设计图示洞口尺寸或框外围以面积计算	
010807009	复合材料窗				

(8)门窗套工程量清单项目设置及工程量计算规则见表5-77。

表5-77 门窗套(编码:010808)

项目编码	项目名称	项目特征	计量单位	工程量计算规则	工作内容
010808001	木门窗套	1. 窗代号及洞口尺寸 2. 门窗套展开宽度 3. 基层材料种类 4. 面层材料品种、规格 5. 线条品种、规格 6. 防护材料种类	1. 樘 2. m² 3. m	1. 以樘计量,按设计图示数量计算 2. 以平方米计量,按设计图示尺寸以展开面积计算 3. 以米计量,按设计图示中心以延长米计算	1. 清理基层 2. 立筋制作、安装 3. 基层板安装 4. 面层铺贴 5. 线条安装 6. 刷防护材料
010808002	木筒子板	1. 筒子板宽度 2. 基层材料种类 3. 面层材料品种、规格 4. 线条品种、规格 5. 防护材料种类			
010808003	饰面夹板筒子板				
010808004	金属门窗套	1. 窗代号及洞口尺寸 2. 门窗套展开宽度 3. 基层材料种类 4. 面层材料品种、规格 5. 防护材料种类			1. 清理基层 2. 立筋制作、安装 3. 基层板安装 4. 面层铺贴 5. 刷防护材料
010808005	石材门窗套	1. 窗代号及洞口尺寸 2. 门窗套展开宽度 3. 粘结层厚度、砂浆配合比 4. 面层材料品种、规格 5. 线条品种、规格			1. 清理基层 2. 立筋制作、安装 3. 基层抹灰 4. 面层铺贴 5. 线条安装

项目编码	项目名称	项目特征	计量单位	工程量计算规则	工作内容
010808006	门窗木贴脸	1. 门窗代号及洞口尺寸 2. 贴脸板宽度 3. 防护材料种类	1. 樘 2. m	1. 以樘计量,按设计图示数量计算 2. 以米计量,按设计图示尺寸以延长米计算	安装
010808007	成品木门窗套	1. 门窗代号及洞口尺寸 2. 门窗套展开宽度 3. 门窗套材料品种、规格	1. 樘 2. m² 3. m	1. 以樘计量,按设计图示数量计算 2. 以平方米计量,按设计图示尺寸以展开面积计算 3. 以米计量,按设计图示中心以延长米计算	1. 清理基层 2. 立筋制作、安装 3. 板安装

(9)窗台板工程量清单项目设置及工程量计算规则见表5-78。

表5-78　窗台板(编码:010809)

项目编码	项目名称	项目特征	计量单位	工程量计算规则	工作内容
010809001	木窗台板	1. 基层材料种类 2. 窗台面板材质、规格、颜色 3. 防护材料种类	m²	按设计图示尺寸以展开面积计算	1. 基层清理 2. 基层制作、安装 3. 窗台板制作、安装 4. 刷防护材料
010809002	铝塑窗台板				
010809003	金属窗台板				
010809004	石材窗台板	1. 粘结层厚度、砂浆配合比 2. 窗台板材质、规格、颜色			1. 基层清理 2. 抹找平层 3. 窗台板制作、安装

(10)窗帘、窗帘盒、轨工程量清单项目设置及工程量计算规则见表5-79。

表5-79　窗帘、窗帘盒、轨(编码:010810)

项目编码	项目名称	项目特征	计量单位	工程量计算规则	工作内容
010810001	窗帘	1. 窗帘材质 2. 窗帘高度、宽度 3. 窗帘层数 4. 带幔要求	1. m 2. m²	1. 以米计量,按设计图示尺寸以成活后长度计算 2. 以平方米计量,按图示尺寸以成活后展开面积计算	1. 制作、运输 2. 安装

项目编码	项目名称	项目特征	计量单位	工程量计算规则	工作内容
010810002	木窗帘盒				
010810003	饰面夹板、塑料窗帘盒	1. 窗帘盒材质、规格 2. 防护材料种类	m	按设计图示尺寸以长度计算	1. 制作、运输、安装 2. 刷防护材料
010810004	铝合金窗帘盒				
010810005	窗帘轨	1. 窗帘轨材质、规格 2. 轨的数量 3. 防护材料种类			

3. 工程量计算示例

【例5-31】 某车间安装塑钢门窗如图5-41所示，门洞口尺寸为2 100 mm×2 700 mm，窗洞口尺寸为1 800 mm×2 400 mm，不带纱扇，试计算其门窗安装工程量。

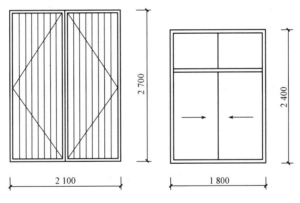

图5-41　塑钢门窗

【解】　　　　　塑钢门工程量＝2.1×2.7＝5.67(m²)

或　　　　　　　塑钢门工程量＝1樘

　　　　　　　　塑钢窗工程量＝1.8×2.4＝4.32(m²)

或　　　　　　　塑钢窗工程量＝1樘

【例5-32】 某宾馆有800 mm×2 400 mm的门洞60樘，内外钉贴细木工板门套、贴脸（不带龙骨），榉木夹板贴面，尺寸如图5-42所示，试计算其工程量。

【解】 (1)榉木筒子板工程量。查项目编码010808002，榉木筒子板若以平方米计量，则工程量＝图示尺寸以展开面积计算＝(0.80＋2.40×2)×0.085×2×60＝57.12(m²)；榉木筒子板若以米计量，则工程量＝图示尺寸以展开面积计算＝(0.80＋2.40×2)×2×60＝672(m)；榉木筒子板若以樘计量，则工程量＝图示数量＝60樘。

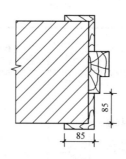

图 5-42　榉木夹板贴面尺寸

(2)门窗木贴脸工程量。查项目编码010808006，门窗木贴脸若以米计量，则工程量＝图示尺寸以延长米计算＝(贴脸宽×2＋门洞高×2)×樘数＝(0.80＋2.40)×2×60＝384(m)；门窗木贴脸若以樘计量，则工程量＝图示数量＝60樘。

(二)木结构工程

木结构工程分3节共8个清单项目，其中包括木屋架、木构件、屋面木基层。

1.清单计价规范说明

(1)木屋架。

1)屋架跨度应以上、下弦中心线两交点之间的距离计算。

2)带气楼的屋架和马尾、折角以及正交部分的半屋架，按相关屋架项目编码列项。

3)以樘计量，按标准图设计的应注明标准图代号，按非标准图设计的项目特征必须按要求予以描述。

(2)木构件。

1)木楼梯的栏杆(栏板)、扶手，应按其他装饰工程中的相关项目编码列项。

2)以米计量，项目特征必须描述构件规格尺寸。

2.工程量清单项目设置及工程量计算规则

(1)木屋架工程量清单项目设置及工程量计算规则见表5-80。

表 5-80　木屋架(编码：010701)

项目编码	项目名称	项目特征	计量单位	工程量计算规则	工作内容
010701001	木屋架	1.跨度 2.材料品种、规格 3.刨光要求 4.拉杆及夹板种类 5.防护材料种类	1.榀 2.m³	1.以榀计量，按设计图示数量计算 2.以立方米计量，按设计图示的规格尺寸以体积计算	1.制作 2.运输 3.安装 4.刷防护材料
010701002	钢木屋架	1.跨度 2.木材品种、规格 3.刨光要求 4.钢材品种、规格 5.防护材料种类	榀	以榀计量，按设计图示数量计算	

（2）木构件工程量清单项目设置及工程量计算规则见表5-81。

表5-81 木构件(编码：010702)

项目编码	项目名称	项目特征	计量单位	工程量计算规则	工作内容
010702001	木柱	1. 构件规格尺寸 2. 木材种类 3. 刨光要求 4. 防护材料种类	m³	按设计图示尺寸以体积计算	1. 制作 2. 运输 3. 安装 4. 刷防护材料
010702002	木梁				
010702003	木檩		1. m³ 2. m	1. 以立方米计量，按设计图示尺寸以体积计算 2. 以米计量，按设计图示尺寸以长度计算	
010702004	木楼梯	1. 楼梯形式 2. 木材种类 3. 刨光要求 4. 防护材料种类	m²	按设计图示尺寸以水平投影面积计算。不扣除宽度≤300 mm的楼梯井，伸入墙内部分不计算	1. 制作 2. 运输 3. 安装 4. 刷防护材料
010702005	其他木构件	1. 构件名称 2. 构件规格尺寸 3. 木材种类 4. 刨光要求 5. 防护材料种类	1. m³ 2. m	1. 以立方米计量，按设计图示尺寸以体积计算 2. 以米计量，按设计图示尺寸以长度计算	

3. 工程量计算示例

【例5-33】 某原料仓库采用圆木木屋架，如图5-43所示共计8榀，屋架跨度为8 m，坡度为1：2，四节间，计算该仓库木屋架工程量。

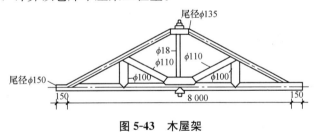

图5-43 木屋架

【解】 木屋架工程量＝8榀

【例5-34】 求如图5-44所示圆木柱的工程量，已知木柱直径为400 mm。

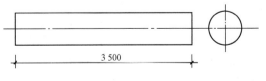

图5-44 圆木柱

【解】 圆木柱工程量＝$\pi \times 0.2^2 \times 3.5 = 0.4396$(m³)

第十一节 装饰工程

一、相关知识

（一）门窗工程

1. 钢门窗的基本构造

（1）钢门的形式有半玻璃钢板门（也可为全部玻璃，仅留下部少许钢板，常称为落地长窗）、满镶钢板的门（为安全和防火之用）。实腹钢门框一般用 32 mm 或 38 mm 钢料，门扇大的可采用后者。门芯板用 2～3 mm 厚的钢板，门芯板与门梃、冒头的连接，可于四周镶扁钢或钢皮线脚焊牢；或做双面钢板与门的钢料相平。钢门须设下槛，不设中框，两扇门关闭时，合缝应严密，插销应装在门梃外侧合缝内。

（2）钢窗从构造类型上有"一玻"及"一玻一纱"之分。实腹钢窗料的选择一般与窗扇面积、玻璃大小有关，通常 25 mm 钢料用于 550 mm 宽度以内的窗扇；32 mm 钢料用于 700 mm 宽的窗扇；38 mm 钢料用于 700 mm 宽的窗扇。钢窗一般不做窗头线（即贴脸板），如做窗头线则需先做筒子板，均用木材制作，也可加装木纱窗。钢窗如加装铁纱窗时一窗扇外开，而铁纱窗固定于内侧。大面积钢窗，可用各式标准窗拼接组装而成，其拼条连接方式有扁钢（一）、型钢（L、T、工）、钢管（○）及空腹薄壁钢（凸、凹）等形式。钢窗五金以钢质居多，也有表面镀铬或上烘漆的。撑头用于开窗时固定窗扇，有单杆式撑头、双根滑动牵筋、L 螺钉匣式牵筋等，均可调整窗扇开启大小与通风量。执手在钢窗关闭时兼作固定之用，有钩式与旋转式两种，钩式可装纱窗，旋转式不可装纱窗。

2. 铝合金门窗的基本构造

（1）铝合金门窗的特点。铝合金门窗与普通木门窗、钢门窗相比，其主要特点是：

1）轻。铝合金门窗用材省、质量轻，平均耗用铝型材质量只有 8～12 kg/m²（钢门窗耗钢材质量平均为 17～20 kg/m²），较钢木门窗轻 50% 左右。

2）性能好。铝合金门窗较木门窗、钢门窗突出的优点是密封性能好，气密性、水密性、吸音性好。

3）色调美观。铝合金门窗框料型材表面经过氧化着色处理，可着银白色、古铜色、暗色、黑色等柔和的颜色或带色的花纹。制成的铝合金门窗表面光洁、外观美丽、色泽牢固，增加了建筑物立面和内部的美观。

4）耐腐蚀，使用维修方便。铝合金门窗不需要涂漆，不褪色、不脱落，表面不需要维护；铝合金门窗强度高、刚性好、坚固耐用、开闭轻便灵活、无噪声，现场安装工作量较小、施工速度快。

5）便于进行工业化生产。铝合金门窗从框料型材加工、配套零件及密封件的制作，到门窗装配试验都可以在工厂内进行大批量工业化生产，有利于实现门窗产品设计标准化、产品系列化、零配件通用化及实现门窗产品的商品化。

（2）铝合金门窗的类型。铝合金门窗按其结构与开闭方式可分为推拉窗（门）、平开窗（门）、固定窗、悬挂窗、回转窗（门）、百叶窗、纱窗等。所谓推拉窗是窗扇可沿左右方向推拉启闭的窗；平开窗是窗扇绕合页旋转启闭的窗；固定窗是固定不开启的窗。

3. 涂色镀锌钢板门窗的基本构造

涂色镀锌钢板门窗的原材料一般为合金化镀锌钢板，经脱脂、化学辊涂预处理后，再辊涂环氧底漆、聚酯面漆和罩光漆。颜色有红、绿、棕、蓝和乳白等数种。门窗玻璃用 4 mm 平板玻璃或双层中空保温玻璃；配件采用五金喷塑铰链并用塑料盒装饰，连接采用塑料插接件螺钉，把手为锌基合金三位把手、五金镀铬把手或工程塑料把手；密封采用橡胶密封条和密封胶。制品出厂时，其玻璃、密封胶条和零附件均已安装齐全，现场施工简便易行。按构造的不同，目前有两种类型，即带副框或不带副框的门、窗。

涂色镀锌钢板门窗的选用比较简单，这是因为彩板门窗的窗型（或门型）设计与普通钢门窗基本相仿，而其材料中空腔室又不像塑料门窗挤出异型材那样复杂。一般情况下，彩板门窗也模仿钢门窗的方法进行造型（或门窗）。

（二）楼地面工程

楼地面是房屋建筑物底层地面（即地面）和楼层地面（即楼面）的总称，它是构成房屋建筑各层的水平结构层，即水平方向的承重构件。楼层地面按使用要求把建筑物水平方向分割成若干楼层数，各自承受本楼层的荷载，底层地面则承受底层的荷载。

楼地面主要由基层和面层两大基本构造层组成（图 5-45）。基层部分包括结构层和垫层，而底层地面的结构层是基土，楼层地面的结构层则是楼板；而结构层和垫层往往结合在一起又统称为垫层，它起着承受和传递来自面层的荷载作用，因此基层应具有一定的强度和刚度。面层部分，即地面与楼面的表面层，将根据生产、工作、生活特点和不同的使用要求做成整体面层、板块面层和木竹面层等各种面层，它直接承受表面层的各种荷载，因此，面层不仅具有一定的强度，还要满足各种功能性要求，如耐磨、耐酸、耐碱、防潮等。

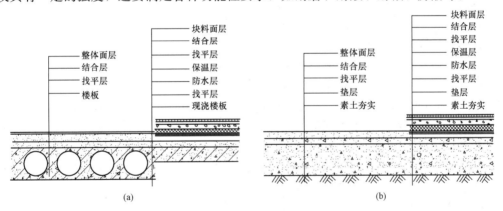

图 5-45 楼地面的构造

（a）楼面；（b）地面

楼地面面层又按所用的材料施工方法不同分整体面层和块料面层（又称镶贴面层）。整体面层和块料面层如图 5-46 所示。

（三）抹灰工程

（1）抹灰工程分类。抹灰工程可分为一般抹灰和装饰抹灰。

1）一般抹灰——石灰砂浆、水泥混合砂浆、水泥砂浆、聚合物水泥砂浆、麻刀灰、纸筋石灰、粉刷石膏等。

2）装饰抹灰——水刷石、斩假石、干粘石、假面砖等。

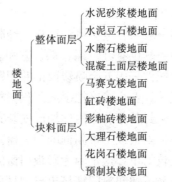

图 5-46　楼地面(整体面层与块料面层)

（2）抹灰的组成。

1）通常抹灰可分为底层、中层及面层，各层厚度和使用砂浆品种应视基层材料、部位、质量标准以及各地气候情况而定。

2）抹灰层的平均总厚度，要求应小于下列数值：

①顶棚：板条、现浇混凝土和空心砖为 15 mm；预制混凝土为 18 mm；金属网为 20 mm；

②内墙：普通抹灰为 18 mm；中级抹灰为 20 mm；高级抹灰为 25 mm；

③外墙为 20 mm；勒脚及凸出墙面部分为 25 mm；

④石墙为 35 mm。

3）抹灰工程一般应分遍进行，以使粘结牢固，并能起到找平和保证质量的作用，如果一次抹得太重，由于内外收水快慢不同，易产生开裂，甚至起鼓脱落，故每遍抹灰厚度一般控制如下：

①抹水泥砂浆每遍厚度为 5～7 mm；

②抹石灰砂浆或混合砂浆每遍厚度为 7～9 mm；

③抹灰面层用麻刀灰、纸筋灰、石膏灰、粉刷石膏等罩面时，经赶平、压实后，其厚度麻刀灰不大于 3 mm；纸筋灰、石膏灰不大于 2 mm；粉刷石膏不受限制；

④混凝土内墙面和楼板平整光滑的底面，可采用腻子刮平；

⑤板条、金属网用麻刀灰、纸筋灰抹灰的每遍厚度为 3～6 mm。

水泥砂浆和水泥混合砂浆的抹灰层，应待前一层抹灰层凝结后，方可涂抹后一层；石灰砂浆抹灰层，应待前一层 7～8 成干后，方可涂抹后一层。

（四）油漆、涂料及裱糊工程

油漆、涂料是一种涂于物体表面能形成连续性的物质，在建筑装饰中，其用以满足人们对建筑装饰日益提高的要求，达到建筑工程防水、防腐、防锈等特殊要求。

油漆、涂料不仅能使建筑物的内外整齐美观，保护被涂覆的建筑材料，还可以延长建筑物的使用寿命，改善建筑物室内外使用效果。

油漆、涂料工程分项为木材面油漆（基层处理、清漆、聚氨酯清漆、硝基清漆、聚酯漆防火漆、防火涂料），涂料、乳胶漆（刮腻子高级乳胶漆、普通乳胶漆、水泥漆、外墙涂料、喷塑、喷涂），裱糊（墙面、梁、柱面、顶棚）。

（五）顶棚装饰工程

顶棚是楼板层的下覆盖层又称吊顶、天花板、平顶，其是室内空间的顶界面，也是室内装修部分之一。作为顶棚，要求表面光洁、美观，且能起反射光照的作用，以改善室内的亮度。对某些有特殊要求的房间，还要求顶棚具有隔声、防水、保温、隔热等功能。

顶棚按构造的不同方式一般有两种：一种是直接式顶棚；另一种是悬吊式顶棚。按设置位置可分为屋架下顶棚和混凝土板下顶棚。按主要材料可分为板材顶棚、轻钢龙骨顶棚、铝合金板顶棚、玻璃顶棚；按面层材料可分为抹灰顶棚、装饰顶棚。

顶棚常见装饰包括顶棚龙骨[顶棚对剖圆木龙骨、顶棚方木龙骨、装配式 U 型轻钢龙骨、装配式 T 型铝合金(烤漆)龙骨、铝合金方板龙骨、铝合金条板、格式龙骨]、顶棚吊顶封板、顶棚面层及饰面、龙骨及饰面，此外，顶棚上还有送(回)风口。

二、定额说明与工程量计算规则

(一)楼地面装饰工程

1. 定额说明

(1)水磨石地面水泥石子浆的配合比，设计与定额不同时可以调整。

(2)同一铺贴面上有不同种类、材质的材料，应分别按本章相应项目执行。

(3)厚度≤60 mm 的细石混凝土按找平层项目执行，厚度>60 mm 的按定额"混凝土及钢筋混凝土工程"垫层项目执行。

(4)采用地暖的地板垫层，按不同材料执行相应项目，人工乘以系数 1.3，材料乘以系数 0.95。

(5)块料面层。

1)镶贴块料项目是按规格料考虑的，如需现场倒角、磨边者按定额"其他装饰工程"相应项目执行。

2)石材楼地面拼花按成品考虑。

3)镶嵌规格在 100 mm×100 mm 以内的石材执行点缀项目。

4)玻化砖按陶瓷地面砖相应项目执行。

5)石材楼地面需做分格、分色的，按相应项目人工乘以系数 1.10。

(6)木地板。

1)木地板安装按成品企口考虑，若采用平口安装，其人工乘以系数 0.85。

2)木地板填充材料按定额"保温、隔热、防腐工程"相应项目执行。

(7)弧形踢脚线、楼梯段踢脚线按相应项目人工、机械乘以系数 1.15。

(8)石材螺旋形楼梯，按弧形楼梯项目人工乘以系数 1.2。

(9)零星项目面层适用于楼梯侧面、台阶的牵边，小便池、蹲台、池槽，以及面积在 0.5 m² 以内且未列项目的工程。

(10)圆弧形等不规则地面镶贴面层、饰面面层按相应项目人工乘以系数 1.15，块料消耗量损耗按实调整。

(11)水磨石地面包含酸洗打蜡，其他块料项目如需做酸洗打蜡者，单独执行相应酸洗打蜡项目。

2. 定额工程量计算规则

(1)楼地面找平层及整体面层按设计图示尺寸以面积计算。扣除凸出地面构筑物、设备基础、室内铁道、地沟等所占面积，不扣除间壁墙及单个面积≤0.3 m² 的柱、垛、附墙烟囱及孔洞所占面积。门洞、空圈、暖气包槽、壁龛的开口部分不增加面积。

(2)块料面层、橡塑面层。

1)块料面层、橡塑面层及其他材料面层按设计图示尺寸以面积计算。门洞、空圈、暖气包槽、壁龛的开口部分并入相应的工程量内。

2)石材拼花按最大外围尺寸以矩形面积计算。有拼花的石材地面，按设计图示尺寸扣除拼花的最大外围的矩形面积计算面积。

3)点缀按"个"计算，计算主体铺贴地面面积时，不扣除点缀所占面积。

4)石材底面刷养护液包括侧面涂刷，工程量按设计图示尺寸以底面积计算。

5)石材表面刷保护液按设计图示尺寸以表面积计算。

6)石材勾缝按石材设计图示尺寸以面积计算。

(3)踢脚线按设计图示长度乘以高度以面积计算。楼梯靠墙踢脚线(含锯齿形部分)贴块料按设计图示面积计算。

(4)楼梯面层按设计图示尺寸以楼梯(包括踏步、休息平台及≤500 mm的楼梯井)水平投影面积计算。楼梯与楼地面相连时，算至梯口梁内侧边沿；无梯口梁者，算至最上一层踏步边沿加300 mm。

(5)台阶面层按设计图示尺寸以台阶(包括最上层踏步边沿加300 mm)水平投影面积计算。

(6)零星项目按设计图示尺寸以面积计算。

(7)分格嵌条按设计图示尺寸以"延长米"计算。

(8)块料楼地面做酸洗打蜡者，按设计图示尺寸以表面积计算。

(二)墙、柱面装饰与隔断、幕墙工程

1.定额说明

(1)圆弧形、锯齿形、异形等不规则墙面抹灰、镶贴块料、幕墙按相应项目乘以系数1.15。

(2)干挂石材骨架及玻璃幕墙型钢骨架均按钢骨架项目执行。预埋铁件按定额"混凝土及钢筋混凝土工程"铁件制作安装项目执行。

(3)女儿墙(包括泛水、挑砖)内侧、阳台栏板(不扣除花格所占孔洞面积)内侧与阳台栏板外侧抹灰工程量按其投影面积计算，块料按展开面积计算；女儿墙无泛水挑砖者，人工及机械乘以系数1.10，女儿墙带泛水挑砖者，人工及机械乘以系数1.30按墙面相应项目执行；女儿墙外侧并入外墙计算。

(4)抹灰面层。

1)抹灰项目中砂浆配合比与设计不同者，按设计要求调整；如设计厚度与定额取定厚度不同者，按相应增减厚度项目调整。

2)砖墙中的钢筋混凝土梁、柱侧面抹灰>0.5 m²的并入相应墙面项目执行，≤0.5 m²的按"零星抹灰"项目执行。

3)抹灰工程的"零星项目"适用于各种壁柜、碗柜、飘窗板、空调隔板、暖气罩、池槽、花台以及≤0.5 m²的其他各种零星抹灰。

4)抹灰工程的装饰线条适用于门窗套、挑檐、腰线、压顶、遮阳板外边、宣传栏边框等项目的抹灰，以及凸出墙面且展开宽度≤300 mm的竖、横线条抹灰。线条展开宽度>300 mm且

≤400 mm 者，按相应项目乘以系数 1.33；展开宽度＞400 mm 且≤500 mm 者，按相应项目乘以系数 1.67。

(5)块料面层。

1)墙面贴块料、饰面高度在 300 mm 以内者，按踢脚线项目执行。

2)勾缝镶贴面砖子目，面砖消耗量分别按缝宽 5 mm 和 10 mm 考虑，如灰缝宽度与取定不同者，其块料及灰缝材料(预拌水泥砂浆)允许调整。

3)玻化砖、干挂玻化砖或玻岩板按面砖相应项目执行。

(6)除已列有挂贴石材柱帽、柱墩项目外，其他项目的柱帽、柱墩并入相应柱面积内，每个柱帽或柱墩另增人工：抹灰 0.25 工日，块料 0.38 工日，饰面 0.5 工日。

(7)木龙骨基层是按双向计算的。如设计为单向时，材料、人工乘以系数 0.55。

(8)隔断、幕墙。

1)玻璃幕墙中的玻璃按成品玻璃考虑；幕墙中的避雷装置已综合，但幕墙的封边、封顶的费用另行计算。型钢、挂件设计用量与定额取定用量不同时，可以调整。

2)幕墙饰面中的结构胶与耐候胶设计用量与定额取定用量不同时，消耗量按设计计算的用量加 15% 的施工损耗计算。

3)玻璃幕墙设计带有平、推拉窗者，并入幕墙面积计算，窗的型材用量应予以调整，窗的五金用量相应增加，五金施工损耗按 2% 计算。

4)面层、隔墙(间壁)、隔断(护壁)项目内，除注明者外均未包括压边、收边、装饰线(板)，如设计要求时，应按照定额"其他装饰工程"相应项目执行；浴厕隔断已综合了隔断门所增加的工料。

5)隔墙(间壁)、隔断(护壁)、幕墙等项目中龙骨间距、规格如与设计不同时，允许调整。

(9)本章设计要求作防火处理者，应按定额"油漆、涂料、裱糊工程"相应项目执行。

2.定额工程量计算规则

(1)抹灰。

1)内墙面、墙裙抹灰面积应扣除门窗洞口和单个面积＞0.3 m² 以上的空圈所占的面积，不扣除踢脚线、挂镜线及单个面积≤0.3 m² 的孔洞和墙与构件交接处的面积，且门窗洞口、空圈、孔洞的侧壁面积也不增加，附墙柱的侧面抹灰应并入墙面、墙裙抹灰工程量内计算。

2)内墙面、墙裙的长度以主墙间的图示净长计算，墙面高度按室内地面至顶棚底面净高计算，墙面抹灰面积应扣除墙裙抹灰面积，如墙面和墙裙抹灰种类相同者，工程量合并计算。

3)外墙抹灰面积按垂直投影面积计算，应扣除门窗洞口、外墙裙(墙面和墙裙抹灰种类相同者应合并计算)和单个面积＞0.3 m² 的孔洞所占面积，不扣除单个面积≤0.3 m² 的孔洞所占面积，门窗洞口及孔洞侧壁面积也不增加。附墙柱侧面抹灰面积应并入外墙面抹灰工程量内。

4)柱抹灰按结构断面周长乘以抹灰高度计算。

5)装饰线条抹灰按设计图示尺寸以长度计算。

6)装饰抹灰分格嵌缝按抹灰面面积计算。

7)"零星项目"按设计图示尺寸以展开面积计算。

（2）块料面层。

1)挂贴石材零星项目中柱墩、柱帽是按网弧形成品考虑的，按其网的最大外径以周长计算；其他类型的柱帽、柱墩工程量按设计图示尺寸以展开面积计算。

2)镶贴块料面层，按镶贴表面积计算。

3)柱镶贴块料面层按设计图示饰面外围尺寸乘以高度以面积计算。

（3）墙饰面。

1)龙骨、基层、面层墙饰面项目按设计图示饰面尺寸以面积计算，扣除门窗洞口及单个面积＞0.3 m² 以上的空圈所占的面积，不扣除单个面积≤0.3 m² 的孔洞所占面积，门窗洞口及孔洞侧壁面积也不增加。

2)柱(梁)饰面的龙骨、基层、面层按设计图示饰面尺寸以面积计算，柱帽、柱墩并入相应柱面积计算。

（4）幕墙、隔断。

1)玻璃幕墙、铝板幕墙以框外围面积计算；半玻璃隔断、全玻璃幕墙如有加强肋者，工程量按其展开面积计算。

2)隔断按设计图示框外围尺寸以面积计算，扣除门窗洞及单个面积＞0.3 m² 的孔洞所占面积。

（三）顶棚工程

1. 定额说明

（1）抹灰项目中砂浆配合比与设计不同时，可按设计要求予以换算；如设计厚度与定额取定厚度不同，则按相应项目调整。

（2）如混凝土顶棚刷素水泥浆或界面剂时，按定额"第十二章墙、柱面装饰与隔断、幕墙工程"相应项目人工乘以系数 1.15。

（3）吊顶顶棚。

1)除烤漆龙骨顶棚为龙骨、面层合并列项外，其余均为顶棚龙骨、基层、面层分别列项编制。

2)龙骨的种类、间距、规格和基层、面层材料的型号、规格是按常用材料和常用做法考虑的，如设计要求不同，则材料可以调整，人工、机械不变。

3)顶棚面层在同一标高者为平面顶棚，顶棚面层不在同一标高者为跌级顶棚。跌级顶棚面层按相应项目人工乘以系数 1.30。

4)轻钢龙骨、铝合金龙骨项目中龙骨按双层双向结构考虑，即中、小龙骨紧贴大龙骨底面吊挂，如为单层结构，即大、中龙骨底面在同一水平上者，人工乘以系数 0.85。

5)轻钢龙骨、铝合金龙骨项目中，如面层规格与定额不同时，按相近面积的项目执行。

6)轻钢龙骨和铝合金龙骨不上人型吊杆长度为 0.6 m，上人型吊杆长度为 1.4 m。吊杆长度与定额不同时可按实际调整，人工不变。

7)平面顶棚和跌级顶棚指一般直线形顶棚，不包括灯光槽的制作安装。灯光槽制作安装应按本章相应项目执行。吊顶顶棚中的艺术造型顶棚项目中包括灯光槽的制作安装。

8)顶棚面层不在同一标高，且高差在 400 mm 以下、跌级三级以内的一般直线形平面顶棚按跌级顶棚相应项目执行；高差在 400 mm 以上或跌级超过三级，以及圆弧形、拱形等造型顶棚按吊顶顶棚中的艺术造型顶棚相应项目执行。

9）顶棚检查孔的工料已包括在项目内，不另行计算。

10）龙骨、基层、面层的防火处理及顶棚龙骨的刷防腐油，石膏板刮嵌缝膏、贴绷带，按定额"油漆、涂料、裱糊工程"相应项目执行。

11）顶棚压条、装饰线条按定额"其他装饰工程"相应项目执行。

（4）格栅吊顶、吊筒吊顶、藤条造型悬挂吊顶、织物软雕吊顶、装饰网架吊顶，龙骨、面层合并列项编制。

（5）楼梯底板抹灰按本章相应项目执行，其中锯齿形楼梯按相应项目人工乘以系数 1.35。

2. 定额工程量计算规则

（1）顶棚抹灰。按设计结构尺寸以展开面积计算顶棚抹灰。不扣除间壁墙、垛、柱、附墙烟囱、检查口和管道所占的面积，带梁顶棚的梁两侧抹灰面积并入顶棚面积内，板式楼梯底面抹灰面积（包括踏步休息平台以及≤500 mm 宽的楼梯井）按水平投影面积乘以系数 1.15计算，锯齿形楼梯底板抹灰面积（包括踏步、休息平台以及≤500 mm 宽的楼梯井）按水平投影面积乘以系数 1.37 计算。

（2）顶棚吊顶。

1）顶棚龙骨按主墙间水平投影面积计算，不扣除间壁墙、垛、柱、附墙烟囱、检查口和管道所占的面积，扣除单个＞0.3 m² 的孔洞、独立柱及与顶棚相连的窗帘盒所占的面积。斜面龙骨按斜面计算。

2）顶棚吊顶的基层和面层均按设计图示尺寸以展开面积计算。顶棚面中的灯槽及跌级、阶梯式、据齿形、吊挂式、藻井式顶棚面积按展开计算，不扣除间壁墙、垛、柱、附墙烟囱、检查口和管道所占的面积，扣除单个＞0.3 m² 的孔洞、独立柱及与顶棚相连的窗帘盒所占的面积。

3）格栅吊顶、藤条造型悬挂吊顶、织物软雕吊顶和装饰网架吊顶，按设计图示尺寸以水平投影面积计算。吊筒吊顶按最大外围水平投影尺寸，以外接矩形面积计算。

（3）顶棚其他装饰。

1）灯带（槽）按设计图示尺寸以框外围面积计算。

2）送风口、回风口及灯光孔按设计图示数量计算。

（四）油漆、涂料、裱糊工程

1. 定额说明

（1）当设计与定额取定的喷、涂、刷遍数不同时，可按本章相应每增加一遍项目进行调整。

（2）油漆、涂料定额中均已考虑刮腻子。当抹灰面油漆、喷刷涂料设计与定额取定的刮腻子遍数不同时，可按本章喷刷涂料一节中刮腻子每增减一遍项目进行调整，喷刷涂料一节中刮腻子项目仅适用于单独刮腻子工程。

（3）附着安装在同材质装饰面上的木线条、石膏线条等油漆、涂料，与装饰面同色者，并入装饰面计算；与装饰面分色者，单独计算。

（4）门窗套、窗台板、腰线、压顶、扶手（栏板上扶手）等抹灰面刷油漆、涂料，与整体墙面同色者，并入墙面计算；与整体墙面分色者，单独计算，按墙面相应项目执行，其中人工乘以系数1.43。

(5)纸面石膏板等装饰板材面刮腻子刷油漆、涂料，按抹灰面刮腻子刷油漆、涂料相应项目执行。

(6)附墙柱抹灰面喷刷油漆、涂料、裱糊，按墙面相应项目执行；独立柱抹灰面喷刷油漆、涂料、裱糊，按墙面相应项目执行，其中人工乘以系数1.2。

(7)油漆。

1)油漆浅、中、深各种颜色已在定额中综合考虑，颜色不同时，不另行调整。

2)定额综合考虑了在同一平面上的分色，但美术图案需另外计算。

3)木材面硝基清漆项目中每增加刷理漆片一遍项目和每增加硝基清漆一遍项目均适用于三遍以内。

4)木材面聚酯清漆、聚酯色漆项目，当设计与定额取定的底漆遍数不同时，可按每增加聚酯清漆(或聚酯色漆)一遍项目进行调整，其中聚酯清漆(或聚酯色漆)调整为聚酯底漆，消耗量不变。

5)木材面刷底油一遍、清油一遍可按相应底油一遍、熟桐油一遍项目执行，其中熟桐油调整为清油，消耗量不变。

6)木门、木扶手、其他木材面等刷漆，按熟桐油、底油、生漆二遍项目执行。

7)当设计要求金属面刷二遍防锈漆时，按金属面刷防锈漆一遍项目执行，其中人工乘以系数1.74，材料均乘以系数1.90。

8)金属面油漆项目均考虑了手工除锈，如实际为机械除锈，另按本定额"金属结构工程"中相应项目执行，油漆项目中的除锈用工也不扣除。

9)喷塑(一塑三油)、底油、装饰漆、面油，其规格划分如下：

①大压花：喷点压平，点面积在1.2 cm²以上：

②中压花：喷点压平，点面积在1~1.2 cm²；

③喷中点、幼点：喷点面积在1 cm²以下。

10)墙面真石漆、氟碳漆项目不包括分格嵌缝，当设计要求做分格嵌缝时，费用另行计算。

(8)涂料。

1)木龙骨刷防火涂料按四面涂刷考虑，木龙骨刷防腐涂料按一面(接触结构基层面)涂刷考虑。

2)金属面防火涂料项目按涂料密度500 kg/m³和项目中注明的涂刷厚度计算，当设计与定额取定的涂料密度、涂刷厚度不同时，防火涂料消耗量可做调整。

3)艺术造型顶棚吊顶、墙面装饰的基层板缝粘贴胶带，按本章相应项目执行，人工乘以系数1.2。

2.定额工程量计算规则

(1)木门油漆工程。执行单层木门油漆的项目，其工程量计算规则及相应系数见表5-82。

表 5-82　工程量计算规则和系数

	项目	系数	工程量计算规则 (设计图示尺寸)
1	单层木门	1.00	门洞口面积
2	单层半玻门	0.85	
3	单层全玻门	0.75	
4	半截百叶门	1.50	
5	全百叶门	1.70	
6	厂库房大门	1.10	
7	纱门扇	0.80	
8	特种门(包括冷藏门)	1.00	
9	装饰门扇	0.90	扇外围尺寸面积
10	间壁、隔断	1.00	单面外围面积
11	玻璃间壁露明墙筋	0.80	
12	木栅栏、木栏杆(带扶手)	0.90	
注:多面涂刷按单面计算工程量。			

(2)木扶手及其他板条、线条油漆工程。

1)执行木扶手(不带托板)油漆的项目,其工程量计算规则及相应系数见表 5-83。

表 5-83　工程量计算规则和系数

	项目	系数	工程量计算规则 (设计图示尺寸)
1	木扶手(不带托板)	1.00	延长米
2	木扶手(带托板)	2.50	
3	封檐板、博风板	1.70	
4	黑板框、生活园地框	0.50	

2)木线条油漆按设计图示尺寸以长度计算。

(3)其他木材面油漆工程。

1)执行其他木材面油漆的项目,其工程量计算规则及相应系数见表 5-84。

表 5-84　工程量计算规则和系数

	项目	系数	工程量计算规则(设计图示尺寸)
1	木板、胶合板顶棚	1.00	长×宽
2	屋面板带檩条	1.10	斜长×宽

	项目	系数	工程量计算规则(设计图示尺寸)
3	清水板条檐口顶棚	1.10	长×宽
4	吸音板(墙面或顶棚)	0.87	
5	鱼鳞板墙	2.40	
6	木护墙、木墙裙、木踢脚	0.83	
7	墙台板、窗帘盒	0.83	
8	出入口盖板、检查口	0.87	
9	壁橱	0.83	展开面积
10	木屋架	1.77	跨度(长)×中高×1/2
11	以上未包括的其余木材面油漆	0.83	展开面积

2)木地板油漆按图示尺寸以面积计算,空洞、空圈、暖气包槽、壁龛的开口部分并入相应的工程量内。

3)木龙骨刷防火、防腐涂料按设计图示尺寸以龙骨架投影面积计算。

4)基层板刷防火、防腐涂料按实际涂刷面积计算。

5)油漆面抛光打蜡按相应刷油部位油漆工程量计算规则计算。

(4)金属面油漆工程。

1)执行金属面油漆、涂料项目,其工程量按设计图示尺寸以展开面积计算。质量在 500 kg 以内的单个金属构件,可参考表 5-85 中的相应系数,将质量(t)折算为面积。

表 5-85　质量在 500kg 以内的单个金属构件面积参考系数

	项目	系数
1	钢栅栏门、栏杆、窗栅	64.98
2	钢爬梯	44.84
3	踏步式钢扶梯	39.90
4	轻型屋架	53.20
5	零星铁件	58.00

2)执行金属平板屋面、镀锌薄钢板面(涂刷磷化、锌黄底漆)油漆的项目,其工程量计算规则及相应系数见表 5-86。

表 5-86　工程量计算规则和系数

	项目	系数	工程量计算规则(设计图示尺寸)
1	平板屋面	1.00	斜长×宽
2	瓦垄板屋面	1.20	
3	排水、伸缩缝盖板	1.05	展开面积
4	吸气罩	2.20	水平投影面积
5	包镀锌薄钢板门	2.20	门窗洞口面积

注:多面涂刷按单面计算工程量。

（5）抹灰面油漆、涂料工程。

1）抹灰面油漆、涂料（另做说明的除外）按设计图示尺寸以面积计算。

2）踢脚线刷耐磨漆按设计图示尺寸长度计算。

3）槽形底板、混凝土折瓦板、有梁板底、密肋梁板底、井字梁板底刷油漆、涂料按设计图示尺寸展开面积计算。

4）墙面及顶棚面刷石灰油浆、白水泥、石灰浆、石灰大白浆、普通水泥浆、可赛银浆、大白浆等涂料工程量按抹灰面积工程量计算。

5）混凝土花格窗、栏杆花饰刷（喷）油漆、涂料按设计图示洞口面积计算。

6）顶棚、墙、柱面基层板缝粘贴胶带纸按相应顶棚、墙、柱面基层板面积计算。

（6）裱糊工程。墙面、顶棚面裱糊按设计图示尺寸以面积计算。

（五）其他装饰工程

1.定额说明

（1）柜类、货架。

1）柜、台、架以现场加工、手工制作为主，按常用规格编制；当设计与定额不同时，应进行调整换算。

2）柜、台、架项目包括五金配件（设计有特殊要求者除外），未考虑压板拼花及饰面板上贴其他材料的花饰、造型艺术品。

3）木质柜、台、架项目中板材按胶合板考虑，如设计为生态板（三聚氰胺板）等其他板材时，可以换算材料。

（2）压条、装饰线。

1）压条、装饰线均按成品安装考虑。

2）装饰线条（顶角装饰线除外）按直线形在墙面安装考虑，墙面安装圆弧形装饰线条、顶棚面安装直线形或圆弧形装饰线条等，按相应项目乘以系数执行，具体如下：

①墙面安装圆弧形装饰线条，人工乘以系数1.2，材料乘以系数1.1；

②顶棚面安装直线形装饰线条，人工乘以系数1.34；

③顶棚面安装圆弧形装饰线条，人工乘以系数1.6，材料乘以系数1.1；

④装饰线条直接安装在金属龙骨上，人工乘以系数1.68。

（3）扶手、栏杆、栏板装饰。

1）扶手、栏杆、栏板项目（护窗栏杆除外）适用于楼梯、走廊、回廊及其他装饰性扶手、栏杆、栏板。

2）扶手、栏杆、栏板项目已综合考虑扶手弯头（非整体弯头）的费用。如遇木扶手、大理石扶手为整体弯头，弯头另按本章相应项目执行。

3）当设计栏板、栏杆的主材消耗量与定额不同时，其消耗量可以调整。

（4）暖气罩。

1）挂板式是指暖气罩直接钩挂在暖气片上；平墙式是指暖气片凹嵌入墙中，暖气罩与墙面平齐；明式是指暖气片全凸或半凸出墙面，暖气罩凸出于墙外。

2）暖气罩项目未包括封边线、装饰线，另按本章相应装饰线条项目执行。

（5）浴厕配件。

1）大理石洗漱台项目不包括石材磨边、倒角及开面盆洞口，另按本章相应项目执行。

2)浴厕配件项目按成品安装考虑。

(6)雨篷、旗杆。

1)点支式、托架式雨篷的型钢、爪件的规格、数量是按常用做法考虑的，当设计要求与定额不同时，材料消耗量可以调整，人工、机械不变。托架式雨篷的斜拉杆费用另计。

2)铝塑板、不锈钢面层雨篷项目按平面雨篷考虑，不包括雨篷侧面。

3)旗杆项目按常用做法考虑，未包括旗杆基础、旗杆台座及其饰面。

(7)招牌、灯箱。

1)招牌、灯箱项目，当设计与定额考虑的材料品种、规格不同时，材料可以换算。

2)一般平面广告牌是指正立面平整、无凹凸面；复杂平面广告牌是指正立面有凹凸面造型的；箱(竖)式广告牌是指具有多面体的广告牌。

3)广告牌基层以附墙方式考虑，当设计为独立式的，按相应项目执行，人工乘以系数1.1。

4)招牌、灯箱项目均不包括广告牌喷绘、灯饰、灯光、店徽、其他艺术装饰及配套机械。

(8)美术字。

1)美术字项目均按成品安装考虑。

2)美术字按最大外接矩形面积区分规格，按相应项目执行。

(9)石材、瓷砖加工。石材瓷砖倒角、磨制圆边、开槽、开孔等项目均按现场加工考虑。

2.定额工程量计算规则

(1)柜类、货架。柜类、货架工程量按各项目计量单位计算。其中以"m²"为计量单位的项目，其工程量均按正立面的高度(包括脚的高度在内)乘以宽度计算。

(2)压条、装饰线。

1)压条、装饰线条按线条中心线长度计算。

2)石膏角花、灯盘按设计图示数量计算。

(3)扶手、栏杆、栏板装饰。

1)扶手、栏杆、栏板、成品栏杆(带扶手)均按其中心线长度计算，不扣除弯头长度。如遇木扶手、大理石扶手为整体弯头时，扶手消耗量需扣除整体弯头的长度，设计不明确者，每只整体弯头按400 mm扣除。

2)单独弯头按设计图示数量计算。

(4)暖气罩。暖气罩(包括脚的高度在内)按边框外围尺寸垂直投影面积计算，成品暖气罩安装按设计图示数量计算。

(5)浴厕配件。

1)大理石洗漱台按设计图示尺寸以展开面积计算，挡板、吊沿板面积并入其中，不扣除孔洞、挖弯、削角所占的面积。

2)大理石台面面盆开孔按设计图示数量计算。

3)盥洗室台镜(带框)、盥洗室木镜箱按边框外围面积计算。

4)盥洗室塑料镜箱、毛巾杆、毛巾环、浴帘杆、浴缸拉手、肥皂盒、卫生纸盒、晒衣架、晾衣绳等按设计图示数量计算。

(6)雨篷、旗杆。

1)雨篷按设计图示尺寸水平投影面积计算。

2)不锈钢旗杆按设计图示数量计算。

3)电动升降系统和风动系统按套数计算。

(7)招牌、灯箱。

1)柱面、墙面灯箱基层，按设计图示尺寸以展开面积计算。

2)一般平面广告牌基层，按设计图示尺寸以正立面边框外围面积计算。复杂平面广告牌基层，按设计图示尺寸以展开面积计算。

3)箱(竖)式广告牌基层，按设计图示尺寸以基层外围体积计算。

4)广告牌面层，按设计图示尺寸以展开面积计算。

(8)美术字。美术字按设计图示数量计算。

(9)石材、瓷砖加工。

1)石材、瓷砖倒角按块料设计倒角长度计算。

2)石材磨边按成型圆边长度计算。

3)石材开槽按块料成型开槽长度计算。

4)石材、瓷砖开孔按成型孔洞数量计算。

三、清单计价工程量计算规则

(一)楼地面装饰工程

楼地面装饰工程分 8 节共 43 个清单项目，包括整体面层及找平层、块料面层、橡塑面层、其他材料面层、踢脚线、楼梯面层、台阶装饰、零星装饰项目。

1. 清单计价规范说明

(1)整体面层及找平层。

1)水泥砂浆面层处理是拉毛还是提浆压光，应在面层做法要求中描述。

2)平面砂浆找平层只适用于仅做找平的平面抹灰。

3)间壁墙是指墙厚≤120 mm 的墙。

4)楼地面混凝土垫层另按垫层项目编码列项，除混凝土外的其他材料垫层按垫层项目编码列项。

(2)块料面层。

1)在描述碎石材项目的面层材料特征时可不用描述规格、颜色。

2)石材、块料与粘结材料的结合面刷防渗材料的种类在防护层材料种类中描述。

3)磨边是指施工现场磨边。

(3)橡塑面层。如涉及找平层，另按找平层项目编码列项。

(4)踢脚线。石材、块料与粘结材料的结合面刷防渗材料的种类在防护材料种类中描述。

(5)楼梯面层。

1)在描述碎石材项目的面层材料特征时可不描述规格、颜色。

2)石材、块料与粘结材料的结合面刷防渗材料的种类在防护材料种类中描述。

(6)台阶装饰。

1)在描述碎石材项目的面层材料特征时可不用描述规格、颜色。

2)石材、块料与粘结材料的结合面刷防渗材料的种类在防护材料种类中描述。

(7)零星装饰项目。

1)楼梯、台阶牵边和侧面镶贴块料面层,不大于 0.5 m² 的少量分散的楼地面镶贴块料面层,应按表 5-94 执行。

2)石材、块料与粘结材料的结合面刷防渗材料的种类在防护材料种类中描述。

2. 工程量清单项目设置及工程量计算规则

(1)整体面层及找平层工程量清单项目设置及工程量计算规则见表 5-87。

表 5-87　整体面层及找平层(编码:011101)

项目编码	项目名称	项目特征	计量单位	工程量计算规则	工作内容
011101001	水泥砂浆楼地面	1. 找平层厚度、砂浆配合比 2. 素水泥浆遍数 3. 面层厚度、砂浆配合比 4. 面层做法要求	m²	按设计图示尺寸以面积计算。扣除凸出地面构筑物、设备基础、室内铁道、地沟等所占面积,不扣除间壁墙及≤0.3 m² 的柱、垛、附墙烟囱及孔洞所占面积。门洞、空圈、暖气包槽、壁龛的开口部分不增加面积	1. 基层清理 2. 抹找平层 3. 抹面层 4. 材料运输
011101002	现浇水磨石楼地面	1. 找平层厚度、砂浆配合比 2. 面层厚度、水泥石子浆配合比 3. 嵌条材料种类、规格 4. 石子种类、规格、颜色 5. 颜料种类、颜色 6. 图案要求 7. 磨光、酸洗、打蜡要求			1. 基层清理 2. 抹找平层 3. 面层铺设 4. 嵌缝条安装 5. 磨光、酸洗打蜡 6. 材料运输
011101003	细石混凝土楼地面	1. 找平层厚度、砂浆配合比 2. 面层厚度、混凝土强度等级			1. 基层清理 2. 抹找平层 3. 面层铺设 4. 材料运输
011101004	菱苦土楼地面	1. 找平层厚度、砂浆配合比 2. 面层厚度 3. 打蜡要求			1. 基层清理 2. 抹找平层 3. 面层铺设 4. 打蜡 5. 材料运输
011101005	自流坪楼地面	1. 找平层砂浆配合比、厚度 2. 界面剂材料种类 3. 中层漆材料种类、厚度 4. 面漆材料种类、厚度 5. 面层材料种类			1. 基层处理 2. 抹找平层 3. 涂界面剂 4. 涂刷中层漆 5. 打磨、吸尘 6. 镘自流平面漆(浆) 7. 拌和自流平浆料 8. 铺面层
011101006	平面砂浆找平层	找平层厚度、砂浆配合比		按设计图示尺寸以面积计算	1. 基层清理 2. 抹找平层 3. 材料运输

(2)块料面层工程量清单项目设置及工程量计算规则见表 5-88。

表 5-88   块料面层(编码: 011102)

项目编码	项目名称	项目特征	计量单位	工程量计算规则	工作内容
011102001	石材楼地面	1. 找平层厚度、砂浆配合比 2. 结合层厚度、砂浆配合比 3. 面层材料品种、规格、颜色 4. 嵌缝材料种类 5. 防护层材料种类 6. 酸洗、打蜡要求	m²	按设计图示尺寸以面积计算。门洞、空圈、暖气包槽、壁龛的开口部分并入相应的工程量内	1. 基层清理 2. 抹找平层 3. 面层铺设、磨边 4. 嵌缝 5. 刷防护材料 6. 酸洗、打蜡 7. 材料运输
011102002	碎石材楼地面				
011102003	块料楼地面				

(3)橡塑面层工程量清单项目设置及工程量计算规则见表 5-89。

表 5-89   橡塑面层(编码: 011103)

项目编码	项目名称	项目特征	计量单位	工程量计算规则	工作内容
011103001	橡胶板楼地面	1. 粘结层厚度、材料种类 2. 面层材料品种、规格、颜色 3. 压线条种类	m²	按设计图示尺寸以面积计算。门洞、空圈、暖气包槽、壁龛的开口部分并入相应的工程量内	1. 基层清理 2. 面层铺贴 3. 压缝条装钉 4. 材料运输
011103002	橡胶板卷材楼地面				
011103003	塑料板楼地面				
011103004	塑料卷材楼地面				

(4)其他材料面层工程量清单项目设置及工程量计算规则见表 5-90。

表 5-90   其他材料面层(编码: 011104)

项目编码	项目名称	项目特征	计量单位	工程量计算规则	工作内容
011104001	地毯楼地面	1. 面层材料品种、规格、颜色 2. 防护材料种类 3. 粘结材料种类 4. 压线条种类	m²	按设计图示尺寸以面积计算。门洞、空圈、暖气包槽、壁龛的开口部分并入相应的工程量内	1. 基层清理 2. 铺贴面层 3. 刷防护材料 4. 装钉压条 5. 材料运输
011104002	竹木(复合)地板	1. 龙骨材料种类、规格、铺设间距 2. 基层材料种类、规格 3. 面层材料品种、规格、颜色 4. 防护材料种类			1. 清理基层 2. 龙骨铺设 3. 基层铺设 4. 面层铺贴 5. 刷防护材料 6. 材料运输
011104003	金属复合地板				
011104004	防静电活动地板	1. 支架高度、材料种类 2. 面层材料品种、规格、颜色 3. 防护材料种类			1. 清理基层 2. 固定支架安装 3. 活动面层安装 4. 刷防护材料 5. 材料运输

（5）踢脚线工程量清单项目设置及工程量计算规则见表5-91。

表5-91 踢脚线（编码：011105）

项目编码	项目名称	项目特征	计量单位	工程量计算规则	工作内容
011105001	水泥砂浆踢脚线	1. 踢脚线高度 2. 底层厚度、砂浆配合比 3. 面层厚度、砂浆配合比	1. m² 2. m	1. 以平方米计量，按设计图示长度乘高度以面积计算 2. 以米计量，按延长米计算	1. 基层清理 2. 底层和面层抹灰 3. 材料运输
011105002	石材踢脚线	1. 踢脚线高度 2. 粘贴层厚度、材料种类 3. 面层材料品种、规格、颜色 4. 防护材料种类			1. 基层清理 2. 底层抹灰 3. 面层铺贴、磨边 4. 擦缝 5. 磨光、酸洗、打蜡 6. 刷防护材料 7. 材料运输
011105003	块料踢脚线				
011105004	塑料板踢脚线	1. 踢脚线高度 2. 粘贴层厚度、材料种类 3. 面层材料品种、规格、颜色			1. 基层清理 2. 基层铺贴 3. 面层铺贴 4. 材料运输
011105005	木质踢脚线	1. 踢脚线高度 2. 基层材料种类、规格 3. 面层材料品种、规格、颜色			
011105006	金属踢脚线				
011105007	防静电踢脚线				

（6）楼梯面层工程量清单项目设置及工程量计算规则见表5-92。

表5-92 楼梯面层（编码：011106）

项目编码	项目名称	项目特征	计量单位	工程量计算规则	工作内容
011106001	石材楼梯面层	1. 找平层厚度、砂浆配合比 2. 粘结层厚度、材料种类 3. 面层材料品种、规格、颜色 4. 防滑条材料种类、规格 5. 勾缝材料种类 6. 防护材料种类 7. 酸洗、打蜡要求	m²	按设计图示尺寸以楼梯（包括踏步、休息平台及≤500 mm的楼梯井）水平投影面积计算。楼梯与楼地面相连时，算至梯口梁内侧边沿；无梯口梁者，算至最上一层踏步边沿加300 mm	1. 基层清理 2. 抹找平层 3. 面层铺贴、磨边 4. 贴嵌防滑条 5. 勾缝 6. 刷防护材料 7. 酸洗、打蜡 8. 材料运输
011106002	块料楼梯面层				
011106003	拼碎块料面层				
011106004	水泥砂浆楼梯面层	1. 找平层厚度、砂浆配合比 2. 面层厚度、砂浆配合比 3. 防滑条材料种类、规格			1. 基层清理 2. 抹找平层 3. 抹面层 4. 抹防滑条 5. 材料运输

项目编码	项目名称	项目特征	计量单位	工程量计算规则	工作内容
011106005	现浇水磨石楼梯面层	1. 找平层厚度、砂浆配合比 2. 面层厚度、水泥石子浆配合比 3. 防滑条材料种类、规格 4. 石子种类、规格、颜色 5. 颜料种类、颜色 6. 磨光、酸洗、打蜡要求	m²	按设计图示尺寸以楼梯（包括踏步、休息平台及≤500 mm的楼梯井）水平影面积计算。楼梯与楼地面相连时，算至梯口梁内侧边沿；无梯口梁者，算至最上一层踏步边沿加300 mm	1. 基层清理 2. 抹找平层 3. 抹面层 4. 贴嵌防滑条 5. 磨光、酸洗、打蜡 6. 材料运输
011106006	地毯楼梯面层	1. 基层种类 2. 面层材料品种、规格、颜色 3. 防护材料种类 4. 粘结材料种类 5. 固定配件材料种类、规格			1. 基层清理 2. 铺贴面层 3. 固定配件安装 4. 刷防护材料 5. 材料运输
011106007	木板楼梯面层	1. 基层材料种类、规格 2. 面层材料品种、规格、颜色 3. 粘结材料种类 4. 防护材料种类			1. 基层清理 2. 基层铺贴 3. 面层铺贴 4. 刷防护材料 5. 材料运输
011106008	橡胶板楼梯面层	1. 粘结层厚度、材料种类 2. 面层材料品种、规格、颜色 3. 压线条种类			1. 基层清理 2. 面层铺贴 3. 压缝条装钉 4. 材料运输
011106009	塑料板楼梯面层				

（7）台阶装饰工程量清单项目设置及工程量计算规则见表5-93。

表5-93 台阶装饰（编码：011107）

项目编码	项目名称	项目特征	计量单位	工程量计算规则	工作内容
011107001	石材台阶面	1. 找平层厚度、砂浆配合比 2. 粘结层材料种类 3. 面层材料品种、规格、颜色 4. 勾缝材料种类 5. 防滑条材料种类、规格 6. 防护材料种类	m²	按设计图示尺寸以台阶（包括最上层踏步边沿加300 mm）水平投影面积计算	1. 基层清理 2. 抹找平层 3. 面层铺贴 4. 贴嵌防滑条 5. 勾缝 6. 刷防护材料 7. 材料运输
011107002	块料台阶面				
011107003	拼碎块料台阶面				
011107004	水泥砂浆台阶面	1. 找平层厚度、砂浆配合比 2. 面层厚度、砂浆配合比 3. 防滑条材料种类			1. 基层清理 2. 抹找平层 3. 抹面层 4. 抹防滑条 5. 材料运输

项目编码	项目名称	项目特征	计量单位	工程量计算规则	工作内容
011107005	现浇水磨石台阶面	1. 找平层厚度、砂浆配合比 2. 面层厚度、水泥石子浆配合比 3. 防滑条材料种类、规格 4. 石子种类、规格、颜色 5. 颜料种类、颜色 6. 磨光、酸洗、打蜡要求	m²	按设计图示尺寸以台阶(包括最上层踏步边沿加300 mm)水平投影面积计算	1. 清理基层 2. 抹找平层 3. 抹面层 4. 贴嵌防滑条 5. 打磨、酸洗、打蜡 6. 材料运输
011107006	剁假石台阶面	1. 找平层厚度、砂浆配合比 2. 面层厚度、砂浆配合比 3. 剁假石要求			1. 清理基层 2. 抹找平层 3. 抹面层 4. 剁假石 5. 材料运输

(8)零星装饰项目工程量清单项目设置及工程量计算规则见表 5-94。

表 5-94　零星装饰项目(编码：011108)

项目编码	项目名称	项目特征	计量单位	工程量计算规则	工作内容
011108001	石材零星项目	1. 工程部位 2. 找平层厚度、砂浆配合比 3. 贴结合层厚度、材料种类 4. 面层材料品种、规格、颜色 5. 勾缝材料种类 6. 防护材料种类 7. 酸洗、打蜡要求	m²	按设计图示尺寸以面积计算	1. 清理基层 2. 抹找平层 3. 面层铺贴、磨边 4. 勾缝 5. 刷防护材料 6. 酸洗、打蜡 7. 材料运输
011108002	拼碎石材零星项目				
011108003	块料零星项目				
011108004	水泥砂浆零星项目	1. 工程部位 2. 找平层厚度、砂浆配合比 3. 面层厚度、砂浆厚度			1. 清理基层 2. 抹找平层 3. 抹面层 4. 材料运输

3. 工程量计算示例

【例 5-35】　某商店平面如图 5-47 所示。其地面做法是：C20 细石混凝土找平层 60 mm 厚，1：2.5 白水泥色石子水磨石面层 20 mm 厚，15 mm×2 mm 铜条分隔，距离墙柱边 300 mm 内按纵横 1 m 宽分格。计算现浇水磨石楼地面工程量。

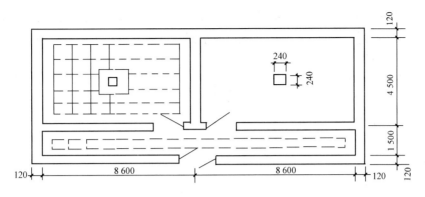

图 5-47 商店平面

【解】 现浇水磨石楼地面工程量＝(8.6－0.24)×(4.5－0.24)×2＋(8.6×2－0.24)×(1.5－0.24)＝92.60(m²)

注：柱子工程量＝0.24×0.24＝0.057 6(m2)＜0.3 m²，所以不用扣除柱子工程量。

【例 5-36】 试计算如图 5-48 所示住宅内水泥砂浆楼地面的工程量。

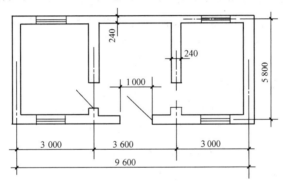

图 5-48 水泥砂浆楼地面示意

【解】 水泥砂浆楼地面工程量＝(5.8－0.24)×(9.6－0.24×3)＝49.37(m²)

(二)墙、柱面装饰与隔断、幕墙工程

墙、柱面装饰与隔断、幕墙工程共 10 节 35 个清单项目，包括墙面抹灰、柱(梁)面抹灰、零星抹灰、墙面块料面层、柱(梁)面镶贴块料、镶贴零星块料、墙饰面、柱(梁)饰面、幕墙工程、隔断。

1.清单计价规范说明

(1)墙面抹灰。

1)立面砂浆找平层项目适用于仅做找平层的立面抹灰。

2)墙面抹石灰砂浆、水泥砂浆、混合砂浆、聚合物水泥砂浆、麻刀石灰浆、石膏灰浆等按墙面一般抹灰列项；墙面水刷石、斩假石、干粘石、假面砖等按墙面装饰抹灰列项。

3)飘窗凸出外墙面增加的抹灰并入外墙工程量内。

4)有吊顶顶棚的内墙面抹灰，抹至吊顶以上部分在综合单价中考虑。

(2)柱(梁)面抹灰。

1)砂浆找平项目适用于仅做找平层的柱(梁)面抹灰。

2)柱(梁)面抹石灰砂浆、水泥砂浆、混合砂浆、聚合物水泥砂浆、麻刀石灰浆、石膏灰浆等按柱(梁)面一般抹灰编码列项;柱(梁)面水刷石、斩假石、干粘石、假面砖等按柱(梁)面装饰抹灰编码列项。

(3)零星抹灰。

1)零星项目抹石灰砂浆、水泥砂浆、混合砂浆、聚合物水泥砂浆、麻刀石灰浆、石膏灰浆等按零星项目一般抹灰编码列项;水刷石、斩假石、干粘石、假面砖等按零星项目装饰抹灰编码列项。

2)墙、柱(梁)面≤0.5 m²的少量分散的抹灰按零星抹灰项目编码列项。

(4)墙面块料面层。

1)在描述碎块项目的面层材料特征时可不用描述规格、颜色。

2)石材、块料与粘结材料的结合面刷防渗材料的种类在防护层材料种类中描述。

3)安装方式可描述为砂浆或胶粘剂粘贴、挂贴、干挂等,无论采用哪种安装方式,都要详细描述与组价相关的内容。

(5)柱(梁)面镶贴块料。

1)在描述碎块项目的面层材料特征时可不用描述规格、颜色。

2)石材、块料与粘结材料的结合面刷防渗材料的种类在防护层材料种类中描述。

3)柱梁面干挂石材的钢骨架按相应项目编码列项。

(6)镶贴零星块料。

1)在描述碎块项目的面层材料特征时可不用描述规格、颜色。

2)石材、块料与粘结材料的结合面刷防渗材料的种类在防护材料种类中描述。

3)零星项目干挂石材的钢骨架按相应项目编码列项。

4)墙柱面≤0.5 m²的少量分散的镶贴块料面层按零星项目执行。

(7)幕墙工程。幕墙钢骨架按干挂石材钢骨架编码列项。

2. 工程量清单项目设置及工程量计算规则

(1)墙面抹灰工程量清单项目设置及工程量计算规则见表5-95。

表5-95　墙面抹灰(编号:011201)

项目编码	项目名称	项目特征	计量单位	工程量计算规则	工作内容
011201001	墙面一般抹灰	1. 墙体类型 2. 底层厚度、砂浆配合比 3. 面层厚度、砂浆配合比 4. 装饰面材料种类 5. 分格缝宽度、材料种类	m²	按设计图示尺寸以面积计算。扣除墙裙、门窗洞口及单个>0.3 m²的孔洞面积,不扣除踢脚线、挂镜线和墙与构件交接处的面积,门窗洞口和孔洞的侧壁及顶面不增加面积。附墙柱、梁、垛、烟囱侧壁并入相应的墙面面积内 (1)外墙抹灰面积按外墙垂直投影面积计算 (2)外墙裙抹灰面积按其长度乘以高度计算 (3)内墙抹灰面积按主墙间的净长乘以高度计算	1. 基层清理 2. 砂浆制作、运输 3. 底层抹灰 4. 抹面层 5. 抹装饰面 6. 勾分格缝
011201002	墙面装饰抹灰				

项目编码	项目名称	项目特征	计量单位	工程量计算规则	工作内容
011201003	墙面勾缝	1. 勾缝类型 2. 勾缝材料种类	m²	1)无墙裙的,高度按室内楼地面至顶棚底面计算 2)有墙裙的,高度按墙裙顶至顶棚底面计算 3)有吊顶顶棚抹灰,高度算至顶棚底 (4)内墙裙抹灰面按内墙净长乘以高度计算	1. 基层清理 2. 砂浆制作、运输 3. 勾缝
011201004	立面砂浆找平层	1. 基层类型 2. 找平层砂浆厚度、配合比			1. 基层清理 2. 砂浆制作、运输 3. 抹灰找平

(2)柱(梁)面抹灰工程量清单项目设置及工程量计算规则见表 5-96。

表 5-96　柱(梁)面抹灰(编码:011202)

项目编码	项目名称	项目特征	计量单位	工程量计算规则	工作内容
011202001	柱、梁面一般抹灰	1. 柱(梁)体类型 2. 底层厚度、砂浆配合比 3. 面层厚度、砂浆配合比 4. 装饰面材料种类 5. 分格缝宽度、材料种类	m²	1. 柱面抹灰:按设计图示柱断面周长乘高度以面积计算 2. 梁面抹灰:按设计图示梁断面周长乘长度以面积计算	1. 基层清理 2. 砂浆制作、运输 3. 底层抹灰 4. 抹面层 5. 勾分格缝
011202002	柱、梁面装饰抹灰				
011202003	柱、梁面砂浆找平	1. 柱(梁)体类型 2. 找平的砂浆厚度、配合比			1. 基层清理 2. 砂浆制作、运输 3. 抹灰找平
011202004	柱面勾缝	1. 勾缝类型 2. 勾缝材料种类		按设计图示柱断面周长乘高度以面积计算	1. 基层清理 2. 砂浆制作、运输 3. 勾缝

(3)零星抹灰工程量清单项目设置及工程量计算规则见表 5-97。

表 5-97　零星抹灰(编码：011203)

项目编码	项目名称	项目特征	计量单位	工程量计算规则	工作内容
011203001	零星项目一般抹灰	1. 基层类型、部位 2. 底层厚度、砂浆配合比 3. 面层厚度、砂浆配合比 4. 装饰面材料种类 5. 分格缝宽度、材料种类	m²	按设计图示尺寸以面积计算	1. 基层清理 2. 砂浆制作、运输 3. 底层抹灰 4. 抹面层 5. 抹装饰面 6. 勾分格缝
011203002	零星项目装饰抹灰				
011203003	零星项目砂浆找平	1. 基层类型、部位 2. 找平的砂浆厚度、配合比			1. 基层清理 2. 砂浆制作、运输 3. 抹灰找平

(4)墙面块料面层工程量清单项目设置及工程量计算规则见表 5-98。

表 5-98　墙面块料面层(编码：011204)

项目编码	项目名称	项目特征	计量单位	工程量计算规则	工作内容
011204001	石材墙面	1. 墙体类型 2. 安装方式 3. 面层材料品种、规格、颜色 4. 缝宽、嵌缝材料种类 5. 防护材料种类 6. 磨光、酸洗、打蜡要求	m²	按镶贴表面积计算	1. 基层清理 2. 砂浆制作、运输 3. 粘结层铺贴 4. 面层安装 5. 嵌缝 6. 刷防护材料 7. 磨光、酸洗、打蜡
011204002	碎拼石材墙面				
011204003	块料墙面				
011204004	干挂石材钢骨架	1. 骨架种类、规格 2. 防锈漆品种遍数	t	按设计图示以质量计算	1. 骨架制作、运输、安装 2. 刷漆

(5)柱(梁)面镶贴块料工程量清单项目设置及工程量计算规则见表 5-99。

表 5-99　柱(梁)面镶贴块料(编码：011205)

项目编码	项目名称	项目特征	计量单位	工程量计算规则	工作内容
011205001	石材柱面	1. 柱截面类型、尺寸 2. 安装方式 3. 面层材料品种、规格、颜色 4. 缝宽、嵌缝材料种类 5. 防护材料种类 6. 磨光、酸洗、打蜡要求	m²	按镶贴表面积计算	1. 基层清理 2. 砂浆制作、运输 3. 粘结层铺贴 4. 面层安装 5. 嵌缝 6. 刷防护材料 7. 磨光、酸洗、打蜡
011205002	块料柱面				
011205003	拼碎块柱面				

项目编码	项目名称	项目特征	计量单位	工程量计算规则	工作内容
011205004	石材梁面	1. 安装方式 2. 面层材料品种、规格、颜色 3. 缝宽、嵌缝材料种类 4. 防护材料种类 5. 磨光、酸洗、打蜡要求	m²	按镶贴表面积计算	1. 基层清理 2. 砂浆制作、运输 3. 粘结层铺贴 4. 面层安装 5. 嵌缝 6. 刷防护材料 7. 磨光、酸洗、打蜡
011205005	块料梁面				

（6）镶贴零星块料工程量清单项目设置及工程量计算规则见表 5-100。

表 5-100　镶贴零星块料（编码：011206）

项目编码	项目名称	项目特征	计量单位	工程量计算规则	工作内容
011206001	石材零星项目	1. 基层类型、部位 2. 安装方式 3. 面层材料品种、规格、颜色 4. 缝宽、嵌缝材料种类 5. 防护材料种类 6. 磨光、酸洗、打蜡要求	m²	按镶贴表面积计算	1. 基层清理 2. 砂浆制作、运输 3. 面层安装 4. 嵌缝 5. 刷防护材料 6. 磨光、酸洗、打蜡
011206002	块料零星项目				
011206003	拼碎块零星项目				

（7）墙饰面工程量清单项目设置及工程量计算规则见表 5-101。

表 5-101　墙饰面（编码：011207）

项目编码	项目名称	项目特征	计量单位	工程量计算规则	工作内容
011207001	墙面装饰板	1. 龙骨材料种类、规格、中距 2. 隔离层材料种类、规格 3. 基层材料种类、规格 4. 面层材料品种、规格、颜色 5. 压条材料种类、规格	m²	按设计图示墙净长乘以净高以面积计算。扣除门窗洞口及单个>0.3 m²的孔洞所占面积	1. 基层清理 2. 龙骨制作、运输、安装 3. 钉隔离层 4. 基层铺钉 5. 面层铺贴
011207002	墙面装饰浮雕	1. 基层类型 2. 浮雕材料种类 3. 浮雕样式		按设计图示尺寸以面积计算	1. 基层清理 2. 材料制作、运输 3. 安装成型

（8）柱（梁）饰面工程量清单项目设置及工程量计算规则见表 5-102。

表 5-102　柱(梁)饰面(编码：011208)

项目编码	项目名称	项目特征	计量单位	工程量计算规则	工作内容
011208001	柱(梁)面装饰	1. 龙骨材料种类、规格、中距 2. 隔离层材料种类 3. 基层材料种类、规格 4. 面层材料品种、规格、颜色 5. 压条材料种类、规格	m²	按设计图示饰面外围尺寸以面积计算。柱帽、柱墩并入相应柱饰面工程量内	1. 清理基层 2. 龙骨制作、运输、安装 3. 钉隔离层 4. 基层铺钉 5. 面层铺贴
011208002	成品装饰柱	1. 柱截面、高度尺寸 2. 柱材质	1. 根 2. m	1. 以根计量，按设计数量计算 2. 以 m 计量，按设计长度计算	柱运输、固定、安装

(9)幕墙工程工程量清单项目设置及工程量计算规则见表 5-103。

表 5-103　幕墙工程(编码：011209)

项目编码	项目名称	项目特征	计量单位	工程量计算规则	工作内容
011209001	带骨架幕墙	1. 骨架材料种类、规格、中距 2. 面层材料品种、规格、颜色 3. 面层固定方式 4. 隔离带、框边封闭材料品种、规格 5. 嵌缝、塞口材料种类	m²	按设计图示框外围尺寸以面积计算。与幕墙同种材质的窗所占面积不扣除	1. 骨架制作、运输、安装 2. 面层安装 3. 隔离带、框边封闭 4. 嵌缝、塞口 5. 清洗
011209002	全玻(无框玻璃)幕墙	1. 玻璃品种、规格、颜色 2. 粘结塞口材料种类 3. 固定方式		按设计图示尺寸以面积计算。带肋全玻幕墙按展开面积计算	1. 幕墙安装 2. 嵌缝、塞口 3. 清洗

(10)隔断工程量清单项目设置及工程量计算规则见表 5-104。

表 5-104　隔断(编码：011210)

项目编码	项目名称	项目特征	计量单位	工程量计算规则	工作内容
011210001	木隔断	1. 骨架、边框材料种类、规格 2. 隔板材料品种、规格、颜色 3. 嵌缝、塞口材料品种 4. 压条材料种类	m²	按设计图示框外围尺寸以面积计算。不扣除单个≤0.3 m² 的孔洞所占面积；浴厕门的材质与隔断相同时，门的面积并入隔断面积内	1. 骨架及边框制作、运输、安装 2. 隔板制作、运输、安装 3. 嵌缝、塞口 4. 装钉压条
011210002	金属隔断	1. 骨架、边框材料种类、规格 2. 隔板材料品种、规格、颜色 3. 嵌缝、塞口材料品种			1. 骨架及边框制作、运输、安装 2. 隔板制作、运输、安装 3. 嵌缝、塞口

项目编码	项目名称	项目特征	计量单位	工程量计算规则	工作内容
011210003	玻璃隔断	1. 边框材料种类、规格 2. 玻璃品种、规格、颜色 3. 嵌缝、塞口材料品种	m²	按设计图示框外围尺寸以面积计算。扣除单个 0.3 m² 以上的孔洞所占面积	1. 骨架及边框制作、运输、安装 2. 隔板制作、运输、安装 3. 嵌缝、塞口
011210004	塑料隔断	1. 边框材料种类、规格 2. 隔板材料品种、规格、颜色 3. 嵌缝、塞口材料品种			
011210005	成品隔断	1. 隔断材料种类、规格、颜色 2. 配件品种、规格	1. m² 2. 间	1. 以平方米计量，按设计图示框外围尺寸以面积计算。 2. 以间计量，按设计间的数量计算	1. 隔断运输、安装 2. 嵌缝、塞口
011210006	其他隔断	1. 骨架、边框材料种类、规格 2. 隔板材料品种、规格、颜色 3. 嵌缝、塞口材料品种	m²	按设计图示框外围尺寸以面积计算。不扣除单个 ≤0.3 m² 的孔洞所占面积	1. 骨架及边框安装 2. 隔板安装 3. 嵌缝、塞口

3. 工程量计算示例

【例 5-37】 某工程平面图与剖面图如图 5-49 所示。室内墙面抹 1:2 水泥砂浆底，1:3 石灰砂浆找平层，麻刀石灰浆面层，共 20 mm 厚。室内墙裙采用 1:3 水泥砂浆打底（19 mm 厚），1:2.5 水泥砂浆面层（6 mm 厚）。计算室内墙面一般抹灰和室内墙裙工程量。

M：1 000 mm×2 700 mm   共 3 个

C：1 500 mm×1 800 mm   共 4 个

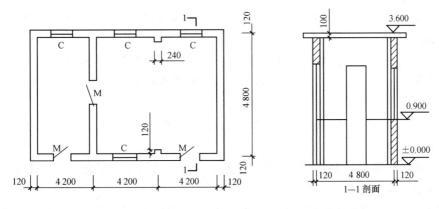

图 5-49 某工程平面图与剖面图

【解】（1）室内墙面一般抹灰工程量＝[（4.20×3－0.24×2＋0.12×2）×2＋（4.80－0.24）×4]×（3.60－0.10－0.90）－1.00×（2.70－0.90）×4－1.50×1.80×4＝93.70（m²）

(2)室内墙裙工程量＝[(4.20×3－0.24×2＋0.12×2)×2＋(4.80－0.24)×4－1.00×4]×0.90＝35.06(m²)

【例 5-38】 如图 5-50 所示，外墙采用水泥砂浆勾缝，层高为 3.6 m，墙裙高为 1.2 m，求外墙勾缝工程量。

【解】 外墙勾缝工程量＝(9.9＋0.24＋4.5＋0.24)×(3.6－1.2)＝35.71(m²)

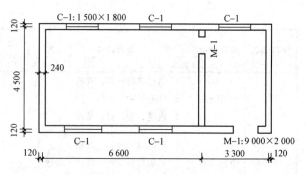

图 5-50 某工程平面示意图

【例 5-39】 某建筑物有钢筋混凝土柱 8 根，其构造如图 5-51 所示，柱面挂贴花岗石面层，求其工程量。

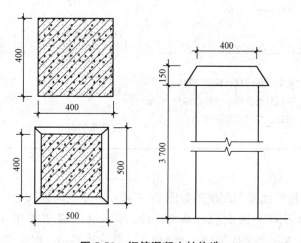

图 5-51 钢筋混凝土柱构造

【解】 柱面挂贴花岗石工程量＝0.40×4×3.7×8＝47.36(m²)

花岗石柱帽工程量按图示尺寸展开面积计算，本例柱帽为四棱台，即应计算四棱台的斜表面积，公式为

四棱台全斜表面积＝斜高×(上面的周边长＋下面的周边长)÷2

已知斜高为 0.158 m，按图示数据代入，柱帽展开面积为

0.158×(0.5×4＋0.4×4)÷2×8＝2.28(m²)

柱面、柱帽工程量合并工程量＝47.36＋2.28＝49.64(m²)

（三）顶棚工程

顶棚工程共 4 节 10 个清单项目，包括顶棚抹灰、顶棚吊顶、采光顶棚、顶棚其他装饰。

1. 清单计价规范说明

采光顶棚骨架不包括在顶棚工程中，应单独按《房屋建筑与装饰工程工程量计算规范》(GB 50854—2013)相关项目编码列项。

2. 工程量清单项目设置及工程量计算规则

(1)顶棚抹灰工程量清单项目设置及工程量计算规则见表 5-105。

表 5-105　顶棚抹灰(编码：011301)

项目编码	项目名称	项目特征	计量单位	工程量计算规则	工作内容
011301001	顶棚抹灰	1. 基层类型 2. 抹灰厚度、材料种类 3. 砂浆配合比	m²	按设计图示尺寸以水平投影面积计算。不扣除间壁墙、垛、柱、附墙烟囱、检查口和管道所占的面积，带梁顶棚的梁两侧抹灰面积并入顶棚面积内，板式楼梯底面抹灰按斜面积计算，锯齿形楼梯底板抹灰按展开面积计算	1. 基层清理 2. 底层抹灰 3. 抹面层

(2)顶棚吊顶工程量清单项目设置及工程量计算规则见表 5-106。

表 5-106　顶棚吊顶(编码：011302)

项目编码	项目名称	项目特征	计量单位	工程量计算规则	工作内容
011302001	吊顶顶棚	1. 吊顶形式、吊杆规格、高度 2. 龙骨材料种类、规格、中距 3. 基层材料种类、规格 4. 面层材料品种、规格 5. 压条材料种类、规格 6. 嵌缝材料种类 7. 防护材料种类	m²	按设计图示尺寸以水平投影面积计算。顶棚面中的灯槽及跌级、锯齿形、吊挂式、藻井式顶棚面积不展开计算。不扣除间壁墙、检查口、附墙烟囱、柱垛和管道所占面积，扣除单个>0.3 m²的孔洞、独立柱及与顶棚相连的窗帘盒所占面积	1. 基层清理、吊杆安装 2. 龙骨安装 3. 基层板铺贴 4. 面层铺贴 5. 嵌缝 6. 刷防护材料
011302002	格栅吊顶	1. 龙骨材料种类、规格、中距 2. 基层材料种类、规格 3. 面层材料品种、规格 4. 防护材料种类			1. 基层清理 2. 安装龙骨 3. 基层板铺贴 4. 面层铺贴 5. 刷防护材料
011302003	吊筒吊顶	1. 吊筒形状、规格 2. 吊筒材料种类 3. 防护材料种类		按设计图示尺寸以水平投影面积计算	1. 基层清理 2. 吊筒制作安装 3. 刷防护材料
011302004	藤条造型悬挂吊顶	1. 骨架材料种类、规格 2. 面层材料品种、规格			1. 基层清理 2. 龙骨安装 3. 铺贴面层
011302005	织物软雕吊顶				
011302006	装饰网架吊顶	网架材料品种、规格			1. 基层清理 2. 网架制作安装

（3）采光顶棚工程量清单项目设置及工程量计算规则见表5-107。

表5-107 采光顶棚（编码：011303）

项目编码	项目名称	项目特征	计量单位	工程量计算规则	工作内容
011303001	采光顶棚	1. 骨架类型 2. 固定类型、固定材料品种、规格 3. 面层材料品种、规格 4. 嵌缝、塞口材料种类	m²	按框外围展开面积计算	1. 清理基层 2. 面层制安 3. 嵌缝、塞口 4. 清洗

（4）顶棚其他装饰工程量清单项目设置及工程量计算规则见表5-108。

表5-108 顶棚其他装饰（编码：011304）

项目编码	项目名称	项目特征	计量单位	工程量计算规则	工作内容
011304001	灯带（槽）	1. 灯带形式、尺寸 2. 格栅片材料品种、规格 3. 安装固定方式	m²	按设计图示尺寸以框外围面积计算	安装、固定
011304002	送风口、回风口	1. 风口材料品种、规格 2. 安装固定方式 3. 防护材料种类	个	按设计图示数量计算	1. 安装、固定 2. 刷防护材料

3. 工程量计算示例

【例5-40】 某工程现浇井字梁顶棚如图5-52所示，麻刀石灰浆面层，试计算其工程量。

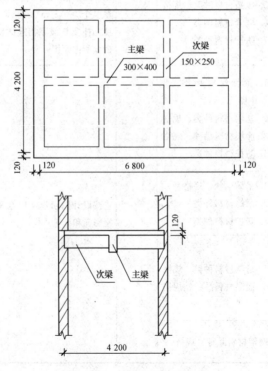

图5-52 现浇井字梁顶棚

【解】 顶棚抹灰工程量＝(6.80−0.24)×(4.20−0.24)＋(0.40−0.12)×(6.80−0.24)×2＋(0.25−0.12)×(4.20−0.24−0.3)×2×2−(0.25−0.12)×0.15×4＝31.48(m²)

【例 5-41】 某三级顶棚尺寸如图 5-53 示，钢筋混凝土板下吊双层楞木，面层为塑料板，计算吊顶顶棚工程量。

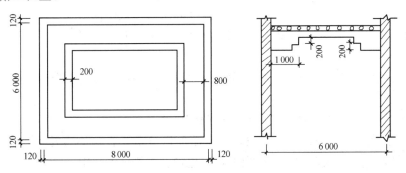

图 5-53 三级顶棚尺寸

【解】 吊顶顶棚工程量＝(8.0−0.24)×(6.0−0.24)＝44.70(m²)

【例 5-42】 某建筑客房顶棚如图 5-54 所示，与顶棚相连的窗帘盒断面如图 5-55 所示，试计算铝合金顶棚工程量。

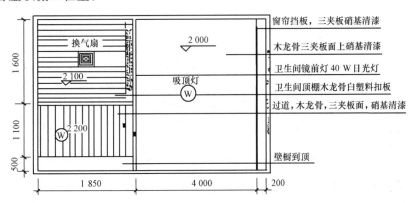

图 5-54 某建筑客房顶棚

【解】 铝合金顶棚工程量＝(4−0.2−0.12)×3.2＋(1.85−0.24)×(1.1−0.12)＋(1.6−0.24)×(1.85−0.12)＝15.71(m²)

（四）油漆、涂料、裱糊工程

油漆、涂料、裱糊工程共 8 节 36 个清单项目，其中包括门油漆、窗油漆、木扶手及其他板条、线条油漆、木材面油漆、金属面油漆、抹灰面油漆、喷刷涂料、裱糊。

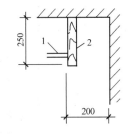

图 5-55 标准客房窗帘盒断面

1. 清单计价规范说明

（1）门油漆。

1）木门油漆应区分木大门、单层木门、双层（一玻一纱）木门、双层（单裁口）木门、全玻自由门、半玻自由门、装饰门及有框门或无框门等项目，分别编码列项。

2)金属门油漆应区分平开门、推拉门、钢制防火门等项目，分别编码列项。

3)以平方米计量，项目特征可不必描述洞口尺寸。

(2)窗油漆。

1)木窗油漆应区分单层木门、双层(一玻一纱)木窗、双层框扇(单裁口)木窗、双层框三层(二玻一纱)木窗、单层组合窗、双层组合窗、木百叶窗、木推拉窗等项目，分别编码列项。

2)金属窗油漆应区分平开窗、推拉窗、固定窗、组合窗、金属隔栅窗等项目，分别编码列项。

3)以平方米计量，项目特征可不必描述洞口尺寸。

(3)木扶手及其他板条、线条油漆。木扶手应区分带托板与不带托板，分别编码列项，若是木栏杆带扶手，木扶手不应单独列项，应包含在木栏杆油漆中。

2. 工程量清单项目设置及工程量计算规则

(1)门油漆工程量清单项目设置及工程量计算规则见表5-109。

表5-109　门油漆(编码：011401)

项目编码	项目名称	项目特征	计量单位	工程量计算规则	工作内容
011401001	木门油漆	1. 门类型 2. 门代号及洞口尺寸 3. 腻子种类 4. 刮腻子遍数 5. 防护材料种类 6. 油漆品种、刷漆遍数	1. 樘 2. m²	1. 以樘计量，按设计图示数量计算 2. 以平方米计量，按设计图示洞口尺寸以面积计算	1. 基层清理 2. 刮腻子 3. 刷防护材料、油漆
011401002	金属门油漆				1. 除锈、基层清理 2. 刮腻子 3. 刷防护材料、油漆

(2)窗油漆工程量清单项目设置及工程量计算规则见表5-110。

表5-110　窗油漆(编码：011402)

项目编码	项目名称	项目特征	计量单位	工程量计算规则	工作内容
011402001	木窗油漆	1. 窗类型 2. 窗代号及洞口尺寸 3. 腻子种类 4. 刮腻子遍数 5. 防护材料种类 6. 油漆品种、刷漆遍数	1. 樘 2. m²	1. 以樘计量，按设计图示数量计算 2. 以平方米计量，按设计图示洞口尺寸以面积计算	1. 基层清理 2. 刮腻子 3. 刷防护材料、油漆
011402002	金属窗油漆				1. 除锈、基层清理 2. 刮腻子 3. 刷防护材料、油漆

(3)木扶手及其他板条、线条油漆工程量清单项目设置及工程量计算规则见表5-111。

表5-111 木扶手及其他板条、线条油漆(编码：011403)

项目编码	项目名称	项目特征	计量单位	工程量计算规则	工作内容
011403001	木扶手油漆	1. 断面尺寸 2. 腻子种类 3. 刮腻子遍数 4. 防护材料种类 5. 油漆品种、刷漆遍数	m	按设计图示尺寸以长度计算	1. 基层清理 2. 刮腻子 3. 刷防护材料、油漆
011403002	窗帘盒油漆				
011403003	封檐板、顺水板油漆				
011403004	挂衣板、黑板框油漆				
011403005	挂镜线、窗帘棍、单独木线油漆				

(4)木材面油漆工程量清单项目设置及工程量计算规则见表5-112。

表5-112 木材面油漆(编码：011404)

项目编码	项目名称	项目特征	计量单位	工程量计算规则	工作内容
011404001	木护墙、木墙裙油漆	1. 腻子种类 2. 刮腻子遍数 3. 防护材料种类 4. 油漆品种、刷漆遍数	m²	按设计图示尺寸以面积计算	1. 基层清理 2. 刮腻子 3. 刷防护材料、油漆
011404002	窗台板、筒子板、盖板、门窗套、踢脚线油漆				
011404003	清水板条顶棚、檐口油漆				
011404004	木方格吊顶顶棚油漆				
011404005	吸声板墙面、顶棚面油漆				
011404006	暖气罩油漆				
011404007	其他木材面				
011404008	木间壁、木隔断油漆			按设计图示尺寸以单面外围面积计算	
011404009	玻璃间壁露明墙筋油漆				
011404010	木栅栏、木栏杆(带扶手)油漆				
011404011	衣柜、壁柜油漆			按设计图示尺寸以油漆部分展开面积计算	
011404012	梁柱饰面油漆				
011404013	零星木装修油漆				
011404014	木地板油漆			按设计图示尺寸以面积计算。空洞、空圈、暖气包槽、壁龛的开口部分并入相应的工程量内	
011404015	木地板烫硬蜡面	1. 硬蜡品种 2. 面层处理要求			1. 基层清理 2. 烫蜡

(5)金属面油漆工程量清单项目设置及工程量计算规则见表5-113。

表5-113 金属面油漆(编码：011405)

项目编码	项目名称	项目特征	计量单位	工程量计算规则	工作内容
011405001	金属面油漆	1. 构件名称 2. 腻子种类 3. 刮腻子要求 4. 防护材料种类 5. 油漆品种、刷漆遍数	1. t 2. m²	1. 以吨计量，按设计图示尺寸以质量计算 2. 以平方米计量，按设计展开面积计算	1. 基层清理 2. 刮腻子 3. 刷防护材料、油漆

(6)抹灰面油漆工程量清单项目设置及工程量计算规则见表5-114。

表5-114 抹灰面油漆(编码：011406)

项目编码	项目名称	项目特征	计量单位	工程量计算规则	工作内容
011406001	抹灰面油漆	1. 基层类型 2. 腻子种类 3. 刮腻子遍数 4. 防护材料种类 5. 油漆品种、刷漆遍数 6. 部位	m²	按设计图示尺寸以面积计算	1. 基层清理 2. 刮腻子 3. 刷防护材料、油漆
011406002	抹灰线条油漆	1. 线条宽度、道数 2. 腻子种类 3. 刮腻子遍数 4. 防护材料种类 5. 油漆品种、刷漆遍数	m	按设计图示尺寸以长度计算	
011406003	满刮腻子	1. 基层类型 2. 腻子种类 3. 刮腻子遍数	m²	按设计图示尺寸以面积计算	1. 基层清理 2. 刮腻子

(7)喷刷涂料工程量清单项目设置及工程量计算规则见表5-115。

表 5-115　喷刷涂料(编码：011407)

项目编码	项目名称	项目特征	计量单位	工程量计算规则	工作内容
011407001	墙面喷刷涂料	1. 基层类型 2. 喷刷涂料部位 3. 腻子种类 4. 刮腻子要求 5. 涂料品种、刷漆遍数	m²	按设计图示尺寸以面积计算	1. 基层清理 2. 刮腻子 3. 刷、喷涂料
011407002	顶棚喷刷涂料				
011407003	空花格、栏杆刷涂料	1. 腻子种类 2. 刮腻子遍数 3. 涂料品种、刷喷遍数		按设计图示尺寸以单面外围面积计算	
011407004	线条刷涂料	1. 基层清理 2. 线条宽度 3. 刮腻子遍数 4. 刷防护材料、油漆	m	按设计图示尺寸以长度计算	
011407005	金属构件刷防火涂料	1. 喷刷防火涂料构件名称 2. 防火等级要求 3. 涂料品种、喷刷遍数	1. m² 2. t	1. 以吨计量，按设计图示尺寸以质量计算 2. 以平方米计量，按设计展开面积计算	1. 基层清理 2. 刷防护材料、油漆
011407006	木材构件喷刷防火涂料		m²	以平方米计量，按设计图示尺寸以面积计算	1. 基层清理 2. 刷防火材料

(8)裱糊工程量清单项目设置及工程量计算规则见表 5-116。

表 5-116　裱糊(编码：011408)

项目编码	项目名称	项目特征	计量单位	工程量计算规则	工作内容
011408001	墙纸裱糊	1. 基层类型 2. 裱糊部位 3. 腻子种类 4. 刮腻子遍数 5. 粘结材料种类 6. 防护材料种类 7. 面层材料品种、规格、颜色	m²	按设计图示尺寸以面积计算	1. 基层清理 2. 刮腻子 3. 面层铺粘 4. 刷防护材料
011408002	织锦缎裱糊				

3. 工程量计算示例

【例 5-43】　求如图 5-56 所示房屋木门润滑粉、刮腻子、聚氨酯漆三遍的工程量。

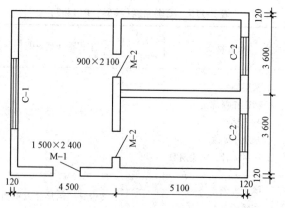

图 5-56 房屋平面示意图

【解】 木门油漆工程量＝1.5×2.4＋0.9×2.1×2＝7.38(m²)

【例 5-44】 图 5-57 所示为双层(一玻一纱)木窗,洞口尺寸为 1 500 mm×2 100 mm,共 11 樘,设计为刷润滑粉一遍,刮腻子,刷调和漆一遍,磁漆两遍,计算木窗油漆工程量。

【解】 木窗油漆工程量＝1.5×2.1×11＝34.65(m²)

【例 5-45】 某工程剖面图如图 5-58 所示,内墙抹灰面满刮腻子两遍,贴对花墙纸;挂镜线刷底油一遍,调和漆两遍;挂镜线以上及顶棚刷仿瓷涂料两遍,计算挂镜线油漆工程量。

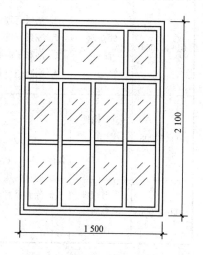

图 5-57 双层一玻一纱木窗

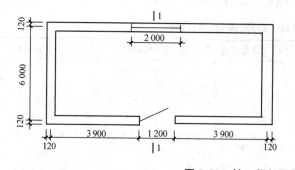

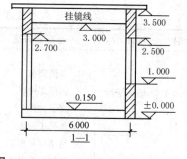

图 5-58 某工程剖面图

【解】 挂镜线油漆工程量＝(9.00－0.24＋6.00－0.24)×2＝29.04(m)

(五)其他装饰工程

其他装饰工程共 8 节 62 个清单项目,其中包括柜类、货架、压条、装饰线、扶手、栏杆、栏板装饰、暖气罩、浴厕配件、雨篷、旗杆、招牌、灯箱、美术字。

1. 工程量清单项目设置及工程量计算规则

(1)柜类、货架工程量清单项目设置及工程量计算规则见表5-117。

表5-117 柜类、货架(编码：011501)

项目编码	项目名称	项目特征	计量单位	工程量计算规则	工作内容
011501001	柜台				
011501002	酒柜				
011501003	衣柜				
011501004	存包柜				
011501005	鞋柜				
011501006	书柜				
011501007	厨房壁柜				
011501008	木壁柜	1. 台柜规格	1. 个	1. 以个计量，按设计图示数量计量	1. 台柜制作、运输、安装(安放)
011501009	厨房低柜	2. 材料种类、规格	2. m	2. 以米计量，按设计图示尺寸以延长米计算	2. 刷防护材料、油漆
011501010	厨房吊柜	3. 五金种类、规格	3. m³	3. 以立方米计量，按设计图示尺寸以体积计算	3. 五金件安装
011501011	矮柜	4. 防护材料种类			
011501012	吧台背柜	5. 油漆品种、刷漆遍数			
011501013	酒吧吊柜				
011501014	酒吧台				
011501015	展台				
011501016	收银台				
011501017	试衣间				
011501018	货架				
011501019	书架				
011501020	服务台				

(2)压条、装饰线工程量清单项目设置及工程量计算规则见表5-118。

表5-118 压条、装饰线(编码：011502)

项目编码	项目名称	项目特征	计量单位	工程量计算规则	工作内容
011502001	金属装饰线	1. 基层类型			1. 线条制作、安装
011502002	木质装饰线	2. 线条材料品种、规格、颜色			2. 刷防护材料
011502003	石材装饰线	3. 防护材料种类			
011502004	石膏装饰线				
011502005	镜面玻璃线	1. 基层类型	m	按设计图示尺寸以长度计算	
011502006	铝塑装饰线	2. 线条材料品种、规格、颜色			
011502007	塑料装饰线	3. 防护材料种类			
011502008	GRC装饰线条	1. 基层类型 2. 线条规格 3. 线条安装部位 4. 填充材料种类			线条制作、安装

（3）扶手、栏杆、栏板装饰工程量清单项目设置及工程量计算规则见表5-119。

表5-119　扶手、栏杆、栏板装饰（编码：011503）

项目编码	项目名称	项目特征	计量单位	工程量计算规则	工作内容
011503001	金属扶手、栏杆、栏板	1. 扶手材料种类、规格 2. 栏杆材料种类、规格 3. 栏板材料种类、规格、颜色 4. 固定配件种类 5. 防护材料种类	m	按设计图示尺寸以扶手中心线长度（包括弯头长度）计算	1. 制作 2. 运输 3. 安装 4. 刷防护材料
011503002	硬木扶手、栏杆、栏板				
011503003	塑料扶手、栏杆、栏板				
011503004	GRC栏杆、扶手	1. 栏杆的规格 2. 安装间距 3. 扶手类型规格 4. 填充材料种类	m	按设计图示尺寸以扶手中心线长度（包括弯头长度）计算	1. 制作 2. 运输 3. 安装 4. 刷防护材料
011503005	金属靠墙扶手	1. 扶手材料种类、规格 2. 固定配件种类 3. 防护材料种类			
011503006	硬木靠墙扶手				
011503007	塑料靠墙扶手				
011503008	玻璃栏板	1. 栏杆玻璃的种类、规格、颜色 2. 固定方式 3. 固定配件种类			

（4）暖气罩工程量清单项目设置及工程量计算规则见表5-120。

表5-120　暖气罩（编码：011504）

项目编码	项目名称	项目特征	计量单位	工程量计算规则	工作内容
011504001	饰面板暖气罩	1. 暖气罩材质 2. 防护材料种类	m²	按设计图示尺寸以垂直投影面积（不展开）计算	1. 暖气罩制作、运输、安装 2. 刷防护材料
011504002	塑料板暖气罩				
011504003	金属暖气罩				

（5）浴厕配件工程量清单项目设置及工程量计算规则见表5-121。

表 5-121 浴厕配件(编码:011505)

项目编码	项目名称	项目特征	计量单位	工程量计算规则	工作内容
011505001	洗漱台	1. 材料品种、规格、颜色 2. 支架、配件品种、规格	1. m² 2. 个	1. 按设计图示尺寸以台面外接矩形面积计算。不扣除孔洞、挖弯、削角所占面积,挡板、吊沿板面积并入台面面积内 2. 按设计图示数量计算	1. 台面及支架运输、安装 2. 杆、环、盒、配件安装 3. 刷油漆
011505002	晒衣架	1. 材料品种、规格、颜色 2. 支架、配件品种、规格	个	按设计图示数量计算	1. 台面及支架运输、安装 2. 杆、环、盒、配件安装 3. 刷油漆
011505003	帘子杆				
011505004	浴缸拉手				
011505005	卫生间扶手				
011505006	毛巾杆(架)		套		1. 台面及支架制作、运输、安装 2. 杆、环、盒、配件安装 3. 刷油漆
011505007	毛巾环		副		
011505008	卫生纸盒		个		
011505009	肥皂盒				
011505010	镜面玻璃	1. 镜面玻璃品种、规格 2. 框材质、断面尺寸 3. 基层材料种类 4. 防护材料种类	m²	按设计图示尺寸以边框外围面积计算	1. 基层安装 2. 玻璃及框制作、运输、安装
011505011	镜箱	1. 箱体材质、规格 2. 玻璃品种、规格 3. 基层材料种类 4. 防护材料种类 5. 油漆品种、刷漆遍数	个	按设计图示数量计算	1. 基层安装 2. 箱体制作、运输、安装 3. 玻璃安装 4. 刷防护材料、油漆

(6)雨篷、旗杆工程量清单项目设置及工程量计算规则见表 5-122。

表 5-122 雨篷、旗杆(编码:011506)

项目编码	项目名称	项目特征	计量单位	工程量计算规则	工作内容
011506001	雨篷吊挂饰面	1. 基层类型 2. 龙骨材料种类、规格、中距 3. 面层材料品种、规格 4. 吊顶(顶棚)材料、品种、规格 5. 嵌缝材料种类 6. 防护材料种类	m²	按设计图示尺寸以水平投影面积计算	1. 底层抹灰 2. 龙骨基层安装 3. 面层安装 4. 刷防护材料、油漆

项目编码	项目名称	项目特征	计量单位	工程量计算规则	工作内容
011506002	金属旗杆	1. 旗杆材料、种类、规格 2. 旗杆高度 3. 基础材料种类 4. 基座材料种类 5. 基座面层材料、种类、规格	根	按设计图示数量计算	1. 土石挖、填、运 2. 基础混凝土浇筑 3. 旗杆制作、安装 4. 旗杆台座制作、饰面
011506003	玻璃雨篷	1. 玻璃雨篷固定方式 2. 龙骨材料种类、规格、中距 3. 玻璃材料品种、规格 4. 嵌缝材料种类 5. 防护材料种类	m²	按设计图示尺寸以水平投影面积计算	1. 龙骨基层安装 2. 面层安装 3. 刷防护材料、油漆

(7)招牌、灯箱工程量清单项目设置及工程量计算规则见表 5-123。

表 5-123　招牌、灯箱(编码：011507)

项目编码	项目名称	项目特征	计量单位	工程量计算规则	工作内容
011507001	平面、箱式招牌	1. 箱体规格 2. 基层材料种类 3. 面层材料种类 4. 防护材料种类	m²	按设计图示尺寸以正立面边框外围面积计算。复杂形的凹凸造型部分不增加面积	1. 基层安装 2. 箱体及支架制作、运输、安装 3. 面层制作、安装 4. 刷防护材料、油漆
011507002	竖式标箱				
011507003	灯箱				
011507004	信报箱	1. 箱体规格 2. 基层材料种类 3. 面层材料种类 4. 保护材料种类 5. 户数	个	按设计图示数量计算	

(8)美术字工程量清单项目设置及工程量计算规则见表 5-124。

表 5-124　美术字(编码: 011508)

项目编码	项目名称	项目特征	计量单位	工程量计算规则	工作内容
011508001	泡沫塑料字	1. 基层类型 2. 镌字材料品种、颜色 3. 字体规格 4. 固定方式 5. 油漆品种、刷漆遍数	个	按设计图示数量计算	1. 字制作、运输、安装 2. 刷油漆
011508002	有机玻璃字				
011508003	木质字				
011508004	金属字				
011508005	吸塑字				

2. 工程量计算示例

【例 5-46】 某货柜如图 5-59 所示，试计算其工程量。

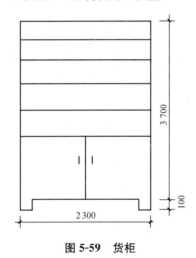

图 5-59　货柜

【解】 货柜工程量为 1 个。

【例 5-47】 如图 5-60 所示，某办公楼走廊内安装一块带框镜面玻璃，采用铝合金条槽线形镶饰，长为 1 500 mm，宽为 1 000 mm，计算装饰线工程量。

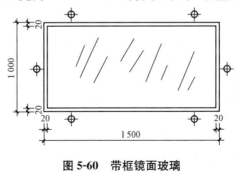

图 5-60　带框镜面玻璃

【解】 装饰线工程量＝[(1.5－0.02)＋(1.0－0.02)]×2＝4.92(m)

参考文献

[1] 中华人民共和国国家标准.GB/T 50353—2013 建筑工程建筑面积计算规范[S].北京：中国计划出版社，2013.

[2] 中华人民共和国国家标准.GB 50500—2013 建设工程工程量清单计价规范[S].北京：中国计划出版社，2013.

[3] 中华人民共和国国家标准.GB 50854—2013 房屋建筑与装饰工程工程量计算规范[S].北京：中国计划出版社，2013.

[4] 《2013 建设工程计价计量规范辅导》规范编制组.2013 建设工程计价计量规范辅导[M].北京：中国计划出版社，2013.

[5] 张囡囡，刘吉诚.土建造价员岗位实务知识[M].2 版.北京：中国建筑工业出版社，2012.

[6] 张月明，赵乐宁，王明芳，等.工程量清单计价及示例[M].北京：中国建筑工业出版社，2004.